如何征服全球市場？核心價值 × 生存策略 × 顧客導向……

沒有祕密的企業，人人都可以學習的

HUAWEI

華為密碼

以客戶為中心

周錫冰 著

建立信任關係｜拒絕削價競爭｜創造長期價值

永遠以顧客優先的信念，華為的企業經營哲學！

「我們只有一個經濟來源，就是客戶口袋裡面的錢。
我們又不能用非法手段，又不能搶錢，又不能做什麼東西，
只好把產品做好，把服務做好。」

目錄

目錄

目錄

自序

2020 年 5 月 28 日，華為發表聲明：「我們對英屬哥倫比亞省高等法院的判決表示失望。我們一直相信孟女士是清白的，我們也將繼續支持孟女士尋求公正判決和自由。我們希望加拿大的司法體系最終能還孟女士清白。孟女士的律師團隊將努力不懈，確保正義得到伸張。」

華為之所以發表如此聲明，是因為加拿大英屬哥倫比亞省高等法院公布了「孟晚舟引渡案」首個判決結果，認定華為創始人任正非之女——華為副董事長、財務長（CFO）孟晚舟符合「雙重犯罪」標準，將繼續審理孟晚舟的引渡案。對此，中國駐加拿大大使館在推特上回應，中方對有關決定表示強烈不滿以及堅決反對，並已向加方提出嚴正交涉。這則聲明控訴加方協助美國打壓華為，敦促加方認真看待中方立場，立即釋放孟晚舟女士。

2020 年 5 月 26 日，距離加拿大法院宣布孟晚舟案裁決結果只剩兩天，中國外交部發言人趙立堅回應《環球郵報》（*The Globe and Mail*）記者的提問，表示「中方在孟晚舟事件上的立場是一貫的、明確的。美加兩國濫用雙邊引渡條約，對中國公民任意採取強制措施，嚴重侵犯中國公民的合法權益，這是一起嚴重的政治事件。」

為什麼「孟晚舟引渡案」能夠讓中國外交部頻頻發聲，是因為在改革開放後，華為成為極具潛力的後起之秀。之所以給予華為如此高的評價，是因為這間公司在短短的三十多年時間內，從創業公司成功蛻變成全球領先的企業，邁向國際化市場。

韶光荏苒，時間悄然到了 2020 年 5 月 28 日凌晨兩點零四分，得知孟晚舟未被釋放的消息，我思緒難平。我遠望星空，心中五味雜陳，尚

自序

　　在困局中的孟晚舟，比起企業案例研究中主角的「千金」，更像我掛牽的「親人」，抑或是久未謀面的「朋友」。

　　兩年多來，我一直在準備撰寫《華為密碼》這本書，同時也在梳理華為創始人任正非透過「以客戶為中心」的策略，把華為做強、做大的諸多不為人知的細節。

　　老實說，本書的創作源於美國財經雜誌《富比士》（Forbes）記者對我的一次採訪。記者問我：「您的下一本關於華為的書將會講什麼故事？」我就告訴這名記者，我已經撰寫了《華為國際化》、《華為方法論：以奮鬥者為本》、《任正非談華為創新管理》等書，所以下一本書打算從「以客戶為中心」的故事角度來介紹任正非與華為。

　　在本書中，我將覆盤任正非的人生谷底和創業維艱，尤其是任正非如何透過「以客戶為中心」，一步一步地贏得客戶的認可，最終戰勝眾多強大的競爭對手，同時也從多個角度介紹任正非以及華為「祕而不宣」的「以客戶為中心」的企業理念、經營策略、管理方略、企業文化、國際化突圍辦法等。

　　在撰寫這些商業故事時，我也盡可能地化繁為簡，但是有一個節點不得不提：2018 年 12 月 1 日，加拿大應美國的要求逮捕了孟晚舟。這就是我為什麼以「孟晚舟引渡案」作為本書開頭的原因。

　　當加拿大逮捕孟晚舟後，中國政府嚴正地向加拿大政府、美國政府提出交涉，要求立即釋放被扣押人員並解釋扣押理由。

　　此事引發中國與加拿大之間猶如過江之鯽的、你來我往的制裁和反制裁。為了維護公民權益，中國政府不得已向加拿大「陣地」發送一定數量的「喀秋莎火箭炮」。

　　當加拿大遭遇中國的反制後，加拿大政府漸漸地放緩跟隨美國政府

的腳步，同時也在釋放自己的善意，甚至為自己魯莽的行為推卸責任。《環球郵報》甚至披露了美國逮捕孟晚舟的「內幕」，加拿大自由黨領袖、第 23 任總理賈斯汀‧杜魯道（Justin Trudeau）最親密的顧問表示，加拿大政府內部認為，前白宮國家安全顧問約翰‧波頓（John Bolton）是逮捕孟晚舟的幕後推手。雖然《環球郵報》無法與波頓確認情況是否屬實，但是波頓曾公開表示，他事先知道「逮捕」孟晚舟一事。

　　美國的惡意昭然若揭，美國第 45 任總統唐納‧川普（Donald Trump）甚至以打壓華為當作中美貿易摩擦的談判籌碼。在美國政客的鼓譟下，向來以「美國利益優先」的美國政府於是夕毒地逮捕了「孟晚舟」，「孟晚舟厄運」由此產生。在這樣背景下，孟晚舟歸國自然不會順利。

　　無論哪一國家的企業家或者企業高管在他國過境時，只要當地政府以莫須有的罪名拘捕了他，就像孟晚舟的遭遇，我把這種事件稱為「孟晚舟厄運」。

　　就這樣，「苦難」把孟晚舟的歲月拉長了。2019 年 12 月 2 日，華為的「心聲社群」刊登了一篇名為〈你們的溫暖，是照亮我前行的燈塔〉的公開信，署名作者就是孟晚舟。孟晚舟寫道：「這一年，我經歷了恐懼和痛苦、失望和無奈、煎熬和掙扎。這一年，我學會了堅強承受、從容面對、不畏未知……」

　　回顧三十多年的市場拓展，華為始終走在崎嶇不平的道路上，孟晚舟事件僅僅是諸多事件中被讀者熟知的一個。從思科以智慧財產權起訴華為開始，美國政府不是以安全為由拒絕華為對美國企業的併購，就是以安全為由直接打壓華為。

　　2019 年 5 月 16 日，美國商務部的工業和安全局（the U.S.Commerce Department Bureau of Industry and Security，BIS）把華為列入其貿易黑名

單「實體清單」（Entity List）。

2020 年 5 月 16 日，美國商務部發出聲明，全面限制華為購買採用美國軟體和技術生產的半導體，包括那些處於美國以外，但被列為美國商務管制清單中的生產裝置。半導體代工企業要為華為和海思生產代工前，都需要獲得美國政府的許可證……

2020 年 5 月 18 日，在華為第 17 屆全球分析師大會上，華為輪值董事長郭平回應：「從去年（2019 年）的 5 月 16 日算起，華為被列入『實體清單』已經滿一年了。今天回首，我們最開始是手忙腳亂，和客戶、夥伴進行了大量的澄清和溝通，努力地保持供應，應該說我們獲得了大部分客戶、夥伴的理解。當然，這個過程還在進行。上個月，我的同事也釋出了 2019 年的年報，應該說公司整體實現營業收入達到 8,588 億元人民幣，同時大家也看到為了應對『實體清單』帶來的影響，我們的研發投入有了巨幅增加。同時，我們的存貨也大規模增加，給我們的經營和風險管理帶來了巨大的壓力。當然，好消息是，我們現在還活著。過去一年，我們的主題詞是『補洞』，『補洞』成了我們的主旋律。根據不完全統計，我們每年在資訊及通訊技術（Information and Communications Technology，ICT）的營運持續計畫上投入了超過 15,000 多人，重新開發了 6,000 萬行程式碼，重新設計了 1,800 多塊單板，採購還逐一審查了 16,000 多個編碼，所有這些投入讓我們得以在被列入『實體清單』以後活了下來。我們的業務沒有中斷，供應沒有中斷，夥伴合作沒有中斷，客戶服務沒有中斷。在這裡，我代表華為公司，真誠地感謝我們的客戶、夥伴，感謝一直關心和支持華為的人。」

郭平提及的年報，就是華為 2019 年年報。根據這份年報的資料顯示，華為 2019 年實現全球營業收入人民幣 8,588 億元，年增率增加

19.1%；淨利潤人民幣 627 億元，年增率增加 5.6%；經營活動現金流人民幣 914 億元，年增率增加 22.4%。[001]

華為的營業收入主要分為四塊：

第一，消費者業務實現營業收入人民幣 4,673.04 億元，占全部營業收入 54.4%，年增率增加 34.0%；

第二，營運商業務實現營業收入人民幣 2,966.89 億元，占全部營業收入 34.5%，年增率增加 3.8%；

第三，企業業務實現營業收入人民幣 897.10 億元，占全部營業收入 10.4%，年增率增加 8.6%；

第四，其他業務實現營業收入人民幣 51.7 億元，占全部營業收入 0.7% [002]，年增率增加 30.6%，見圖 0-1。

單位：百萬元人民幣

類型	2019年	2018年	年增率
營運商業務	296,689	285,830	3.8%
企業業務	89,710	82,592	8.6%
消費者業務	467,304	348,852	34.0%
其他業務	5,130	3,928	30.6%
合計	858,833	721,202	19.1%

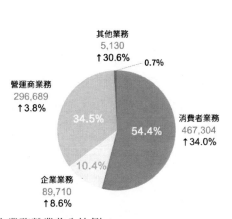

圖 0-1 華為 2019 年四大業務營業收入比例

---

[001] 華為：《華為投資控股有限公司 2019 年年度報告》，華為官方網站，2020 年 3 月 31 日，https://www.huawei.com/cn/annual-report/2019?ic_medium=hwdc&ic_source=corp_banner1_annualreport，訪問日期：2021 年 6 月 10 日。

[002] 華為：《華為投資控股有限公司 2019 年年度報告》，華為官方網站，2020 年 3 月 31 日，https://www.huawei.com/cn/annual-report/2019?ic_medium=hwdc&ic_source=corp_banner1_annualreport，訪問日期：2021 年 6 月 10 日。

自序

　　2019 年，在國際市場拓展方面，即使遭遇美國的圍堵，甚至在被列入「實體清單」的情況下，華為的國際市場營業收入仍然占總營業收入的 41%[003]，見圖 0-2。

單位：百萬元人民幣

區域	2019年	2018年	年增率
中國	506,733	372,162	36.2%
歐洲、中東、非洲	206,007	204,536	0.7%
亞太	70,533	81,918	−13.9%
美洲	52,478	47,885	9.6%
其他	23,082	14,701	57.0%
總計	858,833	721,202	19.1%

圖 0-2 華為 2019 年海外營業收入比例

　　根據圖 0-2 所示，在中國市場，「受益於第五代通訊技術（5G）網路建設的開展，消費者業務手機銷量持續增長、管道下沉，以及企業業務抓住數位化與智慧化轉型機會、提升場景化的解決方案能力」，華為實現營業收入人民幣 5,067.33 億元，年增率增加 36.2%。

　　在歐洲、中東、非洲區域市場，「受益於 5G 網路建設和企業數位化轉型加速」，華為實現營業收入人民幣 2,060.07 億元，年增率增加 0.7%。

　　在亞太區域市場，遭遇一些國家營運商市場的投資週期波動、消費者業務不能使用 GMS 生態的影響，華為實現營業收入人民幣 705.33 億元，年增率減少 13.9%。

---

[003] 華為：《華為投資控股有限公司 2019 年年度報告》，華為官方網站，2020 年 3 月 31 日，https：//www.huawei.com/cn/annual-report/2019?ic_medium=hwdc&ic_source=corp_banner1_annualreport，訪問日期：2021 年 6 月 10 日。

在美洲區域市場，「受益於拉丁美洲企業數位化基礎設施建設及消費者業務中端產品競爭力提升」，華為實現營業收入人民幣 524.78 億元，年增率增加 9.6%。[004]

這樣的業績說明華為整體經營繼續保持穩健，同時也意味著華為經受住了美國「封殺」的考驗。

當然，華為能夠取得較好的業績絕對不是偶然的，因為華為一直堅持「以客戶為中心」。2005 年 4 月 28 日，在「華為公司的核心價值觀」的專題報告中，任正非毫不諱言地說道：「從企業活下去的根本來看，企業要有利潤，但利潤只能從客戶那裡獲取。華為的生存本身是靠滿足客戶需求，提供客戶需要的產品和服務，並獲得合理的回報來支撐的；員工是要薪資的，股東是要回報的，天底下唯一給華為錢的只有客戶。我們不為客戶服務，還能為誰服務？客戶是我們生存的唯一理由。既然決定企業生死存亡的是客戶，提供企業生存價值的是客戶，企業就必須為客戶服務。現代企業競爭已不是單個企業與單個企業的競爭，而是一條供應鏈與另一條供應鏈的競爭。企業的供應鏈就是一條生態鏈，客戶、合作者、供應商、製造商的命運在一條船上。只有加強合作，關注客戶、合作者的利益，追求多贏，企業才能活得長久。因為，只有幫助客戶實現他們的利益，華為才能在利益鏈條上找到自己的位置。只有真正了解客戶需求，了解客戶的壓力與挑戰，幫助其提升競爭力，為其提供滿意的服務，客戶才能與企業長期共同成長與合作，企業才能活得更久。所以，華為需要聚焦客戶關注的挑戰和壓力，提供有競爭力的通訊

[004] 華為：《華為投資控股有限公司 2019 年年度報告》，華為官方網站，2020 年 3 月 31 日，https://www.huawei.com/cn/annual-report/2019?ic_medium=hwdc&ic_source=corp_banner1_annualreport，訪問日期：2021 年 6 月 10 日。

自序

解決方案及服務。」[005]

　　客觀地講，華為十分強調「以客戶為中心」，但這並不是任正非和華為的獨家發明創造，而是一個較為普遍的世界商業價值觀。在中國古代的商業思想中，經營者們「把顧客當作衣食父母」。例如，始創於 1669 年，至今已有 300 多年歷史的同仁堂，就曾提出「以客戶為中心」的商業訓條：「炮製雖繁必不敢省人工，品味雖貴必不敢減物力。」

　　古代的經營者們之所以把顧客當作衣食父母，是因為企業存在的意義就是賺取客戶的錢，以此獲得利潤，一旦企業不能賺取客戶的錢，那麼這樣的企業幾乎就沒有太大的價值。這些百年老店雖然經歷了數百年的風風雨雨，依舊充滿生命力。正因為如此，任正非才自始至終地把「以客戶為中心」作為一切工作的重心，即使在《華為投資控股有限公司 2018 年年度報告》中，「以客戶為中心」依舊出現在重要位置——「過去 30 年，華為以宗教般的虔誠服務客戶，與各國營運商一起把通訊技術從『象牙塔』、實驗室帶到了各級城市及偏遠地區，豐富人們的溝通和生活，消除數字鴻溝，服務了超過 30 億人。30 年的累積，使華為有能力抓住數位化、智慧化的巨大機會，為客戶、為社會創造更大價值。同時，華為也已經明確把網路安全和使用者隱私保護作為華為公司的最高綱領，倡導並踐行在創新中構築安全，在合作中增進安全，共建可信的數字世界。」[006]

　　從這個角度來看，「以客戶為中心」的策略思維一直都主導著華為的生存和發展。即使華為走過初期的艱難歷程，華為「以客戶為中心」

---

[005] 任正非：《華為公司的核心價值觀》，《中國企業家》2005 年第 18 期。

[006] 華為：《華為投資控股有限公司 2018 年年度報告》，華為官方網站，2019 年 3 月 24 日，https：//www.huawei.com/cn/annual-report/2018?ic_medium=hwdc&ic_source=corp_banner1_annualreport，訪問日期：2021 年 6 月 10 日。

的做法並未因為自身規模的壯大而改變。任正非強調，華為只有把潛在的客戶轉化為自己的長期客戶，然後再提升其忠誠度，華為才能在與對手的競爭中立於不敗之地，並保證自己不斷地在海外的利基市場開疆拓土。

任正非堅持「以客戶為中心」，以及「為客戶服務是華為存在的唯一理由」的觀點，源於21世紀初他在法國考察時與阿爾卡特（Alcatel）前董事長兼執行長（CEO）瑟奇‧謝瑞克（Serge Tchuruk）的一段愉快的談話。

瑟奇‧謝瑞克向任正非表示：「我一生投資了兩個企業：一個是阿爾斯通（Alstom）；另一個是阿爾卡特。阿爾斯通是做核電的，核電企業的經營環境穩定，無非是煤、電、鈾，技術變化不大，競爭也不激烈；阿爾卡特雖然在電信製造業上也有著一定地位，但說實話，這個行業太殘酷了，你根本無法預測明天會發生什麼、下個月會發生什麼……」[007]

可能讀者對阿爾斯通這個企業不太熟悉，但是該集團市場和銷售總監弗雷德里克‧皮耶魯齊（Frédéric Pierucci）因為揭露「美國陷阱」（我把此類事件稱為「孟晚舟厄運」）而轟動世界。

弗雷德里克‧皮耶魯齊告誡各國企業家：「不管誰當美國總統，無論他是民主黨還是共和黨，華盛頓都會維護少數工業大廠 —— 波音（Boeing）、洛克希德‧馬丁（Lockheed Martin）、雷神（Raytheon）、埃克森美孚（ExxonMobil）、哈里伯頓（Halliburton）、諾斯洛普‧格魯曼（Northrop Grumman）、通用動力（General Dynamics）、奇異（General Electric）、貝泰（Bechtel）、聯合技術（United Technologies），等等 —— 的利益。」

---

[007] 田濤、吳春波：《下一個倒下的會不會是華為》，中信出版社，2012，第2-3頁。

自序

　　2018 年 12 月，當孟晚舟在加拿大溫哥華機場被抓扣後，「美國陷阱」開始被中國人所熟知。針對美國單方面的做法，華為回應說道：

　　近期，我們公司 CFO 孟晚舟女士在加拿大轉機時，加拿大當局代表美國政府暫時扣留了她，而美國正在尋求對孟晚舟女士的引渡。她將面臨美國未指明的指控。

　　關於具體指控，華為獲得的資訊非常少，華為並不知道孟女士有任何不當行為。華為相信，加拿大和美國的法律體系最終會給出公正的結論。

　　華為遵守業務所在國的所有適用法律法規，包括聯合國、美國和歐盟適用的出口管制和制裁法律法規。[008]

　　聞聽此消息的弗雷德里克‧皮耶魯齊，在接受媒體採訪時呼籲：「昨天是阿爾斯通，今天是華為，那麼明天又會是誰？現在是歐洲和中國回擊的時候了。」

　　在之前，弗雷德里克‧皮耶魯齊更是揭露了美國骯髒醜陋、不為人知的黑箱操作。弗雷德里克‧皮耶魯齊說道：「十幾年來，美國在反腐敗的偽裝下，成功地瓦解了歐洲的許多大型跨國公司，特別是法國的跨國公司。美國司法部追訴這些跨國公司的高管，甚至會把他們送進監獄，強迫他們認罪，從而迫使他們的公司向美國支付鉅額罰款。自 2008 年以來，被美國罰款超過 1 億美元的企業達到 26 家，其中 14 家是歐洲企業（5 家是法國企業），僅有 5 家是美國企業。迄今為止，歐洲企業支付的罰款總額即將超過 60 億美元，比同期美國企業支付的罰款總額高 3 倍。其中，僅法國企業支付的罰款總額就近 20 億美元，並有 6 名企業高管被美國司法部起訴。我就是其中一員。今天，我不再沉默。」[009]

---

[008] 華為：《沒有任何不當，相信法律體系最終給出公正結論》，中國日報網，2018 年 12 月 6 日，http://www.chinadaily.com.cn/interface/zaker/1142822/2018-12-06/cd_37360014.html，訪問日期：2021 年 6 月 10 日。

[009] 弗雷德里克‧皮耶魯齊、馬修‧阿倫：《美國陷阱》，法意譯，中信出版社，2019，序言。

弗雷德里克‧皮耶魯齊提出如此忠告，是因為自己的親身經歷。2013年4月14日，因公務出差美國的弗雷德里克‧皮耶魯齊，剛抵達美國紐約甘迺迪國際機場，還沒有下飛機，就被美國聯邦調查局的探員抓捕。

　　其後，弗雷德里克‧皮耶魯齊被美國司法部涉嫌違反《海外反腐敗法》，並指控皮耶魯齊商業賄賂罪，不僅判處阿爾斯通 7.72 億美元的罰款，弗雷德里克‧皮耶魯齊也因而被關進監獄。直到 2018 年 9 月，美國才釋放了皮耶魯齊。

　　美國之所以打壓這家建立於 1928 年的公司，是因為該公司是歐洲為數不多的工業大廠。其主要從事工業、電氣裝置的生產和電力的供應輸配，主要經營業務有能源、輸配電、運輸、工業裝置、船舶裝置和工程承包等。[010]

　　據弗雷德里克‧皮耶魯齊所言，這起事件的主要推手是美國奇異公司，該公司是阿爾斯通最大的競爭對手。而阿爾斯通在埃及、沙烏地阿拉伯、印尼、中國等市場，搶走了美國奇異的訂單。因此美國奇異公司暗中僱用了許多前美國司法部官員，組成龐大的律師團，試圖利用政府的力量瓦解阿爾斯通。

　　此外，美國奇異公司把阿爾斯通最重要的電力和電網業務納入囊中。公開資訊顯示，在併購期間，德國西門子公司（SIEMENS AG）和日本三菱重工曾以比美國奇異高出幾十億美元的價格參與併購，而耐人尋味的是，美國奇異公司卻以極低的報價，最終贏得這場併購標案。

　　從這個角度來分析，投資阿爾斯通的瑟奇‧謝瑞克無疑備受世界企業家們的敬重。然而，對於未來的諸多不確定性，瑟奇‧謝瑞克依舊充滿疑惑。

　　與瑟奇‧謝瑞克一樣，面對企業經營中的諸多不確定的未來，加上

---

[010] 王亦丁：〈阿爾斯通的新徵程〉，《財富》2010 年第 12 期。

自序

當時的華為正處在艱難的攀登「喜馬拉雅山脈」的爬坡關鍵階段，任正非感同身受。返回深圳總部後，任正非在內部講話中多次複述瑟奇·謝瑞克的觀點告誡華為高層，並問道：「華為的明天在哪裡？華為的出路在哪裡？華為的路徑在哪裡？」

其後，華為由此展開了一場聲勢浩大、前所未有的對未來命運的討論。經過多輪討論，最後把「以客戶為中心」作為華為的立業根基。

當然，達成這樣的共識，一個關鍵的原因是，華為能夠取得當時的業績，憑藉的根本就是「以客戶為中心」的策略思維，即使華為的未來，同樣也只能依賴客戶，只有客戶，才是保證華為生存和發展的理由，同時也是華為存在的唯一理由。正是因為華為始終「以客戶為中心」，才成為 ICT 領域的霸主。華為 1995—2019 年曆年的營業收入數據直接地證明了這個觀點，見圖 0-3。

單位：億元

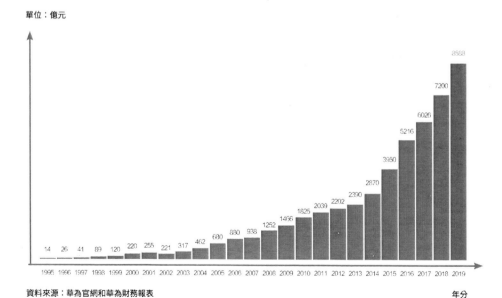

資料來源：華為官網和華為財務報表

年分

圖 0-3 華為 1995—2019 年曆年的營業收入數據

根據華為官網的介紹,「華為創立於 1987 年,是全球領先的 ICT(資訊與通訊)基礎設施和智慧終端提供商,我們致力於把數位世界帶入每個人、每個家庭、每個組織,建構萬物互聯的智慧世界。目前華為有19.7 萬員工,業務遍及 170 多個國家和地區,服務 30 多億人口」。[011]

華為官網還介紹,華為能夠為世界帶來如下四點:

第一,為客戶創造價值。華為攜手合作夥伴,為電信營運商提供創新領先、極簡智慧和安全可信的網路產品與解決方案;為政企行業客戶提供開放、智慧和安全可信的 ICT 基礎設施產品與服務。華為智慧終端正在幫助人們享受高品質的數位工作、生活、出行和娛樂體驗。

第二,保障網路安全穩定執行。華為把網路安全和隱私保護作為公司最高綱領,秉持開放、透明的態度,提升軟體工程能力,建立業務連續性管理體系,增強網路韌性。30 多年來,華為和營運商一起建設了 1,500 多張網路,幫助世界超過 30 億人口實現連線,保持了良好的安全紀錄。

第三,推動產業良性發展。華為主張開放、合作、雙贏,與客戶、夥伴合作創新、擴大產業價值,形成健康、良性的產業生態系統。華為加入 400 多個標準組織、產業聯盟和開源社群,積極參與和支持主流標準的制定,推動產業良性發展。

第四,促進社會可持續發展。華為致力於消除數位鴻溝、促進數位包容,在聖母峰、北極圈等偏遠地區建設網路;在中國汶川大地震、日本海嘯核洩漏、西非伊波拉疫區等重大災難現場恢復通訊;同時,積極推進綠色低碳和節能環保,幫助培養本地 ICT 人才,促進數位經濟發展。[012]

---

[011] 華為:《公司簡介》,華為官方網站,https：//www.huawei.com/cn/about-huawei/corporate-information,訪問日期 2021 年 6 月 10 日。

[012] 華為:《公司簡介》,華為官方網站,https：//www.huawei.com/cn/about-huawei/corporate-information,訪問日期 2021 年 6 月 10 日。

第一部分
為客戶服務是華為存在的唯一理由

　　華為是生存在顧客價值鏈上的，華為的價值只是顧客價值鏈上的一環。誰來養我們？只有顧客。不為顧客服務，我們就會餓死。不為顧客服務，我們拿什麼給員工發薪資？因此，只有以顧客的價值需求為準則，華為才可以持續生存。

—— 華為創始人任正非

第1章

為客戶服務是華為生存的唯一基礎

2005 年 4 月 28 日，在中國廣東省委中心組舉行「廣東學習論壇」第十六期報告會的報告廳內，掌聲經久不息，一次又一次地響起，主持人不得不示意與會者停止鼓掌，讓華為創始人任正非繼續演講。

隨後，因掌聲中斷的演講繼續進行。與會者自發地鼓掌，源於任正非分享了「華為核心價值觀」蘊含的「願景」「使命」和「策略」而引起的共鳴，尤其是華為「為客戶服務是華為存在的唯一理由，客戶需求是華為發展的原動力」的策略，讓與會者耳目一新。

在此次演講中，任正非介紹說：「華為公司的『願景』是豐富人們的溝通和生活。華為公司的『使命』是聚焦客戶關注的挑戰和壓力，提供有競爭力的通訊解決方案和服務，持續為客戶創造最大價值。華為公司的『策略』包括四個方面：

✎ 為客戶服務是華為存在的唯一理由，客戶需求是華為發展的原動力；

✎ 品質好、服務好、運作成本低，優先滿足客戶需求，提升客戶競爭力和盈利能力；

✎ 持續管理變革，實現高效的流程化運作，確保端到端的優質交付；

✎ 與友商共同發展，既是競爭對手，也是合作夥伴，共同創造良好的生存空間，共享價值鏈的利益。」[013]

---

[013] 任正非：〈華為公司的核心價值觀〉，《中國企業家》2005 年第 18 期。

在演講中，任正非認為，「除了客戶，華為沒有存在的任何理由，所以客戶是華為存在的唯一理由」。任正非解釋說：「全世界只有客戶對我們最好，他們給我們錢，為什麼我們不對給我們錢的人好一點呢？為客戶服務是華為存在的唯一理由，也是生存下去的唯一基礎。」

「在當前產品良莠不齊的情況下，我們承受了較大的價格壓力，但我們真誠為客戶服務的心一定會感動『上帝』，一定會讓『上帝』理解，我們的產品物有所值，逐步地緩解我們的困難。」

對任何一個企業來說，只有真誠地為客戶提供服務，才能在與對手的較量中贏得勝利。因為在產品性價比不相上下的前提下，客戶就是一個稀缺的策略資源，一旦誰贏得優質的客戶資源，誰就能有力地擊敗競爭對手。

在中國企業中，華為就是這樣一個重視為客戶服務的企業。1994 年 6 月，在以「勝利祝酒詞」為主題的內部演講中，任正非講道：「在當前產品良莠不齊的情況下，我們承受了較大的價格壓力，但我們真誠為客戶服務的心一定會感動『上帝』，一定會讓『上帝』理解，我們的產品物有所值，逐步地緩解我們的困難。我們一定能生存下去……」任正非坦言，一旦沒有客戶，華為的生存和發展猶如「鏡中月、水中花」。

縱觀華為的發展歷程，「以客戶為中心」始終都被華為奉為最高的商業圭臬來實踐，即使在早期階段也是如此。

在創業初期，任正非為了讓自己與競爭者有所不同，率先透過「以客戶為中心」的策略，由此從諸多競爭者中脫穎而出。曾就職於華為的陳康寧就是一位見證者和記錄者。

1987 年 8 月，曾就職於重慶電信局的陳康寧因種種原因改行從商，主要業務是向重慶地區的單位使用者推廣小型程控交換機。

同年底，任正非為了拓展西南市場，親赴重慶。經他人推薦，陳康寧拜訪了當時在重慶市場做推廣的任正非，兩人一見如故，甚至可以說是相見恨晚。

回到深圳的任正非，立即給陳康寧郵寄了成箱的交換機使用手冊和其他宣傳資料。在當時，由於華為代理的是香港鴻年公司的使用者交換機產品，華為印刷的產品宣傳資料都是繁體字的，其中有兩句給客戶留下很深的印象：第一句宣傳語印在封底，詳細的內容是「到農村去，到農村去，廣闊天地大有作為」；第二句是華為給代理商的承諾，詳細的內容是「凡購買華為產品，可以無條件退貨，退貨的客人和購貨的客人一樣受歡迎」。

與此同時，那個時候的交換機故障率相對較高，加上以進口為主，這就給更換備板、備件等技術服務增加了難度。

面對行業通病，任正非率先打破同行在維修方面的瓶頸。具體的操作是，華為除了給代理商發必要的維修備件之外，還會多發一套備用交換機，便於代理商維護和保修。

一旦交換機出現故障，代理商在維修的過程中，既可以在這臺備用交換機上測試，又可以取下零組件用於維修。當維修完成後，代理商再將備用交換機和存在故障的電路板寄回華為總部。

華為的做法，一定程度確保了產品的售後服務品質，而這種做法是其他公司無法做到的。這一下提升了客戶對華為的認可。

1988 年，身為華為重慶代理商的陳康寧，陪同客戶考察位於深圳的華為總部。到了華為總部後，陳康寧驚奇地發現，華為的規模很小，員工也只有寥寥幾人，甚至在其他省分還沒設立辦事處。

當陳康寧一行人在談好購買合約後，正值下班時刻，任正非把華為

當時唯一一輛汽車安排給客戶和華為陪同人員,送他們去位於深圳南頭的南蓉酒家吃飯。汽車發動後,陳康寧看到身為創始人的任正非一步一步地走回家。

1989 年,陳康寧再次陪同一位四川地區電信局的局長以及幾位科長考察華為總部。華為將一行人安排在位於深圳華強北附近的格蘭雲天酒店。

對於此行人的到來,華為非常重視,任正非向他們介紹產品,從白天介紹到晚上 11 時多。任正非從華強北回到位於深圳南頭的家中,車程一個多小時。

在當時,深圳還處於建設中,從華強北到南頭僅有一條彎彎曲曲的土路,荔枝林和農田隨處可見。披星戴月的任正非雖然晚歸,卻依舊在次日早上七點多準時來到格蘭雲天酒店大堂,等候下樓吃早餐的客戶。這就意味著當晚任正非最多只能休息四個小時。正是任正非如此熱情和誠摯地對客戶,讓所有在場的客戶非常感動。

1990 年 3 月,陳康寧向曾一起考察過華為的那位局長告別。當時,該局長所在的地區局已向國內另一廠家訂了一臺 200 門的程控交換機,但一直未到貨。該局長決定,終止與那家不重視客戶、違反協定的廠家的合作,改訂華為的 HAX-100 系列的 200 門交換機,陳康寧就代表華為簽訂了此合約。

就這樣,陳康寧帶著這份合約,在 1990 年 4 月 1 日加盟華為。後來,陳康寧在華為擔任市場部、生產部、企業文化等多個部門負責人。

陳康寧後來還發現,在擁有很多輛汽車後,華為往往是把最好的汽車用於為客戶提供服務,而不是服務老闆和直接領導。

1997 年底,華為的營業收入已經達到幾十億元,任正非仍是一個人

走半個多小時的路上下班。由於華為總部距離任正非住的地方遠了，任正非後來自己買車，自己開車上下班，依然從沒有私用過華為的車。

2002 年，在以「靜水潛流，圍繞客戶需求持續進行優化和改進」的內部演講中，任正非回答了陳康寧的疑惑。任正非說道：「無為而治中必須有靈魂。華為的魂就是客戶，客戶是永遠存在的。我們要思索客戶想要什麼，我們做什麼東西賣給客戶，怎麼才能使客戶的利益最大化。我們天天圍著客戶轉，就會像長江水一樣川流不息，奔向大海。一切圍繞著客戶來運作，運作久了就忘了企業的領袖了。」

「不以客戶需求為中心，他們就不買我們小公司的貨，我們就無米下鍋，我們被迫接近了真理。」

2001 年 12 月 11 日，中國加入世界貿易組織（WTO）[014]，由此拉開了中國企業全球化競爭的序幕。競爭的加劇，讓任正非壓力倍增。在兩個月前，任正非撰寫了一篇膾炙人口的文章《華為的冬天》。

在文中，任正非直言：「公司所有員工是否考慮過，如果有一天，公司營業收入下滑、利潤下滑甚至會破產，我們怎麼辦？我們公司的太平時間太長了，在和平時期升的官太多了，這也許就是我們的災難。鐵達尼號是在一片歡呼聲中出海的。而且我相信，這一天一定會到來。面對這樣的未來，我們怎樣來處理，我們有沒有思考過。我們的很多員工盲目自豪、盲目樂觀，如果想危機的人太少，也許危機就快來臨了。居安思危，不是危言聳聽。」

任正非預感到危機，源於他到德國的考察。任正非說道：「看到第二次世界大戰後德國恢復得這麼快，我當時很感動。當時德國的工人團結起來，

---

[014]　WTO，World Trade Organization，簡稱世貿組織。這是總部設在瑞士日內瓦、獨立於聯合國的一個永久性國際組織。該組織的基本原則是透過實施市場開放、非歧視和公平貿易等規則實現世界貿易自由化。

提出要降薪資、不漲薪資,從而加快經濟建設,所以戰後德國經濟增長很快。如果華為公司真的危機到來了,是不是員工薪資減一半,大家靠一點白菜、南瓜過日子就行?或者,我們就裁掉一半人是否就能救公司?如果是這樣就行的話,危險就不是危險了。因為,危險一過去,我們可以逐步將薪資補回來;或者營業收入增長後,我們將被迫裁掉的人請回來,這算不了什麼危機。如果兩者同時進行,都不能挽救公司,想過沒有?十年來,我天天思考的都是失敗,對成功視而不見,也沒有什麼榮譽感、自豪感,而是危機感。也許是這樣,我們才存活了十年。我們大家要一起來想,怎樣才能活下去,也許這樣,我們才能生存得久一些。失敗的那一天是一定會到來的,大家要準備迎接,這是我從不動搖的看法,這也是歷史規律。」

　　此刻,諸多華為人並未真正地意識到危機,因為任正非總喊狼來了,喊多了,大家有些不信了。但是當狼真的來了的時候,華為是否真的做好準備了呢?任正非自問道:「我們要廣泛展開對危機的討論,討論華為有什麼危機?你的部門有什麼危機?你的科室有什麼危機?你的流程有什麼危機?還能改進嗎?還能提高人均效益嗎?如果討論清楚了,那我們可能就不會死,就延續了我們的生命。怎樣提高管理效率,我們每年都寫了一些管理要點。這些要點能不能對你的工作有些改進?如果改進了一點,我們就前進了。」[015]

　　查閱華為公開的資料可以發現,在 2000 財政年度,華為實現營業收入人民幣 220 億元,利潤達到人民幣 29 億元,位居全國電子百強企業首位。在這樣的時刻,任正非卻看到了之後的 IT 泡沫危機,確實發人深省。面對危機,如何贏得客戶、維持客戶就成為關係到華為生死存亡的大事。

---

[015] 任正非:〈華為的冬天(上)〉,《企業文化》2001 年第 10 期。

為客戶服務是華為存在的唯一理由

　　為了更好地實踐客戶至上，2002 年，在題為「公司的發展重心要放在滿足客戶當前的需求上」的講話中，任正非告誡華為人：「在這個世界上誰對我們最好？是客戶，只有他們給我們錢，讓我們過冬天。所以，我們要對客戶好，這才是正確的。我們公司過去的成功是因為我們沒有關注自己，而是長期關注客戶利益最大化，關注營運商利益最大化，千方百計地做到這一點。」[016]

　　任正非是這樣解釋的：「不以客戶需求為中心，他們就不買我們小公司的貨，我們就無米下鍋，我們被迫接近了真理。但我們並沒有真正意識它的重要性，沒有意識它是唯一的原則，因而我們對真理的追求是不堅定的、漂移的。」

　　回顧華為「以客戶為中心」的企業策略可以發現，1997 年，任正非正式地把「面向客戶是基礎，面向未來是方向」提升到企業策略的高度。同年，任正非在華為北京研究所座談會上的演講說道：「如果不面向客戶，我們就沒有存在的基礎；如果不面向未來，我們就沒有前進的動力，就會沉退、落後⋯⋯」

　　自此以後，任正非在華為的內部演講上，儘管措辭不盡相同，但是「以客戶為中心」的策略思想一直貫穿在華為發展、壯大的每個階段和環節中。

　　鑒於此，只有真正地「以客戶為中心」，把服務真正地做到位，才能贏得生存和發展，才能實現華為的夢想 —— 華為的追求是在電子資訊領域實現顧客的夢想，並依靠點點滴滴、鍥而不捨的艱苦追求，使華為成為世界領先企業。為了使華為成為世界一流的設備供應商，華為將不會進入資訊服務業。透過獨立的市場壓力傳遞，使內部機制永遠處於啟用狀態。[017]

---

[016] 黃衛偉：〈為客戶服務是華為存在的唯一理由〉，《企業研究》2016 年第 9 期。
[017] 華為：〈華為公司基本法〉，《華為人報》1998 年 4 月 6 日，第 1 版。

　　華為能夠取得如此業績，一個重要的原因是華為崇尚「以客戶為中心」的核心價值觀。在「以客戶為中心」的指導下，華為以 41.89 億元的營業收入進入電子百強企業名單，排在第 18 位。

　　備受社會關注的、依據各企業 1997 年實現的銷售額排序的「1998 年新一屆電子百強企業名單」，經過各主管部門的認真推薦、電子部嚴格稽核後，現已揭曉。深圳市華為技術有限公司以實現年銷售總額 418,932.0 萬元排名第 18 位。

　　今年的「百強」企業的規模化有了明顯發展，企業的經濟實力明顯增強，而且一批資訊、電腦企業成為發展最具潛力的成長性企業，反映了「百強」企業產品結構對資訊經濟的迅速響應。[018]

　　在對待客戶的問題上，華為始終把客戶放在非常重要的位置。2007 年，在以「將軍如果不知道自己錯在哪裡，就永遠不會成為將軍」為題的內部演講中，任正非說道：「華為不是天生就是高水準的，因此要意識到自己不好的地方，然後進行改正。一定要在戰爭中學會戰爭，一定要在游泳中學會游泳。在很多地區，我們和客戶是生死相依的關係，那是因為我們已經和客戶形成了策略性夥伴關係。機會不是公司給的，而是客戶給的。機會在前方，不在後方。我們要有策略部署，如果沒有策略部署，我們就無法競爭。」

　　在任正非看來，要想贏得客戶的認可，就必須解決客戶的實際困難，只有真正地解決了客戶的困難，才能保證華為的生存和發展。

　　在華為，幫客戶解決實際困難的案例多如牛毛。在這裡，我們就以特爾福特（Telfort）為例。

　　在華為拓展荷蘭市場時，由於華為的知名度不高，很難開啟市場。

---

[018] 薛美娟：〈華為名列 1998 年電子百強第 18 名〉，《華為人報》1998 年 4 月 6 日，第 1 版。

為客戶服務是華為存在的唯一理由

當時，華為在接觸客戶的過程中發現，特爾福特這個荷蘭四家營運商中最小的一家，也在試圖擺脫自己的困境。

特爾福特也在準備籌建第三代行動通訊技術（3G）網路，給客戶提供更加優質的網路服務。但是由於特爾福特實力較弱，機房的空間過於狹窄，根本就不可能增加第二臺大型機櫃。

在沒有其他辦法的情況下，特爾福特積極主動找到 Nokia，讓其研發小型機櫃滿足自己的特殊需求。Nokia 直接拒絕了特爾福特的合作請求，拒絕的原因有兩個：第一，研發市場較小的小型機櫃成本過高，沒有很大的必要性；第二，特爾福特的產品合作目標太小。

遭到 Nokia 拒絕的特爾福特並不甘心就此被困死，其高層把目光轉向荷蘭地區的市場冠軍 —— 愛立信（Ericsson），期望愛立信能夠研發小型機櫃。

為了說服愛立信研發小型機櫃，特爾福特向愛立信承諾，當愛立信研發小型機櫃滿足特爾福特的需求後，特爾福特拋棄全網的 Nokia 裝置，轉而購買愛立信的產品。讓特爾福特沒有想到的是，儘管提出如此承諾，愛立信也直接拒絕了特爾福特的要求。

特爾福特積極主動的策略並未取得效果，反而四處碰壁，籌建 3G 網路的計畫不得不暫時擱淺。當華為歐洲市場團隊得知此消息後，特地登門拜訪了特爾福特高層。

瀕臨破產的特爾福特，猶如困獸。在別無他法的情況下，特爾福特高層接納華為的解決方案 ——「分散式基地臺」。所謂「分散式基地臺」，是指將原來完全放置於室內的基地臺分成室內和室外兩個部分，如同分體式空調，其特點主要是將遠端射頻模組（Remote Radio Unit）和傳

統宏碁站基頻模組（Baseband Unit）分離，同時以光纖來連線。[019]

華為提出分散式基地臺解決方案，就是針對象特爾福特這樣基地臺空間狹小的營運商的需求，甚至可以把機櫃體積做到 DVD 機的大小，把基地臺的大部分功能放置在室外。

面對華為的分散式基地臺解決方案，特爾福特高層有些疑惑地問道：「基地臺能這樣說分開就分開嗎？這樣真的可行嗎？」

華為給出肯定的答案：「我們可以做到。」

經過八個月的奮戰，華為「分散式基地臺」解決方案滿足了特爾福特的特殊需求。

[019] 鄭新傑、廖偉章、畢志豪：《一種無線射頻拉遠單元用光電覆合纜的研製》，中國通訊學會光纜電纜學術年會會議論文，武漢，2013。

第 2 章

華為努力工作的首要方向就是為客戶服務

很長一段時間以來，華為作為眾多中國企業學習和參考的標竿，其背後的成功經驗讓中國企業家甚至媒體競相追捧。

為了揭開華為背後的祕密，2015 年 1 月 22 日下午，在達沃斯論壇上，英國廣播公司（British Broadcasting Corporation，BBC）首席財經記者岳林達（Linda Yueh）帶著「大家最想知道的是華為成功的祕密是什麼？可以不可以學習？」的問題採訪了任正非。

面對外界好奇的探尋，任正非坦言，華為沒有祕密。任正非解釋道：「我認為：第一，華為就沒有祕密；第二，任何人都可以學華為。華為既沒有什麼背景，又沒有什麼依靠，也沒有什麼資源。唯有努力工作才可能獲得機會，努力工作先要有一個方向，這個方向就是為客戶服務。」[020]

「我們只有一個經濟來源，就是客戶口袋裡面的錢。我們又不能用非法手段，又不能搶錢，又不能做什麼東西，只好把產品做好，把服務做好。」

華為模式和聯想模式作為中國企業的兩個範本，曾經受到很多企業家的追捧。然而，由於美國的打壓，中國企業家開始重新評估華為模式的未來。

---

[020] 任正非：《任正非達沃斯演講實錄：我沒啥神祕的，我其實是無能》，鳳凰科技，2015 年 1 月 22 日，https：//tech.ifeng.com/a/20150122/40955020_0.shtml，訪問日期：2021 年 6 月 10 日。

2018 年 12 月 23 日，在「第二十屆北大光華新年論壇」上，中國工程院院士、聯想前總工程師倪光南尖銳地指出，聯想在科技研發方面投入不足，是其發展後繼無力的主要原因。

倪光南把華為和聯想創業以來的發展比喻為龜兔賽跑。在 1988—1995 年的第一階段，背靠中國科學院的聯想，其「技工貿」（先發展技術，再蓋工廠，再經營市場）勝過了華為的「貿工技」（先做代理，再蓋工廠代工，再技術轉移）。倪光南坦言，1995 年，聯想的營業收入高達 67 億元，華為才 14 億元，是華為的約 4.8 倍。從 1996—2018 年的第二階段，華為的「技工貿」勝過了聯想的「貿工技」。2018 年，華為實現營業收入人民幣 7,200 億元，聯想實現營業收入人民幣 3,589.20 億元。

倪光南反思了聯想和華為的差距。倪光南說道：「和聯想比，我覺得華為是很成功的。華為成功有很多的原因，例如華為讓科技人員持有股權就做得比較好。改革開放之後，外部環境是一樣的，華為是堅持研發，再加上讓科技人員持股做得好，所以華為的創新能力很強。所以我認為聯想股改後面臨的問題，一個是發展路線，另一個是科技人員智慧財產權保護問題。」[021]

在倪光南看來，聯想應「吸取教訓，應該盡可能加強對科技人員的鼓勵，保護科技人員智慧財產權，充分激發科技人員的創新。希望在智慧財產權展現方面，政策能更加明確，保證我們的科技創新能力更快地增長。」[022]

[021] 倪光南：《保護科技人員智慧財產權是提升企業創新能力的關鍵》，澎湃新聞，2018 年 12 月 23 日，https：//baijiahao.baidu.com/s?id=16206313273350630 64&wfr=spider&for=pc，訪問日期：2021 年 6 月 10 日。

[022] 倪光南：《保護科技人員智慧財產權是提升企業創新能力的關鍵》，澎湃新聞，2018 年 12 月 23 日，https：//baijiahao.baidu.com/s?id=16206313273350630 64&wfr=spider&for=pc，訪問日期：2021 年 6 月 10 日。

為客戶服務是華為存在的唯一理由

　　倪光南的反思，將華為的成功再次聚焦在企業家的視野中。可以說，倪光南對比聯想和華為，說明華為模式在倪光南心中的分量，同時也說明，在沒有祕密的華為模式中，其實是有祕密的。

　　除了倪光南描述的企業經驗外，「以客戶為中心」也是華為強勢崛起的關鍵點。對此，當岳林達問及華為祕密時，任正非毫不諱言地說：「我們只有一個經濟來源，就是客戶口袋裡面的錢。我們對客戶不好就拿不到這個錢，那樣的話，我們的老婆也要跑了。所以說，我們要拿這個口袋的錢又不能用非法手段，又不能搶錢，又不能做什麼違法的東西，只好把產品做好，把服務做好。剛才我講的市場經營有兩個要素，我們堅定不移地做好，為客戶服務沒有什麼做不到。」

　　為了讓岳林達更容易理解「以客戶為中心」的價值主張，任正非還舉例說道：「在智利發生大地震的時候，我們有三個員工已經在那裡工作十年了。當時，那邊的負責人就申請派人去找他們。我不同意，說先別找了，萬一派去的人再有什麼閃失更不划算，還是等等看過些時候能不能聯繫上他們。等了幾天以後，處於震區的員工與他們最基層的主管取得聯繫。主管告訴員工哪個地方的哪個裝置壞的，員工揹著揹包就往地震中心區走，我們把這個東西拍成了一個三分鐘的短片，就是員工本人當演員演的。這就是我們對客戶的服務。」[023]

　　任正非提及的此次地震是智利50年來最嚴重的地震，之後發生多次餘震。中國日報網報導稱，（2010年）2月27日（凌晨3時34分），智利發生8.8級特大地震，並引發海嘯，802人死亡，近200萬人受災，經

---

[023]　任正非：《任正非達沃斯演講實錄：我沒啥神祕的，我其實是無能》，鳳凰科技，2015年1月22日，https：//tech.ifeng.com/a/20150122/40955020_0.shtml，訪問日期：2021年6月10日。

濟損失達 300 億美元。[024]

據媒體報導，此次強震引發的海嘯嚴重衝擊智利海岸線長達約 200 公里，在有些地方，海嘯甚至波及到離海岸 2 公里的內陸。

根據中國駐智利大使館公開的資訊，當時智利當地華僑（華為、中興通訊、中遠、五礦等公司在智利設有分支機構）還沒有傷亡的報告。

華為在接受新浪財經採訪時回答說：「我們與智利代表處取得聯繫，華為所有在智利的員工都平安，感謝大家的關心。」

地震發生後，通訊的恢復就是災後搶險的一個重要舉措，華為的工程師不僅實踐了「人類共同體」的價值觀，同時還展現了「以客戶為中心」的華為價值觀。我查閱了相關數據發現，華為駐智利員工常雨明刊發在《商界》雜誌上的日記實錄就能說明華為成功的「祕密」。筆者摘錄部分紀錄來說明這個問題。

地震後最重要的應該就是通訊了，震區的電話打不出去，外面的電話撥不進來，這是很正常的。有些是因為裝置已經損壞，有些是因為裝置瞬間無法承受的大話務量導致裝置癱瘓。公司中國總部一時也無法聯繫到我們，我們嘗試著透過其他途徑聯繫總部，向他們報平安。

我們發現電路交換（Circuit Switched，CS）域通訊已經癱瘓了，只能試圖透過封包交換（Packet Switch，PS）域與外界聯繫了。抱著這個希望，我們趕緊使用網路卡連線到 PS 域，值得慶幸的是，有訊號，PS 域沒有損壞。整個 PS 域的產品都是我們公司的產品，可見其效能是非常可靠的。

我們用上網本連線到數據終端，然後登入到網路，發現沒有問題，大家喜出望外。透過 Skype 網路電話軟體，我們聯繫上了總部，總部也

---

[024] 中國日報網：《智利發生 8 級地震，盤點近年來世界強震》，中國日報網，2014 年 4 月 2 日，http：//world.chinadaily.com.cn/2014-04/02/content_17399637.htm，訪問日期：2021 年 6 月 10 日。

正在透過各種方法竭力跟我們取得聯繫。向總部報了平安後，我們每個人排著隊挨個給家裡打電話，聽到家人親切的聲音，很多同事都不自覺地眼眶發紅。[025]

「一系列（行為）都展現了我們以客戶為中心，我們所做的一切都是為了維護客戶的利益，只有維護客戶的利益，客戶喜歡我們了，自然就會買我們的東西。」

在中國企業的國際化案例中，華為是一個名副其實的範本。事實證明，華為能夠在國際市場取得不錯業績，離不開「以客戶為中心」的策略。

2018 年 12 月，一封來自日本一個小型企業老闆的公開信，以「星星之火，可以燎原」為名，公開聲援被加拿大以「莫須有」的罪名逮捕的孟晚舟，見圖 2-1。以下是信件譯文 [026]：

尊敬的華為 CFO 孟晚舟及全體員工：

很抱歉，我不會中文也不會英文，所以我只能用日文來寫這封信，特別希望有哪位懂日文的人能幫我翻譯，將我的意思傳達出來。

這次孟女士在加拿大遭遇的事情，讓我感到非常悲傷。

雖然我只看到日本國內的報導，並不知道詳情，但一想到您本人及您的家人度過了多麼難受的一段時間，以及今後還將承受怎樣的痛苦，我覺得我不能保持沉默，必須進行聲援，所以寫下了這封信。

世界上每天都在發生各式各樣的事情，但對住在日本的我來說，以前從未想過要透過寫信的方式來表達自己的心情。

---

[025] 常雨明：〈華為員工智利地震日記〉，《商界》2010 年第 4 期。

[026] 《東京都一名普通市民給孟晚舟及華為全體員工的來信》，心聲社群，2018 年 12 月 19 日，http：//xinsheng.huawei.com/cn/index.php?APP=forum&mod=Detail&act=index&id=4122007&search_result=1。

可是這次孟女士的事件，對我來說絕不是一件可以袖手旁觀的事情。

為什麼我會這麼說呢？或許日本國內並沒有太多的人知道，但我的一位住在宮城縣的朋友告訴過我，2011 年東日本大地震時，其他公司都在撤退、逃離，只有華為，在警報還沒有解除的情況下，毅然進入災區，抓緊搶修被地震損壞的通訊設施。

對華為這樣一個能在那樣困難的情況下向我們伸出援手的公司，無論有什麼理由，這種直接動用國家力量對其進行打壓的做法，是背離做人的常理的，讓我感到非常悲哀、難受。

在 1995 年發生的阪神淡路大地震中，我母親被壓在櫃子底下不幸遇難，那年她才 56 歲。

當時，我們得到來自世界各地的支援，城市得以恢復重建，才有了今天美麗的神戶。至今我心中仍充滿著感激。

反之，住在日本的我卻未能對家鄉神戶做出任何貢獻，至今仍深感羞愧。

因此，在我心中，孟女士是日本人的恩人。

我對中國的了解，僅限於從學校的「社會課」中學到的一點知識，但我曾看過田中角榮首相用毛筆簽字，給我留下了非常深刻的印象，從那以後，我開始學習書法。

現在，只要日本舉辦王羲之等名人的書法展，我都要去看好幾次。

我只是一家小公司的小老闆，像我這樣的人終究幫不上什麼忙，但我從心底衷心祝願貴公司能夠更加發展壯大，取得更大的成就。

謹上

2018 年 12 月 14 日

為客戶服務是華為存在的唯一理由

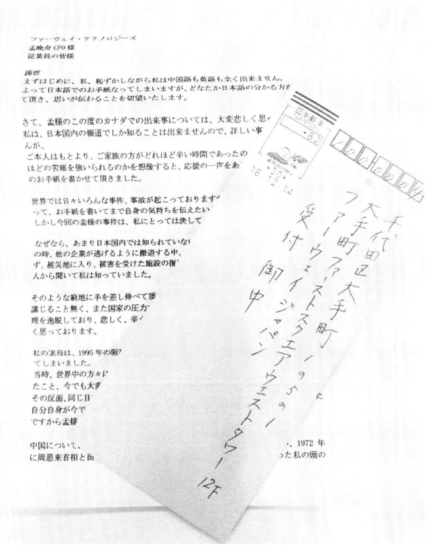

圖 2-1 來自日本的公開信

這位老闆在信中稱,孟晚舟是日本人民的恩人,這源於在 2011 年「311」福島核事故期間,身為華為高層的孟晚舟前往日本,恢復其通訊。

當這封信流傳在網際網路上後,2018 年 12 月 19 日,備受感動的孟晚舟寫了一篇日記。

昨天晚上,一封日本人的來信,在社群內小小地洗版,著實讓我感到溫暖!還是那句說過無數遍的話,人間自有真情在,當自己遇到危難的時候,才知道自己曾經被這麼多的陌生人關愛著。保釋的那天,在法庭等著辦手續,律師跟我聊天說,有不少陌生人打電話到律師事務所,說願意用自己的財產為我擔保,即使他們根本不認識我,甚至他們不知道我,但是他們知道華為,他們認可華為,所以他們也願意相信我。我的律師說,他從業四十多年,還從來沒見過這樣願意為陌生人擔保的事。聽著律師的這番話,我禁不住淚流滿面,泣不成聲。這不是為自己,而是為這麼多願意相信我、信任我的陌生人。日本福島地震的時候,我正好在美國 IBM(國際商用機器公司)總部,參加為期一週的 Workshop(研習會),正為是否啟動 IFS(Integrated Financial Transformation,整合財務轉型)變革,以及 IFS 變革的範圍,與 IBM 資深財務專家進行最後一輪詳細溝通。

那個時候,公司剛剛決定將所有的應急預案交給財經組織來負責,包括戰爭、瘟疫、動亂、地震等突發事件,由財經組織與業務團隊共同制定各種場景下的應急預案,平日裡組織演練,以便災難發生時能夠迅速啟動預案,公司各個部門也能按照預案的設計快速集結、快速響應。因為我在美國確實走不開,所以讓孫總一個人去了趟日本。

從美國回來後,我向組織財務的同事們分享了我們在美國 Workshop

為客戶服務是華為存在的唯一理由

的收穫，並進行討論。大家達成基本共識，形成可以與 IBM 溝通的財經變革的思路後，我就訂機票去了東京，到日本代表處去跟大家開會，討論災後重建的工作安排，包括客戶網路的搶修，以及我們自己的日常營運。在我去日本之前，公司的應急工作組已經成立，孫總也剛從日本回來，也沒有什麼太多需要我做的事情，我就是跟日本代表處再次梳理了一下震後兩週的工作，跟大家在一起核對了一下工作順序，自己也記了很多筆記。

　　日本地震，是財經組織第一次接觸危機預案的設計及實施，雖然在那次日本地震的災後重建工作中，我們的不少環節在合作上存在這樣或那樣的障礙，但幫我們累積了非常寶貴的經驗。幾年之後的尼泊爾地震，我們的危機預案完全能夠及時和充分地支撐著災後重建工作，也得到了尼泊爾客戶的高度讚揚。

　　這次經歷，我很少提起，也沒什麼可自豪的，只是我的分內工作而已。好人終有好報，沒想到，八年之後，這份回報以一個普通日本人的來信展現在我面前，讓我的心裡充滿了無比的自豪與寬慰。自豪，是因為在那種存在不確定因素的情況下，我踏上了去日本的班機，勇敢不是因為不害怕，而是心中堅守的信念；寬慰，是因為上蒼始終能看到我們的努力，也從不忽略我們付出的努力。[027]

　　根據媒體報導，東京時間 2011 年 3 月 11 日 14 時 46 分（中原標準時間 13 時 46 分），西太平洋國際海域發生芮氏 9.0 級特大地震，震中位於北緯 38.1 度，東經 142.6 度，震源深度約 10 公里。

　　此次特大地震，引發超強海嘯，浪高最大為 23 米，整個日本東部

---

[027] 孟晚舟：《人間自有真情在 —— 孟總日記一則》，心聲社群，2018 年 12 月 19 日，http：// xinsheng.huawei.com/cn/index.php?APP=group&mod=Bbs&act=detail&tid=4124071。

地區受災慘重。與此同時，由地震引發的核洩漏災難接踵而至。據日本《產經新聞》的報導，日本警察廳統計結果顯示，截至（2011 年）3 月 30 日上午，日本受災的 12 個都道縣確認遇難人數為 11,232 人，警方接到家屬報失蹤人數為 16,361 人，共計 27,593 人。

面對如此災難，如同信中所言，其他公司（愛立信、Nokia）都在撤退、逃離。然而，恢復通訊已經刻不容緩。在餘震、海嘯，尤其是福島核洩漏的威脅下，華為的工程師仍然展現了服務到底的、「以客戶為中心」的精神，不僅沒有因為福島核洩漏撤離，相反還加派工程師，在短短的一天內，就協助軟銀、E-mobile 等客戶搶通了 300 多個基地臺。

在清華大學的一次演講中，孟晚舟講道：「2011 年，日本發生 9.0 級地震，引發福島核洩漏。當別的電信裝置供應商的人員撤離日本時，華為的人員選擇了留下來。地震一週後，我乘坐飛機前往日本，整個班機連我在內只有兩名乘客。在代表處開會，餘震剛來時，大家臉色剎變，到後面就習以為常了。與此同時，華為的工程師穿著防護服，走向福島，搶修通訊裝置。勇敢並不是不害怕，而是心中有信念。」

當其他通訊公司的人員都在逃離時，孟晚舟卻反而奔赴日本。在當時，班機上的一位日籍乘客問孟晚舟是不是乘錯班機了，經過機組人員的反覆確認無誤後，班機才起飛。

大地震後，不僅孟晚舟，時任華為董事長的孫亞芳也率隊趕赴日本，一方面安撫仍然堅守職位、搶修通訊裝置的華為代表處員工，另一方面也實踐「以客戶為中心」的價值觀。

2011 年 4 月 3 日，一位名叫張亮的華為員工這樣回憶當時的情景：「大家又以正常的狀態投入到工作中去，對家人也是百般安慰：『媽，我已經轉移到大阪了，瞧，這是我的新房間。』一位同事在東京換了個住

為客戶服務是華為存在的唯一理由

處，以此安慰年邁的母親。一位兄弟和新婚的妻子影片聊天說：『老婆，放心吧，我在這裡很好，國內的新聞太誇張了！我們領導都來看我們了，晚上還一起吃飯。』華為董事長孫亞芳看望在一線堅守工作職位的所有辦事處人員，在晚宴上鼓勵大家：『目前的東京就像是颱風的風眼，雖然周邊亂成了一鍋粥，但我們這裡依然很平靜。』」[028]

在「以客戶為中心」價值觀下，當日本需要華為工程師時，願意前往日本協助的工程師非常多，甚至多到需要經過身體與心理素質篩選，符合一定條件的工程師才能被派到作業現場。

軟銀 LTE（長期演進）部門主管為此高度讚揚華為工程師的服務精神，非常驚訝地問：「別家公司的人都跑掉了，你們為什麼還在這裡？」

面對這個問題，當時負責協助軟銀架設 LTE 基地臺的專案組長李興的回答是理所當然。李興回答說：「只要客戶還在，我們就一定在，反正我們都親身經歷過汶川大地震。」

華為極致的服務令日本客戶無比感動，華為贏得了日本市場。正因為如此，在接受《華爾街日報》、《富比士》、《環球郵報》等外媒採訪時，我斷言，雖然日本政府暫停華為的裝置採購，但是日本市場的機會永遠都會給華為留下一席之地。相關數據顯示，2013 年，華為在日本的營業收入從 2011 年不到 5 億美元，增加 3 倍到接近 20 億美元。

2015 年，任正非在回答岳林達關於華為「祕密」的問題時說：「再講講日本大地震，日本大地震以後，很多人開始撤了。他們打電話問我，我說不同意撤。我說你們得找一個地方，能裝 1.2 億人口的地方再撤。他們說找不到。中國人的命就比日本人的命珍貴嗎？我說 1960 年代我

---

[028] 孟晚舟：《人間自有真情在—— 孟總日記一則》，心聲社群，2018 年 12 月 19 日，http：// xinsheng.huawei.com/cn/index.php?APP=group&mod=Bbs&act=detail&tid=4124071。

們國家都不知道什麼叫做核洩漏，當時我們在地面上放原子彈後打著紅旗慶祝。現在核洩漏哪有核爆炸屬害，有那麼恐怖嗎？等情緒穩定下來後，搶修裝置的華為員工就揹著揹包往前走。日本政府聽到這件事後很感動，之後我們在日本的訂單很大，做得非常好。這一系列行為都展現了我們以客戶為中心。」[029]

除了來自日本的支持，身為 IBM 團隊最早的成員之一，也是首個到華為總部工作和生活的外籍華為顧問約瑟夫‧史密斯（Joseph Smith），從 1999 年起在華為工作了 20 餘年。

當孟晚舟被困加拿大後，2019 年 3 月 1 日，約瑟夫‧史密斯在領英（Linkedin）上 [030] 發表了自己對孟晚舟事件的看法。

在文中，他不僅回憶了當初與華為的合作，還認為逮捕孟晚舟的主要原因是美國基於地緣政治因素打壓華為。為了便於讀者閱讀，該文翻譯如下。

我對華為孟晚舟事件的看法
約瑟夫‧史密斯

基於我給華為做諮詢、與華為合作 20 年的經驗，我想就美國政府針對華為的指控（尤其是華為 CFO 孟晚舟事件）發表一下我的看法。

1990 年代末，我以 IBM 顧問的身分首次來到華為，負責華為供應鏈和研發大型變革專案。這兩個專案規模龐大，有數百個顧問參與，持續數年。

---

[029] 任正非：《任正非達沃斯演講實錄：我沒啥神祕的，我其實是無能》，鳳凰科技，2015 年 1 月 22 日，https：//tech.ifeng.com/a/20150122/40955020_0.shtml，訪問日期：2021 年 6 月 10 日。

[030] Joseph Smith：「An Insight into Huawei's CFO Meng Wanzhou」，March 1，2019，https：//www.linkedin.com/pulse/insight-huaweis-cfo-meng-wanzhou-joseph-smith/。

為客戶服務是華為存在的唯一理由

大約十年後，也就是 2008 年末，華為在深圳舉辦了一場頒獎典禮，邀請了所有與華為合作過的顧問。

同時，華為希望推出一個新的改革專案 —— 整合財經服務（IFS）專案。和之前的改革專案一樣，IFS 專案也將與全球頂尖的財經管理顧問合作，計畫持續八年。

該專案由華為 CFO 孟晚舟領導，她也是華為創始人任正非的女兒。

在 IFS 專案期間，我在華為的改革管理辦公室工作，管理包括 IFS 專案在內的所有諮詢專案。華為投入大量資金，聘請了全球頂尖的管理顧問公司提升其管理制度，力求達到世界一流水準。

IFS 專案規模有多大？IFS 專案總共有 20 個子專案，包括機會點到回款、採購到付款、專案核算、總帳、共享服務、業務控制與內部審計、報告與分析、資金、成本與存貨等。專案第一階段核心方案優化了 18 個 IT 應用系統、35 個 IT 應用模組。1.7 億條存貨紀錄遷移到了新系統，覆蓋 170 個國家。

專案組的翻譯團隊由 IBM 和華為的人員共同組成，中英互譯超過 1,000 萬字。這些專案都證明了孟晚舟和華為團隊的決心和專業性。

專案背後的理念簡單而有力：提升透明度和視覺化水準，做好決策，降低公司風險。

華為還有一個不可低估的特質。據我所知，華為在進入新市場和研發投入上非常積極，但同時對任何可能帶來業務風險的舉動都非常謹慎，且特別為客戶著想。

如今，孟晚舟人在加拿大，因涉嫌違反對伊朗制裁面臨美國的引渡。美國總統川普表示他可能會放棄指控，以此作為與中國貿易談判的條件之一。

　　我不了解案件的具體細節。和大部分其他公司一樣，華為也拒絕對正在走司法程序的案件發表評論。但基於我與華為20年的合作經驗，我無法理解，也不相信他們會拿價值千億美元的公司去冒險，直接向伊朗銷售產品。

　　在華為的那段時間，我看到很多人，包括領導和管理層，都努力工作。他們在賺錢的同時，還充滿激情，致力於打造一家讓他們驕傲的公司。直到今天，我看到他們仍然保持這種精神。

　　關於華為接受中國政府資助的指控，建議各位查閱華為官網公開，由畢馬威審計的年報。你會發現媒體引用的那些誇張的數字根本就不存在。

　　在華為時，我與數千位來自西方國家的員工和顧問交談過。和在大部分公司一樣，真正的交流往往就發生在喝一杯咖啡的時間。我從未聽說過華為有任何不當或可疑行為。

　　目前我所看到的只有地緣政治因素，而且遺憾的是，這一切似乎主要來自美國政府的部分勢力。

　　在我看來，全球網路安全至關重要，不應該被地緣政治化。否則，最終受害的將是所有智慧手機、網際網路和電腦使用者。

　　這似乎是由美國政府部分勢力推動的。他們的觀點是：將華為排除在外，一切就都安全了。相信我。

　　或者引用美國國務卿在本週的發言，「如果你們不把華為排除在外，美國就不會與你們合作」。換言之，「照美國說的做，否則後果自負」。

　　從網路安全的角度來看，僅憑地緣政治因素來打壓一家公司是毫無意義的。這種做法只會讓我們不得不鋌而走險，祈禱其他廠商的設備都是安全的……並且在沒有測試的情況下全盤接受他們的所有產品。

為客戶服務是華為存在的唯一理由

　　幸虧在英國還有一些比較冷靜的人。2019 年 2 月 12 日，英國政府通訊總部（GCHQ）前主管羅伯特・漢尼根（Robert Hannigan）在《金融時報》撰文表示，英國國家網路安全中心（NCSC）「從未發現任何證據表明中國政府透過華為展開惡意網路行動」，「在 5G 網路中使用中國技術，將會帶來不可接受的風險，這樣的論斷是荒謬的」。

　　我認為，安全保障需要各方的溝通、合作和共同努力。

　　各位覺得呢？

　　上述案例足以說明，「以客戶為中心」的策略思維贏得了合作方，以及使用者的認同。任正非還舉例說：「還有一件發生在利比亞的事情，當利比亞發生戰爭的時候，其實我也在利比亞。後來我從利比亞到伊拉克的時候，利比亞開戰了。那裡的員工問我怎麼辦，我說先把我們的人撤到周邊國家。我們找了心理諮詢公司，幫員工做心理輔導，輔導了十幾天，效果很好。人力資源部的人到我辦公室來彙報，還沒講完，他說知道怎麼做了。他說可以在飛機上就開始給他們做心理輔導。我們這邊的人去了以後，組織員工為當地的網路提供服務。我們內部員工也有反對的。他們問我，我說現代戰爭都是精準打擊，只要不打那個點，應該不存在安全問題，這麼多年來，我們在全世界 170 多個國家沒有遇到因為戰爭導致員工身亡的事情。」[031]

　　正因為如此，華為的海外業務增長也就水到渠成。任正非坦言：「你想想，儘管去年（2014 年）國際經濟形勢很不好，我們自己的商業生態環境也很差，但是我們的營業收入增加了 20%，利潤也增加 19%。那就說明，這麼差的外部環境沒有對我們產生多大影響，而且今年我們的營

---

[031] 任正非：《任正非達沃斯演講實錄：我沒啥神祕的，我其實是無能》，鳳凰科技，2015 年 1 月 22 日，https://tech.ifeng.com/a/20150122/40955020_0.shtml，訪問日期：2021 年 6 月 10 日。

業收入會超過 560 億美元，增加速度還在 20%。我們不想增加那麼快，我們的英雄們、弟兄們拚命工作，業績這麼好我們不知道錢怎麼分。現在，我們負責人也有矛盾了，不知道該怎麼辦？員工們英勇作戰，我們也擋不住。」[032]

根據《華為投資控股有限公司 2014 年年度報告》數據顯示，2014年，華為構築的全球化均衡布局使公司在營運商業務、企業業務和消費者業務領域均獲得了穩定、健康的發展，全年實現營業收入人民幣2,881.97 億元，年增率增加 20.6%[033]，見表 2-1。

表 2-1 2014 年華為營運商業務、企業業務和消費者業務營業收入比例

單位：百萬元人民幣

類型	2014 年	2013 年	年增率變動
營運商業務	192,073	164,947	16.4%
企業業務	19,391	15,238	27.3%
消費者業務	75,100	56,618	32.6%
其他	1,633	2,222	-26.5%
合計	288,197	239,025	20.6%

[032] 任正非：《任正非達沃斯演講實錄：我沒啥神祕的，我其實是無能》，鳳凰科技，2015 年 1 月22 日，https：//tech.ifeng.com/a/20150122/40955020_0.shtml，訪問日期：2021 年 6 月 10 日。
[033] 華為：《華為投資控股有限公司 2014 年年度報告》，華為官方網站，2015 年 3 月 28 日，https：//www.huawei.com/cn/annual-report/2014，訪問日期：2021 年 6 月 10 日。

為客戶服務是華為存在的唯一理由

　　華為在國際市場的營業收入占總營業收入的 62.2%，見表 2-2。

表 2-2 2014 年華為區域市場營業收入比例

區域	營業收入（百萬元人民幣）	百分比
中國	108,881	37.8%
亞太	42,424	14.7%
歐洲、中東、非洲	100,990	35.0%
美洲	30,852	10.7%
其他	5,050	1.8%

　　報告數據顯示，在中國市場，華為實現營業收入人民幣 1,088.81 億元，年增率增加 31.5%，營運商業務受益於 TDD 網路建設，收入年增率增加 22%，企業和消費者業務繼續保持這股快速增加的形勢，收入增加均超過 35%。

　　在歐洲、中東、非洲區域市場，「受益於基礎網路、專業服務以及智慧手機的普及」，華為實現營業收入人民幣 1,009.90 億元，年增率增加 20.2%。

　　在亞太區域市場，「受益於韓國、泰國、印度等市場的發展，保持了良好的增長形勢」，華為實現營業收入人民幣 424.24 億元，年增率增加 9.6%。

　　在美洲區域市場，受益於「拉丁美洲國家基礎網路成長茁壯，消費者業務持續增加，但受北美市場的下滑影響，美洲地區營業收入年增率增加 5.1%」，華為實現營業收入人民幣 308.52 億元，[034] 見表 2-3。

[034] 華為：《華為投資控股有限公司 2014 年年度報告》，華為官方網站，2015 年 3 月 28 日，https://www.huawei.com/cn/annual-report/2014，訪問日期：2021 年 6 月 10 日。

表 2-3 華為 2013—2014 年區域市場營業收入對比

單位：百萬元人民幣

區域	2014 年	2013 年	年增率變動
中國	108,881	82,785	31.5%
歐洲、中東、非洲	100,990	84,006	20.2%
亞太	42,424	38,691	9.6%
美洲	30,852	29,346	5.1%
其他	5,050	4,197	20.3%
合計	288,197	239,025	20.6%

第3章

為客戶服務要發自所有員工的內心，落實在行動上

縱觀古今中外的商業歷史，顧客至上始終是企業經營的根本。不論什麼時代，不論什麼領域，如果不尊重顧客，經營就不可能持續。眾多長壽企業更是將顧客至上奉為信條。在上百年的經營過程中，這個思想已深入骨髓，甚至已成為無意識的習慣。他們每時每刻都在反覆努力實踐著這一真理。[035]

對商家來說「顧客就是上帝」的道理應該是再熟悉不過。隨著商業社會的進一步發展和成熟，顧客幾乎成為經營成敗的代言詞。可以肯定地說，客戶至上，是長壽企業的經營法則之一。2007 年，在《華為公司的核心價值觀》中，華為強調：「為客戶服務是華為存在的唯一理由，這要發自所有員工的內心，落實在行動上，而不是一句口號。」

「活不下去就沒有未來！我們的價值評價體系要改變過去僅以技術為導向的評價，大家都要以商業成功為導向。」

1994 年，臺灣政治大學商學院教授李瑞華接觸了華為，此後一直關注華為的發展。關於華為的成功，李瑞華有著自己的見解。

2013 年，李瑞華撰文指出：「臺灣的企業可以透過認識華為而有所反思。為什麼你需要了解華為，以及華為的創辦人任正非？因為任正非在短短 26 個年頭裡，創造了全球企業都未曾有的歷史。」

---

[035] 船橋晴雄：《日本長壽企業的經營祕籍》，彭丹譯，清華大學出版社，2011，序言。

　　李瑞華直言不諱地指出，很多企業只會喊口號，卻不落到實處，但是華為把「以客戶為中心」落到了實處。李瑞華說道：「口號人人會喊，但華為是真的落實，華為的文化是活的，不是死的。判斷一家公司成功與否，要看其潛規則與顯規則是否一致，不能說一套做一套。華為的潛規則與顯規則不僅一致，還相互呼應，這是華為最了不起地方！」

　　李瑞華結論是正確的，就在李瑞華關注華為兩年後，華為成功拿下香港和記電訊的訂單，讓業界刮目相看。

　　1995 年 6 月 30 日，香港開放電信市場。1996 年，涉足電信市場的香港和記電訊，申請透過獲得固定電話的營運牌照。

　　接下來，就是在短短 90 天內完成一項移機不改號的改造專案。為了旗開得勝，和記電訊更是躊躇滿志，先想到了與愛立信、Nokia 等大牌的跨國公司合作。

　　透過接觸和溝通，和記電訊發現能夠找到的設備供應商，都無法在 90 天完成改造專案。愛立信、Nokia 均表示，完成該專案最少需要 180 天的時間。

　　當歐洲設備供應商無法按時完成此專案時，近乎絕望的和記電訊高層聽聞華為在 C&C08 交換機方面取得了突破。

　　經過接洽，雙方一拍即合。不管是華為還是和記電訊，都知道此次專案完成的難度。在華為看來，拿下並完成和記電訊的緊急任務，既可以拓展區域外市場，也可以累積出海的經驗。

　　面對困難，華為迎難而上，派出精幹的工程師，在預期的 90 天時間內，順利地、出色地完成了該專案。

　　與跨國企業愛立信、Nokia 等提供的一流產品相比，除了銷售價格的優勢，和記電訊更加青睞華為提供的新設備的便攜性，以及對環境的適

應性,解決了香港室內空間狹小等問題。華為提供的通訊設備,不僅可以放置在辦公室,還可以放置在樓梯間裡,有效地解決了困擾香港的人多地少的問題。

2014 年,在以「在大機會時代,千萬不要機會主義」為題的內部演講中,任正非說道:「活不下去就沒有未來!我們的價值評價體系要改變過去僅以技術為導向的評價,大家都要以商業成功為導向。」

回顧華為 30 多年的成長歷程,像和記電訊這樣的專案舉不勝舉,但是華為始終把客戶至上奉為信條,深入骨髓。對此,2015 年,在以「變革的目的就是要多產糧食和增加土地肥力」為題的內部演講中,任正非說道:「商業活動的基本規律是等價交換。如果我們能夠為客戶提供及時、準確、優質、低成本的服務,我們也必然獲取合理的回報,這些回報有些表現為當期商業利益,有些表現為中長期商業利益,但最終都必須展現在公司的收入、利潤、現金流等經營結果上。那些持續虧損的商業活動,偏離和曲解了『以客戶為中心』。」

「對於我們這樣一個公司,如果誰要來跟我談談華為公司的策略,我都沒有興趣。為什麼?因為華為公司今天的問題不是策略問題,而是怎樣才能生存下去的問題。」

在華為,一直在強調客戶至上原則,即使是剛錄用的新員工,也需要符合這一要求。在某次新員工座談會上,有新員工問道:「任總,您對我們新員工最想說的是什麼?」

任正非笑著回答道:「自我批判、脫胎換骨、重新做人,做個踏踏實實的人。」在任正非看來,員工踏踏實實地做好本職工作才是最重要的。至於制定策略的事情,那是高層領導者的事情。華為的員工,尤其是新員工,要先學習華為「以客戶為中心,以奮鬥者為本,長期堅持艱

苦奮鬥」的企業文化，一步一個腳印，而不是漫談華為的策略。猶如電影《讓子彈飛》裡的湯師爺告誡土匪張麻子時說的那樣：「酒得一口一口喝，路得一步一步走。」

儘管如此，也有特立獨行的新員工由於不了解華為「以客戶為中心，以奮鬥者為本，長期堅持艱苦奮鬥」的企業文化，依然提出自己的策略建議。據悉，華為曾經發生過這樣一件事情，有一名剛入職的畢業於北京某重點大學的新員工，初入華為就發現了許多的「問題」。

該員工自信地認為，華為存在諸多問題，尤其在很多地方都需要整治。其後，該員工洋洋灑灑地給任正非寫了一封一萬多字的策略建議書。在建議書中，全部都是關於華為經營策略方面存在的問題，以及該員工的策略建議。

任正非把該策略建議書看完後，回覆說：「此人如果有精神病，建議送醫院治療；如果沒病，建議辭退。」

任正非這樣的回覆，其理由是很多員工過於務虛。在任正非看來，身為新員工，尤其是剛入職的新員工，對公司並沒有任何了解，竟然就提出許多大建議，至少是不客觀的。

任正非卻認為，在華為的人才體系中，始終強調「以客戶為中心，以奮鬥者為本，長期堅持艱苦奮鬥」的務實的工作作風，即使是務虛，也是開放的務虛。

1998 年 6 月 22 日，在〈華為的紅旗到底能打多久〉一文中，任正非寫道：「公司實行『小改進，大獎勵；大建議，只鼓勵』的制度。能提大建議的人已不是一般的員工了，也不用獎勵，一般員工提大建議，我們不提倡，因為每個員工要做好本職工作。大的經營決策要有階段的穩定性，不能每個階段大家都不停地提意見。我們鼓勵員工做小改進，將每

個缺憾都彌補起來，公司也就有了進步。所以我們提出『小改進，大獎勵』的制度，就是提倡大家做實。不斷做實會不會使公司產生沉澱呢？我們有務虛和務實兩套領導團隊，只有少數高層領導者才是務虛團隊的成員，基層領導者都是要務實的，不能務虛。務虛的人做四件事：一是目標；二是措施；三是評議和挑選幹部；四是監督控制。務實的人要貫徹執行目標，調動利用資源，考核評定幹部，將人力資源變成物質財富。務虛是開放的務虛，大家都可暢所欲言，然後進行歸納，所以務虛貫徹的是委員會民主決策制度，務實是貫徹部門首長辦公會議的權威管理制度。」[036]

任正非認為，身為一名華為新員工，其首要任務是了解華為「以客戶為中心，以奮鬥者為本，長期堅持艱苦奮鬥」的企業文化，做好本職工作，踏踏實實地把工作任務執行到位，而不應該把精力放在構思華為的「宏偉藍圖」上，試圖做出一些驚天動地的改革來。

1998 年，在〈不做曇花一現的英雄〉一文中，任正非就這樣談過：「我經常看到一些員工給公司寫的大規畫，我把它們扔到垃圾桶裡了，而那些在自己的管理職位上進步了、改進了自己工作的員工，向我提的建議和批評我倒是很願意聽的。把生命注入管理中去，不是要你去研究如何趕上 IBM，而是研究你那個管理環節如何做到全世界最優，要趕上 IBM 不是你的事情，你也不具備這樣的資歷和資格，所以要面對現實，踏踏實實地進行管理的改進，這樣公司才會有希望。」[037]。

在華為內部講話中，任正非始終在強調「以客戶為中心，以奮鬥者為本，長期堅持艱苦奮鬥」的企業文化，比如，「小改進，大獎勵；大建

[036] 任正非：《華為的紅旗到底能打多久》，《IT 經理世界》1998 年第 19 期。
[037] 任正非：《不做曇花一現的英雄》，《華為人報》1998 年 9 月 28 日，第 1 版。

議，只鼓勵」，這樣的指導原則，旨在避免華為員工只務虛、不務實。因此，華為不提倡普通員工對華為的重大事項發表策略建議，而是倡導員工改進工作方法，這比不切實際地暢談策略有用得多。

1990 年代末期，當時新入職的楊玉崗就是華為「小改進，大獎勵；大建議，只鼓勵」的實踐者。

楊玉崗就職於電磁元件職位，因為細心，入職不久就發現了華為 100A 電源產品主變壓器的一些問題──體積大、重量重、成本高。在當時，由於電源磁芯故障率高，導致華為 100A 電源產品在執行時不穩定。很多客戶因此放棄訂購華為的產品，讓華為損失不少。

楊玉崗發現此問題後，積極請纓，向研發部領導提出了自己的解決辦法。在當時，研發部負責人也正在煩惱此事。

就這樣，楊玉崗與部門同事進行技術改造、優化設計該電磁元件。經過兩個多月的改進和多次試驗，確定了最終的優化方案。

改良後的變壓器，其體積變小、重量變輕，成本也降低了不少，每年節約數百萬元的成本。經過改良後，該電磁元件的故障率大幅降低。此後兩年，華為所有電源系統都採用了這種電磁元件，再沒有出現過任何故障。

當研發部負責人將楊玉崗改進的事情彙報給任正非後，任正非表揚了這項技術改革，並且給予主要參與者物質和精神兩個方面的獎勵。

1999 年 1 月，在「在實踐中培養和選拔幹部──任總在第二期品管圈活動彙報暨頒獎大會上的演講」的內部演講中，任正非說道：「對於我們這樣一個公司，如果誰要來跟我談談華為公司的策略，我都沒有興趣。為什麼？因為華為公司今天的問題不是策略問題，而是怎樣才能生存下去的問題。在座的各位都很年輕，都是『向日葵』。但是，年輕的最

大問題就是沒有經驗。公司發展很快，你既沒有理論基礎，又沒有實踐經驗，華為公司怎麼能搞得好？如果我們再鼓勵『大家來提大建議呀，提策略決策呀』，那我看，華為公司肯定就是牆頭上的蘆葦，風一吹就倒，沒有希望。那麼，怎麼辦呢？就是要堅持『小改進，大獎勵』。為什麼要堅持？因為它會提高你的本領、提高你的能力、提高你的管理技巧，你一輩子都會受益。」[038]

在任正非看來，華為就如同一臺精密的儀器，只有把各部門分工得更細，合作得更緊密，才能夠維持這臺儀器的正常運轉。這就需要各部門、各職位的員工在「以客戶為中心，以奮鬥者為本，長期堅持艱苦奮鬥」的指導下各司其職，踏踏實實地做好自己的職位任務，而不是好高騖遠地規劃策略。

---

[038] 任正非：《在實踐中培養和選拔幹部——任總在第二期品管圈活動彙報暨頒獎大會上的講話》，《華為人》1999年1月25日，第1版。

第二部分
堅持以客戶為中心的經營方針

　　我認為成功的標準只有一個，就是實現商業目的。其他都不是目的。這一點一定要搞清楚。我們一定要有一個導向，就是商業成功才是成功。

—— 華為創始人任正非

第4章

我是賣設備的，就要找到買設備的人

在改革開放 40 多年的歷史中，資本運作讓一些中國企業家近乎痴迷。與之相反，任正非卻理性得多。

多年前，時任摩根史坦利（Morgan Stanley）亞洲區主席的史蒂芬·羅奇（Stephen Roach）看到華為不俗的業績，於是渴望與華為交流。經過多方協調，史蒂芬·羅奇最終率領一支龐大的投資團隊來考察華為總部。

一向被中國企業家視為「財神爺」的史蒂芬·羅奇一行卻有點失落，因為創始人任正非並沒有見他們，僅委派負責研發的常務副總裁費敏接待。

在接受媒體採訪時，史蒂芬·羅奇有些失望地說道：「他（任正非）拒絕的可是一個擁有 3 兆美元資產的團隊。」

其後，任正非回應說道：「他（羅奇）又不是客戶，我為什麼要見他？如果是客戶的話，再小的客戶我都會見。他帶來的機構投資者跟我有什麼關係呀？我是賣設備的，就要找到買設備的人……」

「有人問我：『你們的商道是什麼？』我說：『我們沒有商道，就是為客戶服務。』」

華為能夠取得如今的戰功，不全是因為技術，也不是因為資本運作，而是以客戶為中心。據中國人民大學商學院教授、華為顧問楊杜回

憶說：「這就是華為以客戶為中心的價值觀 —— 在客戶和投資者兩者中，任正非把時間給了客戶。當年起草《華為公司基本法》時，第一稿曾經提出一條：為客戶服務是華為存在的理由，任正非拿起筆就改為：為客戶服務是華為存在的唯一理由。」[039]

2015 年，在以「堅持為世界創造價值，為價值而創新」的內部演講中，任正非說道：「有人問我：『你們的商道是什麼？』我說：『我們沒有商道，就是為客戶服務。』這些年，我們的教訓也很深刻，不是所有營運商都能活下來，有些營運商拖著我們的錢不還，與其這樣，還不如把錢拿出來給大家漲點薪資。」

2001 年 7 月，作為華為內部刊物的《華為人》，即將刊發由中國人民大學商學院教授、華為顧問黃衛偉撰寫的一篇《為客戶服務是華為存在的理由》的文章。當相關負責人把稿件送給任正非做最後的終審時，任正非毅然地將該文的標題增加了「唯一」兩個字，改成「為客戶服務是華為存在的唯一理由」。

但是身為學者的黃衛偉教授不贊成任正非的修改，而是堅持自己的觀點。就這樣，《為客戶服務是華為公司存在的理由 —— 在與新員工交流會上的演講》的文章發表在《華為人》第 119 期（2001 年 7 月 30 日）上。

黃衛偉教授在文中直言，但凡新員工就職於華為，就需要服從華為存在的理由。黃衛偉教授撰文寫道：「什麼是華為公司存在的理由呢？很簡單，就是為客戶服務。」

此外，黃衛偉教授在該文中還分析了西方企業為誰存在的三種代表性的價值觀。黃衛偉教授寫道：

---

[039] 楊杜：《文化的邏輯》，經濟管理出版社，2016，第 35-37 頁。

　　一種觀點認為企業存在的理由是股東利益最大化，這是美國企業的價值觀，西方經濟學的產權理論和代理理論就是建立在這種假設上的，但我們認為這種價值觀不適合華為公司。美國的股票市場是世界上最發達的。因此，提出企業是為實現股東價值最大化的價值觀有其客觀性。但大量實踐表明，企業如果天天盯著股價的波動，按證券分析家們的觀點來決定企業做什麼、不做什麼，非常有可能陷入困境。股票市場帶有很大的投機性，而企業追求的是長期績效和可持續發展。股東看到企業短期業績不好，就把股票丟了跑掉了，但企業跑不掉，企業還要生存下去。

　　另一種代表性的觀點認為企業存在的理由是實現員工價值最大化，這是日本企業的觀點，他們稱之為「從業員主權」。我們認為這種價值觀也不適合華為公司。日本企業以員工為中心，實行「終身僱傭制」，在薪資和人事制度上實行「年功序列制」。雖然日本企業在 1980 年代輝煌過一段時間，但進入 1990 年代後陷入了長期的蕭條。事實證明，企業以員工為中心，是不能長久生存下去的。終身僱傭制和年功序列製造成企業內部缺乏正常的競爭和淘汰機制，優秀人才不能脫穎而出，落後了的員工仍然占據著重要的管理職位，新鮮血液不能及時補充，企業不能新陳代謝，這是日本企業競爭力下降的內在原因。日本企業界的有識之士已經在嘗試改變這種狀況，華為公司要吸取日本企業的教訓。企業不能以員工為中心，還因為企業生存的價值是從外部獲得的，而不是內部自然生長的。而要從外部獲得價值，就要為外部做出貢獻，也就是為客戶創造價值和提供滿意的服務，這樣企業才能存在，才有希望長久生存下去。

　　還有一種代表性的觀點認為企業存在的理由是實現利益相關者

（stakeholder）的整體利益適度與均衡。所謂利益相關者，包括股東、員工、客戶、供應商、合作者，還有政府和社群，等等。這種觀點的合理性在於從整個價值鏈的角度看待企業，主張利益相關者相互利益之間的適度、均衡與合理化。但問題是，在眾多的利益相關者中，誰處在最優先的位置？我們認為是客戶，客戶是價值的泉源，離開了客戶，企業沒有了利潤，企業就成了無源之水、無本之木。這就是為什麼我們主張華為公司存在的理由是為客戶服務的原因。[040]

在當時為什麼要去掉「唯一」兩個字呢？多年後，黃衛偉教授撰文解釋了其詳細的原因。黃衛偉寫道：「為什麼把『唯一』兩個字拿掉了，是因為未敢突破西方的企業理論。」

黃衛偉教授介紹稱：「西方的企業理論對於企業是為誰的，有兩種代表性的觀點。一種觀點認為企業是為股東（shareholder）的，也即是為投資者的，企業歸投資者所有，投資者擁有剩餘索取權（Residual Claim），企業不能給投資者帶來高回報，投資者就會撤資，將資金轉投回報高的企業。這在英美等資本市場發達的國家，以及董事會聘用經理人的委託 - 代理機制下表現得非常明顯。另一種觀點認為企業是為利益相關者的，利益相關者中包括顧客、股東、員工、社群等利益群體。第一種觀點是主流觀點，西方的企業理論和個體經濟學理論就是建立在這個基本假設之上的。」

在黃衛偉教授看來，身為學者，自己提出的每一個理論觀點都很謹慎，「最忌諱的就是前後矛盾，自己否定自己」。

黃衛偉教授坦言：「我理解任總的這一思想，首先是站在客戶角度

---

[040] 黃衛偉：〈為客戶服務是華為公司存在的理由 —— 在與新員工交流會上的講話〉，《華為人》
2001 年 7 月 30 日，第 1 版。

而不是投資者的角度來看華為存在的價值的。客戶選擇華為的產品和服務只有一個理由，就是華為的產品和服務更好，更能滿足他們的需求，客戶才不管華為的投資者是誰、員工是誰呢。其次，如果客戶不購買華為的產品和服務，哪會有股東和員工的利益。皮之不存，毛將焉附。再次，華為是一家員工持股的公司，員工和企業家都是股東，我們總不能將自己的利益置於客戶之上。最後，任總的這一思想還涉及做生意的大道，什麼是生意的大道呢？就是透過利他來利己，越是能夠利他，就越是能夠利己。利己誰都明白，但透過利他達到利己的目的，就不是誰都能真正意識到和自覺做到的了。」[041]

　　與黃衛偉教授不同的是，任正非從制定《華為公司基本法》開始，就一直強調「為客戶服務是華為存在的『唯一』理由」，任正非堅持這個觀點的原因是基於自己在華為的實踐。黃衛偉解釋說：「剩餘索取權的邏輯很清楚，投資者在企業價值分配中是排在最後的，為了獲得剩餘價值，就必須控制好排在前面的收入和支付給各個利益主體的成本，所以投資者一定要追求利潤最大化，這是促進企業提高效率的原因和動力，但這也是客戶拋棄企業的原因，事物都有兩面性。而按照任總上述觀點的邏輯來看，客戶持續購買華為的產品和服務，才是推動華為長期有效成長的壓力、動力和原因。華為沒有上市，實行員工持股，出錢購買公司股票，想轉讓都不行，只有讓客戶首選華為，讓公司效率更高，才能使大家持續獲益。為此，公司只追求合理的利潤，將更多的利益與客戶、員工分享，加大對未來的投入，持續推進管理變革。華為是從自身的長期利益出發，理性地控制人性對利潤的貪慾，而不是利用人性對利

---

[041] 黃衛偉：《「走在西方公司走過的路上」的華為為什麼沒有倒下？》，搜狐網，2017 年 8 月 21 日，https://www.sohu.com/a/166242068_178777，訪問日期：2021 年 6 月 10 日。

潤的貪慾去經營企業。」[042]

事實證明，正是客戶的支持和認可，才是華為走向持續成功的一個關鍵點。這就是任正非為什麼沒有會見和接待史蒂芬・羅奇的真正原因。

「我們要為客戶利益最大化奮鬥，品量好、服務好、價格最低，那麼客戶利益就最大化了，客戶利益大了。他將來有更多的資金就會再買我們的裝置，我們也就活下來了。」

在企業經營中，不管經營者如何選擇，都必須重視客戶、員工、股東，以及社會四個利益群體。也就是說，一旦客戶、員工、股東，以及社會四個利益群體出現衝突時，經營者必須按照企業價值觀來排序這些群體。

企業到底選擇何種排序，楊杜教授有自己的看法。楊杜教授說道：「我們不認為何種價值觀的排序一定正確，但企業進行文化建設時應該預先界定發生衝突時的排序，誰第一、誰第二、誰第三、誰第四。一個成功的企業家應該是一個懂得平衡並善於平衡的人，但在價值觀排序上不能模稜兩可。客戶為中心是價值觀念，更是行動！只有在有利益衝突的時候，才能看出你的核心價值觀取向。」[043]

在「美聯航事件」中，美聯航就把「員工利益」擺在首位。美國公司的管理層通常把股東利益放到首位，讓股東利益最大化。華為卻與之相反。

在「技術支援部 2002 年一季度例會上的演講」上，任正非說道：「唯有一條道路能讓公司生存下來，就是客戶的價值最大化。有的公司是為股東服務的，股東利益最大化，這其實是錯的，看看美國，很多公司的

---

[042] 黃衛偉：「走在西方公司走過的路上」的華為為什麼沒有倒下？[EB/OL]，心聲社群，2017-08-21.https：//www.sohu.com/a/166242068_178777.

[043] 楊杜：《文化的邏輯》，經濟管理出版社，2016，第 35-37 頁。

破產說明這一口號未必就是對的；還有人提出員工利益最大化，但現在不少日本公司已經有好多年沒有漲薪資了。因此我們要為客戶利益最大化奮鬥，品質好、服務好、價格最低，那麼客戶利益就最大化了。客戶利益大了，他將來有更多的資金就會再買我們的設備，我們也就活下來了。我們的組織結構、流程制度、服務方式、工作技巧一定要圍繞這個主要的目的，好好地轉變來適應時代的發展。」

在華為，把「以客戶為中心」放在首位的策略絕對不是一句空話。華為就是要培育客戶至上的企業文化和核心價值觀，而不是有些企業家崇尚的資本運作和技術主導的企業文化，因此，任正非拒絕了羅奇。

任正非客觀、理性地洞察了資本市場的屬性。即使是資本市場最為發達的美國，其上市公司的比例僅占公司總數的 0.08％。對此，有的研究發現，企業總數的減少，是其中的關鍵原因，因為這從源頭上抑制了上市企業的數量。然而，這樣的理論似乎站不住腳。根據公開的數據顯示，美國企業數量一直都在成長。1977 年，美國企業總數達到 3,417,883 個，上市企業占 0.14％；1996 年，美國企業總數達到 4,693,080 個，上市企業占 0.18％，達到高峰期；2012 年，美國企業總數依舊上升，達到 5,030,962 個，然而上市企業的比例有所下降，占 0.08％。[044]

著名經濟學部落格「邊際革命」（Marginal Revolution）的研究數據證實，從 1997 年到 2013 年間，美國上市公司數量不僅沒有增加，而且減少了近一半（從 1997 年的 6,797 家下降到 2013 年的 3,485 家）。

得出類似結論的還有美國國家經濟研究局（National Bureau of Economic Research，NBER）。在《為什麼美國上市公司如此之少？》（*Why*

---

[044] 蘇寧金融研究院：《美國的上市公司數為什麼那麼少》，搜狐網，2016 年 2 月 23 日，http：//www.sohu.com/a/60146041_371463，訪問日期：2021 年 6 月 10 日。

Does the U.S.Have So Few Listed Firms?）報告中，美國國家經濟研究局介紹，1996 年，美國上市公司的數量達到峰值的 8,025 家，其後就開始進入下滑期；截至 2012 年，美國上市公司的數量僅有 4,102 家，數量下降了將近一半，即便是與 1975 年的數據相比，上市公司數也下降了 14%。

經過對相關數據的梳理發現，越來越多的美國小企業之所以不願意選擇上市，原因有如下三個：

1. 上市成本高

《沙賓法案》（*Sarbanes-Oxley Act*）加劇了小企業的上市負擔。《沙賓法案》，又被稱為《沙賓 - 奧克斯利法案》，其全稱為《2002 年上市公司會計改革和投資者保護法案》。該法案是由時任參議院銀行委員會主席保羅・沙賓（Paul Sarbanes）和時任眾議院金融服務委員會主席麥克・奧克斯利（Mike Oxley）共同提出的，因此又被稱作《2002 年沙賓 - 奧克斯利法案》。

制定《沙賓法案》的起因是安隆公司（Enron Corporation）的財務造假醜聞事件。該事件發生後，《沙賓法案》對美國《1933 年證券法》、《1934 年證券交易法》做了大幅修訂，尤其在公司治理、會計職業監管、證券市場監管等方面新增了諸多新規定，強化了上市公司內部控制及報告制度。

根據《沙賓法案》，上市公司必須在年報中提供內部控制報告和內部控制評價報告；上市公司的高階管理人員和註冊會計師都需要對企業的內部控制系統做出評價，註冊會計師也必須審查公司管理人員的評估過

程以及內控系統的結論，並提出具體意見。[045]

　　該法案的發布，大幅增加了公司的營運成本，對小企業來說，影響更是深遠，甚至有可能導致倒閉。對此，美國萊斯大學古斯塔沃‧格魯隆（Gustavo Grullon）、加拿大約克大學教授葉蓮娜‧拉金（Yelena Larkin）和瑞士日內瓦大學經濟學教授羅尼‧米凱利（Roni Michaely）發表研究論文驗證這個觀點。他們一致認為，美國企業總數量下降幅度遠低於上市公司，部分的原因可能是上市公司受到法律約束，其中就包括《沙賓法案》。

　　當然，也有觀點認為，美國企業總數小幅下滑，以及市場集中度上升，說明其市場競爭度可能已經下降。但是，美國經濟顧問委員會（Council of Economic Advisers）的研究報告卻否定了這樣的觀點。該報告認為，市場集中程度更高了，同時行業利潤也增加了。2018 年 8 月 3 日，蘋果的市值突破了 1 兆美元，CEO 提姆‧庫克（Tim Cook）不僅實現蘋果創始人史蒂夫‧賈伯斯（Steve Jobs）的夢想，同時塑造了一個里程碑。

　　短短的 20 多年中，蘋果公司曾經瀕臨破產，賈伯斯力挽狂瀾，加上庫克的接棒，讓蘋果公司發展成為美國最有價值的公司之一。

　　蘋果公司的成功，不僅是創新性產品的成功，同時也極大地改變了人們的日常生活。此外，蘋果公司的市值也顯示美國當前的一個事實——眾多的超級大型企業登上歷史舞臺，統治和領導美國的經濟。一小部分美國企業獲得的利潤，在所有企業的利潤總額中所占的比例要比 1970 年代時多很多。

---

[045]　蘇寧金融研究院：《美國的上市公司數為什麼那麼少》，搜狐網，2016 年 2 月 23 日，http：//www.sohu.com/a/60146041_371463，訪問日期：2021 年 6 月 10 日。

這樣的變化反映在股市上，例如，蘋果、亞馬遜、臉書和 Google 等一些家喻戶曉的跨國企業，撐起美國股市近十年的牛市，同時也成功地拉動了美國經濟的高速成長。當然，巨型企業利潤集中化的影響範圍不僅僅是股市，還可能在其他方面，而這些影響並不完全都是有益的。

因此，「超級明星企業」的崛起是否會導致美國薪資的成長停滯、中產階級數量萎縮，以及進一步擴大收入差距，成為了部分經濟學家的研究對象。這些巨型企業在社會和政治方面的巨大影響力，讓希望立法制約這些企業的聲音相繼出現。

羅尼·米凱利就是其中之一。米凱利坦言：「這是我們經歷的最重要的發展趨勢之一……這關乎了經濟發展、經濟不平衡和消費者福利。」

回顧過去的幾十年歷史，企業利潤在美國企業中的分配格局已經發生明顯變化。1975 年，美國最大的 109 家企業的利潤占所有上市企業利潤總額的一半。

時至今日，據亞利桑那大學金融教授凱斯琳·凱爾（Kathleen M.Kahle）和俄亥俄州立大學經濟學家瑞尼·史塔茲（René M.Stulz）的研究結果顯示，美國最大的 30 家企業的利潤就占所有上市企業利潤總額的一半。

兩名經濟學家 —— 普林斯頓大學的楊·德·洛克（Jan De Loecker）和倫敦大學學院的楊·伊庫特（Jan Eeckhout），察覺到這樣的變化。2017 年，在他們發表的研究論文裡，表示美國企業的產品生產成本和銷售價格之間的差距，已經達到自 1950 年來的最高水準。

眾所周知，產品生產成本和銷售價格間的差距，是衡量企業市場權力的一個重要指標。古斯塔沃·格魯隆、葉蓮娜·拉金和羅尼·米凱利撰寫的研究論文也提到，根據赫氏指標（Herfindahl-Hirschman Index），美

國有超過 75％的行業變得越來越集中。赫氏指標是用來分析企業合併案的標準公式。

對此，經濟學家們一致認為，企業集中化（包括公司規模和利潤）的趨勢是真實存在的，而且可能會持續下去。麻省理工學院經濟學教授大衛・奧托（David Autor）說道：「論述這個趨勢的論文數量不計其數。」

在美國的科技行業中，大型企業的利潤比例高於從前，甚至利潤集中化趨勢已經越來越明顯，尤其是一些高效的大型科技企業統治了美國經濟中發展速度最快和最有活力的領域。例如，蘋果和 Google 兩個企業至少為 99％的智慧手機提供作業系統服務；又如，臉書和 Google 兩個企業，獲得了 59％的美國網際網路廣告收入；再如，在電子商務領域，亞馬遜已經擁有絕對控制優勢，而且在音樂和影片串流媒體等領域正在快速發展壯大。

又如，在美國金融行業中，五家最大的銀行控制了大概全部金融行業一半的資產。在 1990 年代，五家最大的銀行僅僅控制 20％的資產。在過去的 10 年中，六家美國最大的航空企業合併成了三個。四家美國企業控制著美國 98％的行動通訊市場。如果電信公司 T-Mobile 和斯普林特公司（Sprint Corporation）的合併案通過（註：已在 2020 年正式合併），那麼這個數字將會降到三家。

當企業合併時，其利潤將增加。葉蓮娜・拉金說道：「無論誰生存下來，都將會產生更大的利潤，都能夠給投資者帶來更大的回報。」

葉蓮娜・拉金的研究對股市來說，確實是一件利好。2018 年，臉書、蘋果、亞馬遜、網飛和 Google 的母公司字母控股（Alphabet）五家企業的利潤，約占標準普爾（S&P Global Ratings）500 股價指數中所有企業

利潤的一半。當時，蘋果公司的市值是 1 兆美元；其次是亞馬遜，其市值超過了 8800 億美元。

對資本市場來說，只要不斷產生利潤，這就是好事。如果科技公司的股價節節攀升，負責研究股市的投資公司 Bespoke Investment Group 的聯合創始人賈斯汀・沃特斯（Justin Walters）說道：「那麼股市上其他股票就很難熬了。」

2. 投資銀行積極性降低

價差變小，讓投資銀行放棄小公司業務。由於美國自身市場環境的變化，直接傳遞到股票上，導致股票的買入、賣出價差變小。投資銀行在展開此業務時，首先考慮自身的利潤，由於利潤變薄，使得投資銀行不再承接為小公司提供上市服務或提供分析報告的業務。

3. 併購

小企業被大型集團企業或者其他企業併購，然後退市。當然，公司創始人拒絕上市，甚至是不願意上市分析，是可以解釋美國新上市公司數量減少的原因，卻不能當作美國上市企業總數下降的關鍵因素。

數據顯示，1997 年後，美國退市企業數量開始超過新增上市企業數量，是導致總數下降的一個原因。研究發現，退市公司主要分為三種：

- 自願退市，如上市公司不願意透露資訊而選擇退市；
- 被動退市，上市公司因不滿足上市要求而退市；
- 被併購。

沒錯，被併購也成為上市企業退市的一個重要原因。

當然，小公司之所以願意被併購，可能是因為經營環境惡化，難以穩定發展、盈利。尤其是在當今科技進步如此迅速的環境下，小公司的最佳盈利模式，並不是成為一個靠自身力量發展的獨立企業，反而是以被併購的方式來擴大規模。[046]

有鑑於此，由於上市對中小企業產生了諸多不利影響。因此，越來越多的風險投資者決定以被併購的方式來退出，而不是透過傳統的上市方式。

在華為，以客戶為中心的案例舉不勝舉。身為華為公司高級管理顧問，中國人民大學吳春波教授曾講過另一個真實的案例：

「2002 年，任正非的勞動態度考核是 C，說他出了兩個問題：第一是責任心出了問題；第二是奉獻精神出了問題。

華為是怎麼判斷任正非的責任心不強的呢？華為用的是重要事件法（Critical Incident Technique）。有一天，任正非答應見一個客戶，結果他那天因為事情多，就忘了，這件事說明他的責任心有問題，這不是主管打分，而是用事來判斷。說任正非奉獻精神有問題，是因為國外來了客戶，任正非承諾要見客戶，結果臨時家裡有事，沒有陪客戶吃飯，公事、私事沒排好序，沒有奉獻精神，給他打了 C，結果是他當年的安全退休金打折扣，第二年不能加薪資，不能繼續配股。」[047]

「華為的董事會明確不以股東利益最大化為目標，也不以其利益相關者利益最大化為原則，而堅持以客戶利益為核心的價值觀，驅使員工努力奮鬥。」

---

[046] 蘇寧金融研究院：《美國的上市公司數為什麼那麼少》，搜狐網，2016 年 2 月 23 日，http：//www.sohu.com/a/60146041_371463，訪問日期：2021 年 6 月 10 日。

[047] 楊杜：《文化的邏輯》，經濟管理出版社，2016，第 35-37 頁。

　　任正非的策略思想，始終都在圍繞客戶需求。在華為內部演講中，任正非說道：「企業的目的十分明確，是使自己具有競爭力，能贏得客戶的信任，在市場上能存活下來。華為的董事會明確不以股東利益最大化為目標，也不以其利益相關者（員工、政府、供應商……）利益最大化為原則，而堅持以客戶利益為核心的價值觀，驅動員工努力奮鬥。以此構築華為生存的基礎。」

　　任正非認為，「天底下給華為錢的只有客戶，客戶是華為存在的唯一理由」。從這個角度講，華為做出一切決策的依據，就是能否為客戶創造價值。因為客戶有選擇權，只會認同那些真誠提供優質、價格合理的產品和服務的企業。對此，任正非認為，華為只有「以客戶為中心」，客戶才會選擇華為的產品。

　　與之相反的是，一些企業遠離「以客戶為中心」，「資本運作」大行其道，嚴重扭曲了傳統的商業思想。

　　當然，一部分企業經營者之所以熱衷資本運作，是因為他們以美國企業的經營思想作為標竿，尤其是把「股東利益最大化」作為企業決策最高指導綱領。

　　對此，中國人民大學教授、華為高級顧問田濤和吳春波撰文評價說：「企業家天天圍著股票市場的指揮棒轉，按照證券分析家們的觀點來決定企業做什麼、不做什麼，結果使得企業其興也勃焉 —— 迅速擴張，市值膨脹，在不長的時間內造就一個行業巨無霸；其敗也忽焉 —— 幾天之間，甚至幾小時之間市值大幅縮水，皇冠落地，輝煌不再。」[048]

　　在美國市場如此，在中國市場也有很多企業經營者因為熱衷資本運作，結果變成曇花一現的明星企業。田濤和吳春波告誡：「一批批的實業

---

[048] 田濤、吳春波：《下一個倒下的會不會是華為》，中信出版社，2012，第 165-168 頁。

家成了資本新貴，企業卻如氣球一般膨脹並爆裂。資本市場培育了大批為『資本』而瘋狂的『機會型』商人，而公司呢，要不短命地興盛，要不永遠在股東的短期追求中疲於喘息。」

田濤和吳春波呼籲企業經營者注意，「常識在被扭曲，在變形」。兩位學者得出這樣的結論，一個重要的依據是，「以客戶為中心」的傳統商業思維曾作為一個普遍適用的商業常識，卻成為少數企業的致勝法寶。

2014 年 5 月，任正非在倫敦召開的一次新聞釋出會上對外宣稱，華為沒有上市的打算。當時因為美國「禁令」，部分研究者就建議華為透過上市的方式來減緩來自美國的打壓。

任正非回應，華為不上市，是由於資本市場過於貪婪。華為堅持不上市，而且也實現了自己的全球化策略，從某種角度來說，證明了華為「以客戶為中心」的策略是正確的。

端看任正非對華為不上市屈指可數的幾次回應，可見其態度十分堅決。任正非認為，西方市場資本「貪婪」的本質會傷害華為的長期發展前景。任正非說：「我們都聽過傳統經濟學中的許多理論，而這些理論都宣稱股東具備長遠視野，他們不會追求短期利益，並且會在未來做出十分合理的、有據可循的投資。但事實上，股東是貪婪的，他們希望儘早榨乾公司的每一滴利潤。」

任正非此舉贏得中國人民大學商學院黃衛偉教授等專家的認可，一旦企業的經營目標是追求某個指標或者某個利益群體利益的最大化，那麼企業將難以生存。

黃衛偉教授高度評價說：「華為追求長期有效成長，不思考股東利益最大化、不思考員工利益最大化，為客戶服務是華為公司存在的唯一理由。從財務角度來看，追求長期有效成長的就是追求企業的價值。這裡

的價值概念對華為這樣的非上市公司來說不是資本市場的估值，而是回歸價值的本質，即現實的獲利能力和未來潛在獲利機會的貨幣化。在華為看來，長期有效成長的內涵，首先是經營結果健康，即追求有利潤的收入，有現金流的利潤，不重資產化。其次是不斷增強公司的核心競爭力。最後是建構健康友好的商業生態環境。經營結果必須穩健、均衡，才能支撐起公司的長期生存發展。華為的商業模式是：長期保持飢餓狀態，不謀求賺大錢。」[049]

黃衛偉教授補充說：「華為對利潤看得不重，而是以長遠的眼光來經營公司，在合理的利潤水準上實現快速成長。成長是硬道理。在資訊及通訊科技產業中，要麼成為領先者，要麼被淘汰，沒有第三條路可走。機構與機構之間的所有合作實際上都是利益分配問題。華為強調要使創造企業價值的每個生產要素都按其貢獻分享到合理的利益和回報。如果某個生產要素分享不到合理的利益，該要素就會塌陷，就會成為制約價值創造的弱點。資本與勞動的利益分享是華為持續成長的動力機制。如今，這種分享機制正逐步擴展到對客戶、對供應商的利益分享上，使整個生態圈的運作進入一種良性循環。如何使企業裡上至企業家下至每個員工都能感受到市場競爭的壓力，都能急客戶所急、想客戶所想，這可能是對企業管理的最大挑戰。要透過無依賴的市場壓力傳遞，使企業的內部機制永遠處於啟用狀態。這是欲生先置於死地，這就是華為的管理哲學。」[050]

---

[049] 黃衛偉：《價值為綱：華為公司財經管理綱要》，中信出版社，2017，序言。
[050] 黃衛偉：《價值為綱：華為公司財經管理綱要》，中信出版社，2017，序言。

第5章

你們的眼睛要盯著客戶

在很多企業中，員工通常根據老闆的喜好做事，只要老闆偏好的，即使自己不喜歡，也唯老闆馬首是瞻，對老闆唯命是從。

面對這樣的通病，任正非非常反感。在華為，任正非認為，員工必須以客戶為中心，而不是以老闆為中心。2002年，在題為「加強道德素養教育，提高人均效益，滿懷信心迎接未來」的內部演講中，任正非談道：「……不僅對客戶的關注下降了，維護客戶關係就更談不上；我不怕大家批評我，有人批評我是好事。員工以後最重要的不是要看我的臉色，不要看我喜歡誰、罵誰，你們的眼睛要盯著客戶。客戶認同你好，你回來生氣了，就可以到我辦公室來踢我兩腳。你要是每天看著我不看著客戶，哪怕你捧得我很舒服，我還是要把你踢出去，因為你是從公司吸取利益，而不是奉獻。因此大家要正確理解上下級關係，各級幹部要多聽不同意見。公司最怕的就是聽不到反對的意見，成為一言堂。如果聽不到反對意見，都是樂觀得不得了，那麼一旦摔下去就是死亡。」

「從上到下，關注主管已超過關注客戶；向上級彙報的簡報就如此多姿多彩，主管一出差，安排如此精細、如此費心，他們還有多少心用在客戶身上？」

2002年，任正非再次告誡華為人，華為人必須做到眼睛對著客戶，而不是自己的主管。為了反思和修正華為人的做法，任正非講道：「我們

上下瀰漫著一種風氣，崇尚主管比崇尚客戶更厲害，管理團隊的權力太大了，從上到下，關注主管已超過關注客戶；向上級彙報的簡報（PPT）就如此多姿多彩，主管一出差，安排如此精細、如此費心，他們還有多少心用在客戶身上？」

任正非乾脆更直截了當地下指令：「你們要腦袋對著客戶，屁股對著主管。不要為了面對主管，像瘋子一樣，從上到下地忙著做簡報……不要以為主管喜歡你，你就升官了，這樣下去我們的戰鬥力是會下降的。」

任正非觀察到，過於關注主管的氛圍會影響到對客戶的服務品質。為了避免華為陷入這樣的深淵中，華為「已經建立了層級管理機構，分級地任命幹部。但永遠不能在我們公司，樹立所謂的絕對權威、絕對真理。一定要讓有益的思想幼苗有成長的空間，一定要避免由於某人的局限，而錯失機會和修正我們錯誤的可能」。

正是因為如此，經常一個人出差的任正非在網際網路走紅。2016 年 4 月 16 日（星期六）晚上 9 時 40 分，上海虹橋機場，任正非獨自一人，拖著拉桿箱，排隊等計程車 [051]。

2012 年，任正非在深圳寶安機場接駁車上的照片也被上傳到網際網路上 [052]。

任正非的這些出差照片之所以能夠贏得網民們的一致好評，是因為身為世界 500 強企業華為的創始人，任正非與其他企業家出差乘坐私人

[051] 中國企業家雜誌：《72 歲任正非深夜機場排隊等出租，華為不敗的祕密就是「傻」？》，搜狐網，2016 年 4 月 18 日，https：//www.sohu.com/a/69925313_355015，訪問日期：2021 年 6 月 10 日。
[052] 中國企業家雜誌：《72 歲任正非深夜機場排隊等出租，華為不敗的祕密就是「傻」？》，搜狐網，2016 年 4 月 18 日，https：//www.sohu.com/a/69925313_355015，訪問日期：2021 年 6 月 10 日。

飛機,有著很大的不同,任正非的親民、樸素、和藹贏得網民的認可。

華為員工透露,任正非通常都是自己開車上班,自己在食堂排隊打飯,華為沒有人覺得這有什麼異常。

對於在網路上流傳的任正非照片,華為一位副董事長坦言:「華為這樣的做法,並不代表管理階級的道德覺悟有多高,這不是我們的出發點。重要的是,它展現著華為的價值觀:客戶重要,還是主管重要?這才是大是大非,關係到公司的勝敗存亡。」

除了華為,新東方的晚會也揭開了中國企業在面對老闆,還是面對客戶的困境。2019 年 1 月,網路流傳一支新東方的年會節目《釋放自我》的影片。

幹得累死累活,有成果那又如何,到頭來幹不過寫 PPT 的。

要問他成績如何,他從來都不直說,掏出 PPT 一頓胡扯。

小程式做了幾個,就連 APP(行動應用程式)也沒放過,做完就完了,也不關心結果,您混完資歷走了。

只剩下「髒亂差」了,轉場同業機構職位升了。

什麼節操品格,什麼職業道德,只會為人民幣瘋狂地高歌。爛攤子從沒管過,吹牛從沒停過,之前的 PPT 繼續白話。

該影片之所以成為走紅,其中一個因素是嘲弄了當下公開祕密的內部管理問題,包括「PPT 現象」、推卸責任,以及組織機構存在的人浮於事的問題。

新東方創始人俞敏洪在微博上說道:「今天決定,要獎勵製作這部勇於揭露新東方問題節目的幕前幕後人員 10 萬元。」

不知何故,俞敏洪刪除了此條微博。2019 年 1 月 25 日下午,俞敏洪再次在微博上闡述自己的看法,一方面上調獎勵到 12 萬元,並表示「最

重要的是面對問題，並迅速解決問題」。俞敏洪說道：「新東方年會上批評老闆的節目，我其實之前並不知情，年會現場第一次看到，覺得員工勇於當面批評老闆，暴露新東方問題，值得鼓勵。所以我今天決定給參與創作和演出的員工，獎勵 12 萬元，鼓勵企業勇於直言的精神和文化。當然，最重要的是要面對問題，並且迅速解決問題。」

「在華為，我們堅決提拔那些眼睛盯著客戶，屁股對著老闆的員工；堅決淘汰那些眼睛盯著老闆，屁股對著客戶的幹部。」

在貫徹「以客戶為中心」時，華為的做法值得其他企業學習。華為明文規定，嚴禁員工討好上司，即使去機場接機也不行。

之所以會有這樣的規定，是因為任正非認為，世界上諸多大型企業出現嚴重的腐敗問題，一個較為重要的原因就是企業員工沒有把精力和時間用於滿足客戶真正的需求上，而是用於討好主管上。

有鑑於此，任正非明文禁止上司接受下屬招待，就連開車到機場接機都會被任正非痛罵一頓。任正非解釋說：「客戶才是你的衣食父母，你應該把時間力氣放在客戶身上！」

華為的做法，與美國軍隊的做法異曲同工。美國非常詳細地制定了美軍相關的禮節禁忌，尤其是不能當面讚頌主管。美國明文規定：「當面直接讚頌長官或者上級是庸俗的，無論你對上級多麼欽佩，當面讚頌都有阿諛奉承嫌疑，容易引起誤解。」

如果美軍對上級非常佩服和尊重，會用以下三種方式表達：第一，對上司施以標準軍禮；第二，認真執行上級的命令；第三，盡職盡責，提高單位戰鬥力。

不准許當面讚頌上級目的就是防止腐敗，防止軍人因為阿諛奉承得到提拔和重用。

國防大學教授金一南在講課時就曾讚揚這一規定。金一南教授舉例稱，時任美國中央司令部司令、陸軍上將諾曼·史瓦茲柯夫（Norman Schwarzkopf）在指揮海灣戰爭時，因為指揮得當，取得了不俗的戰績。

取得如此戰績，按照慣例，身為最高指揮官的諾曼·史瓦茲柯夫應當會升任美國陸軍參謀長。然而，海灣戰爭結束後，史瓦茲柯夫就退伍了。

一次偶然的機會，金一南教授知道了史瓦茲柯夫退伍的真正原因。1997 年，金一南教授在美國國防大學（National Defense University）深造。其間，時任參謀長聯席會議主席科林·鮑爾（Colin Luther Powell）到美國國防大學發表演講。

交流過後，科林·鮑爾送給金一南教授他的著作 ——《我的美國之旅：鮑威爾將軍自傳》（*My American Journey*）。在書中，科林·鮑爾透露史瓦茲柯夫沒有升任美國陸軍參謀長的原因。

在考察中，時任美國國防部長的迪克·錢尼（Richard Bruce Cheney）不贊成提拔諾曼·史瓦茲柯夫擔任美國陸軍參謀長。

科林·鮑爾在書中描述：「在飛往沙烏地阿拉伯首都利雅得的班機上，由於飛行時間較長 —— 歷時 15 個小時，乘客們必須排隊上洗手間。然而，迪克·錢尼看見一位美軍少校在幫諾曼·史瓦茲柯夫排隊，快輪到該少校時，該少校喊了一聲：『將軍！』諾曼·史瓦茲柯夫才慢慢地從座位上站起來，插隊進入洗手間。不僅如此，迪克·錢尼還看到了另一件事：一名美軍上校雙膝跪在機艙內的地板上，整理諾曼·史瓦茲柯夫的軍裝。」

在迪克·錢尼看來，這兩件事情足以說明諾曼·史瓦茲柯夫不能擔任陸軍參謀長。在其他國家，身為功勳顯著的司令員，上洗手間時插隊和

讓下級軍官幫忙整理軍裝這類小事，也許可以被諒解。但是身為考察者的迪克·錢尼不這樣認為。在他看來，任何軍隊都有可能出現腐敗，尤其是位高權重的高級軍官，不能讓這樣的現象出現在軍隊的高層中。

任正非的做法與迪克·錢尼非常相似，為了防止腐敗，要求員工不能討好自己的上司，必須把精力用在服務客戶上。不僅如此，為了有效地貫徹「以客戶為中心」的策略，任正非時常在內部演講中談及此策略。例如，在 2010 年的一次會議上，任正非進一步介紹說：「在華為，我們堅決提拔那些眼睛盯著客戶，屁股對著老闆的員工；堅決淘汰那些眼睛盯著老闆，屁股對著客戶的幹部。前者是公司價值的創造者，後者是謀取個人私利的奴才。各級幹部要有境界，下屬屁股對著你，自己可能不舒服，但必須善待他們。」

第6章

我們永遠謙虛地對待客戶

經過 30 年多的拓展，華為已經超越愛立信（Ericson）、思科（Cisco）、Nokia（Nokia）、阿爾卡特等競爭對手，一舉成為 ICT 產業的行業領導者。

羅馬並非一日建成的。初創時期的華為沒有技術、沒有資源、沒有資金，他們一步一步拓展市場。曾任華為全球銷售副總裁、中亞地區部總裁的孫維回憶稱：「從中國到非洲，從歐洲市場的小客戶到英國電信，從俄羅斯市場 26 美元的合約到突破莫斯科大環市，一個又一個關鍵客戶和市場的突破，華為才取得今天的成就。」

孫維直言：「2019 年華為的營業收入達到 8,588 億元，拋開消費者業務之外，華為通訊設備方面的營業收入主要來自電信等行業的市場大客戶，（這些）文字描述了一個一個的市場成長的臺階，就是華為的全球銷售團隊攻克的市場里程碑，不斷提升和客戶合作的層次。除了美國之外，現在全球最主要的電信客戶都選擇了華為設備來建設資訊網路。」

從孫維的介紹不難看到，華為能夠贏得電信客戶的信任，一方面因為華為的技術優勢，另一方面因為華為「以客戶為中心，以奮鬥者為本」的核心價值觀。

當華為的規模做大後，任正非告誡華為人：「無論將來我們如何強大，我們要謙虛地對待客戶、對待供應商、對待競爭對手、對待社會，

包括對待我們自己，這一點永遠都不要變。」

「客戶讓我們有了今天的這些市場，我們永遠不要忘本，永遠要用宗教般的虔誠來對待我們的客戶，這正是我們奮鬥文化的重要組成部分。」

經過 30 多年的勵精圖治，如今的華為已經超越對手，引領技術的研發方向。2020 年 2 月，根據德國專利數據庫公司 IPLytics 釋出的 5G 行業專利報告顯示，華為排名第一，專利數量 3,147 件；韓國三星排名第二，專利數量 2,795 件；中興通訊排名第三，專利數量 2,561 件；第四到第十分別是 LG、Nokia、愛立信、高通、英特爾、夏普、日本電信電話（NTT）。

與當初身為追趕者的心態不同，這樣的優勢讓部分華為人很難保持謙虛、謹慎的態度，因為華為自身就是一座航標。這就需要警惕一些自信心「爆棚」的華為人遠離客戶、遠離「以客戶為中心」的華為價值觀。

在之前的內部演講中，任正非就告誡華為人說：「還記得，1990 年代初艱難的日子……我們終於拿出了自己研製的第一臺通訊設備 —— 數字程控交換機。」[053]

然而，設備研發成功，並不意味著就會被客戶接受。要想讓客戶接受，華為人只能透過自己的艱苦奮鬥，慢慢地改變客戶對華為產品的看法。

時隔多年，任正非依舊清晰地記得當時華為人所遭遇的冷淡待遇。任正非回憶道：「設備剛出來的時候，我們既很興奮，又很煩惱，因為業界知道華為的人很少，了解華為的人更少。當時華為老員工的腦海裡，

---

[053] 任正非：〈實事求是的科學研究方向與二十年的艱苦努力 —— 在國家某大型專案論證會上的發言〉，《華為人》2006 年第 12 期。

深深烙印著一個情景：在北京的一個寒冷的冬夜，我們的銷售人員等候了八個小時，終於見到了客戶，但僅僅說了『我是華為的……』，就眼睜睜地看著客戶被另個著名公司的業務人員接走了。望著客戶遠去的背影，我們的小夥子只能在深夜的寒風中默默地咀嚼著屢試屢敗的沮喪和苦澀：是啊，這怎麼能怪客戶呢？華為本來就沒有幾個人知道啊。由於華為人廢寢忘食地工作，始終如一虔誠地對待客戶，華為的市場開始有起色了，友商看不到華為這種堅持不懈的艱苦和辛勞，產生了一些誤會和曲解，不能理解華為怎麼會有這樣的進步。」[054]

幾經努力，華為人的付出也得到一些人的理解和支持。當時一位比較了解實情的官員出來說了句公道話：「華為的市場人員一年內跑了 500 個縣，而這段時間你們在做什麼呢？」

在當時，人們對華為銷售和服務人員的印象是：華為人揹著交換機，扛著投影儀和行囊，在偏僻的路途上不斷地跋涉……

在該演講中，任正非舉例說：「在〈愚公移山〉中，愚公整天挖山不止，還帶著他的兒子、孫子不停地挖山，終於感動了上天，把擋在愚公家前的兩座山搬走了。在我們心裡面一直覺得這個故事也非常形象地描述了華為 18 年來，尤其是 1990 年代初中期和海外市場拓展最困難時期的情形：是我們始終如一對待客戶的虔誠和忘我精神，終於感動了『上帝』── 我們的客戶。無論是在國內還是在海外，客戶讓我們有了今天的一些市場，我們永遠不要忘本，永遠要以宗教般的虔誠對待我們的客戶，這正是我們奮鬥文化的重要組成部分。」[055]

---

[054] 任正非：〈實事求是的科學研究方向與二十年的艱苦努力 ── 在國家某大型專案論證會上的發言〉，《華為人》2006 年第 12 期。

[055] 任正非：〈實事求是的科學研究方向與二十年的艱苦努力 ── 在國家某大型專案論證會上的發言〉，《華為人》2006 年第 12 期。

從這個角度來分析，任正非始終堅持「以客戶為中心」的核心價值觀也就很好理解。尤其是 1990 年代初期，創始人任正非揹著軍綠色的舊書包到全國各地推銷，甚至拜會邊疆的電信局，詢問他們是否購買交換機。

在華為內部一直流傳著一個市場拓展的故事，該故事發生在 1990 年代。當華為的市場人員拜訪某地營運商主管時，雙方傳杯弄盞、把酒言歡，聊得很是痛快。

酒酣之際，該營運商主管提及十年前的一件有關華為業務員的往事。一位自稱華為市場人員的人，揹著軍綠色的舊書包來到這裡，詢問他是否購買交換機⋯⋯

市場人員以為是該領導在開玩笑，在一次聚餐時將此事當作笑話講給同事聽。一個老同事告訴這個市場人員，當年那個揹著舊軍綠色書包去銷售交換機的人應該就是華為創始人任正非。

正是這樣的創業經歷，讓任正非清楚地意識到客戶的重要。正是這樣的經歷，才讓華為始終堅守「以客戶為中心」。任正非清楚地知道，華為的生存和發展必須是建立在「以客戶為中心」的基礎之上。只有擁有客戶，華為才有明天，如果華稍有怠慢，那麼華為將被客戶摒棄。

「銷售團隊在與客戶交流時，一定不能盛氣凌人，否則我們在沙漠裡埋頭苦幹半天，客戶也不一定認同。」

在內部演講中，任正非就告誡：「銷售團隊在與客戶交流時，一定不能盛氣凌人，否則我們在沙漠裡埋頭苦幹半天，客戶也不一定認同。」

任正非之所以告誡華為人，是因為華為在 2013 年底超越愛立信。2014 年 3 月 31 日，華為公布了經審計的 2013 年年報。年報顯示，2013 年，華為構築的全球化均衡布局使公司在營運商業務、企業業務和消費

者業務均獲得了穩定健康的發展，實現營業收入人民幣 2,390 億元（約 395 億美元），年增率增加 8.5%，淨利潤為人民幣 210 億元（約 34.7 億美元），年增率增加 34.4% [056]，見表 6-1。

表 6-1 2013 年華為營運商業務、企業業務和消費者業務領域營業收入比例

單位：百萬元人民幣

類型	2013 年	2012 年	年增率變動
營運商業務	166,512	160,093	4.0%
企業業務	15,263	11,530	32.4%
消費者業務	56,986	48,376	17.8%
其他	264	199	32.5%
合計	239,025	220,198	8.5%

年報顯示，華為在海外市場的營業收入占總營業收入的 64.85%，依舊占比較大的比重，詳情見表 6-2。

在中國市場，華為實現營業收入人民幣 840.17 億元，年增率增加 14.2%，其中，營運商業務保持了小幅成長，企業業務和消費者業務則成長快數，且兩者年增率增加都超過 35%。

在歐洲、中東、非洲區域市場，「受益於基礎網路、專業服務以及智慧手機的普及」，華為實現營業收入人民幣 846.55 億元，年增率增加 9.4%。

在亞太區域市場，「受益於東南亞新興市場的發展，保持良好的成長型態」，華為實現營業收入人民幣 389.25 億元，年增率增加 4.2%。

---

[056] 華為：《華為投資控股有限公司 2013 年年度報告》，華為官方網站，2014 年 3 月 31 日，https：//www.huawei.com/cn/annual-report/2013，訪問日期：2021 年 6 月 10 日。

在美洲區域市場,「拉丁美洲國家基礎網路成長快速,消費者業務持續增加,但受北美市場下滑的影響」,華為實現營業收入人民幣 314.28 億元,年增率下滑 1.3% [057]。

表 6-2 2013 年華為各區域營業收入比例

單位:百萬元人民幣

區域	2013 年	2012 年	年增率變動
中國	84,017	73,579	14.2%
美洲	31,428	31,846	-1.3%
亞太	38,925	37,359	4.2%
歐洲、中東、非洲	84,655	77,414	9.4%
合計	239,025	220,198	8.5%

筆者對比華為、愛立信、思科、Nokia 西門子、阿爾卡特朗訊、中興通訊六個企業 2013 年的營業收入發現,華為 395 億美元的營業收入僅次於思科的 486 億美元,見圖 6-1。

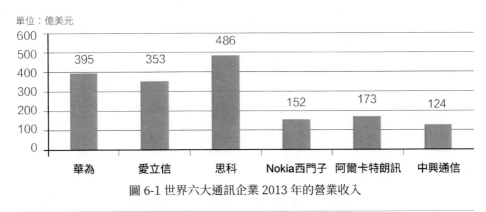

圖 6-1 世界六大通訊企業 2013 年的營業收入

---

[057] 華為:《華為投資控股有限公司 2013 年年度報告》,華為官方網站,2014 年 3 月 31 日,https://www.huawei.com/cn/annual-report/2013,訪問日期:2021 年 6 月 10 日。

筆者對比華為、愛立信、思科、阿爾卡特朗訊、Nokia 西門子、中興通訊六個企業 2013 年的淨利潤發現，華為 34.7 億美元的淨利潤僅次於思科的 100 億美元，見圖 6-2。

單位：億美元

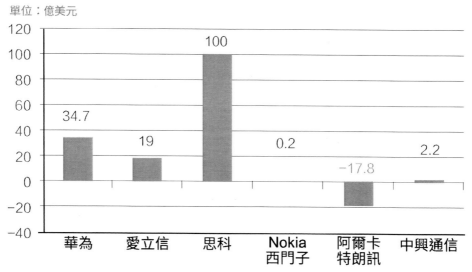

圖 6-2 世界六大通訊企業 2013 年的淨利潤

對比上述兩組數據足以說明，華為已經名副其實地超越愛立信，成為僅次於思科的世界赫赫有名的通訊企業。

為了讓華為人保持「謙虛」的合作態度，任正非告誡華為人稱，與客戶合作，謙卑的心態更容易讓客戶接受。任正非形象比喻說道：「有時候必須像姚明一樣蹲著說話，蹲下來也不能證明你不偉大。謙虛來自自信，謙虛來自自身的強大。我認為不謙虛是指頤指氣使、趾高氣揚、目中無人、盲目自大、自我膨脹等不平等的待人方法，以及不按合約執行的店大欺客行為。」

任正非認為，企業存在店大欺客的情形，因此告誡華為人：「無論將來我們如何強大，我們都要謙虛地對待客戶、對待供應商、對待競爭對

手、對待社會，包括對待我們自己，這一點永遠都不要變。」

正是堅持這樣的指導思想，華為人奔赴世界的各個角落。2008 年 12 月初，在總部培訓三個月後，王斌就開始踏上他的海外出征之旅，首站是印尼。

剛到印尼，王斌遇到了自己的第一個問題 —— 英語口語交際。經過兩週的突擊學習，王斌終於解決了語言問題，可以簡單地與他人用英語交流了。

初到異地，不僅需要解決語言問題，同時也必須解決如何了解客戶需求的問題。王斌回憶說道：「管理服務業務複雜，撰寫專案會議紀要成為我的第一個任務。記得第一次會議，我記了十多頁筆記，寫紀要時，在熱心前輩的指導下修改了十餘次，花了兩週才完成。三個多月寫紀要的工作經歷，讓我快速累積了業務知識，初步掌握了業務全貌。」[058]

據了解，華為客戶 A 的運營支撐系統（Operation Support Systems，OSS）需求一直在增加，交付了兩年，依舊未能驗收。不得已，華為總部下達命令，必須在 2009 年內完成該專案的驗收工作。

2009 年 4 月，在距離 2009 年 12 月 31 日還有 8 個月的時候，王斌接手該專案，這也是王斌首個獨立完成的專案。面對如此棘手的專案，王斌自問道：「兩年都沒能搞定的驗收，我一個新人能完成嗎？」

有些擔心是正常的，但是王斌並未就此打住，積極地開始與完成驗收時間賽跑：一方面「確定開發需求」，另一方面「與客戶確認需求和驗收」。

由於客戶的需求實在太多了，王斌不得不超負荷工作，甚至連續三四天都要熬通宵。王斌回憶說道：「我記得有一個需求，因第三方簡

[058] 王斌：〈逐夢南太 我心依舊〉，《華為人》2019 年第 12 期。

訊閘道器不相容，研發和一線熬了三天三夜仍無法解決。次日早晨 7 時多，客戶網絡運維中心（Network Operation Center，NOC）主管發現問題仍未解決，當著眾人的面朝我怒吼：『你真沒用，出去！』我第一次在大庭廣眾之下被這般對待。」

遭遇這樣的不理解，王斌委屈萬分，但是站在客戶的角度來看這個問題，就容易理解了。王斌反思說道：「我的確是沒有解決問題，責任在我。」

王斌簡單地洗了洗臉，整理了著裝，再次回到客戶辦公室，理性地向客戶分析問題。在王斌的努力下，客戶同意與第三方一起解決該問題。

得到客戶的支持後，王斌反思自己的工作思路和方法可能存在問題。王斌說道：「客戶的需求可能很多，但並不是每一個需求都適合專案本身，不能陷入各種需求裡『疲於奔命』，更重要的是要與客戶鎖定需求邊界，做好需求管理，並定期彙報進展和更新事項，將問題閉環。」

釐清專案問題，不僅可以在第一時間響應客戶的需求，還可以在改進中取得很好的進展。經過半年的奮鬥，客戶對王斌在專案管理中的改進和付出非常認可，順利地驗收了該專案。

印尼的歷練，讓王斌的工作越來越順手。2012 年 4 月，王斌重任在肩，前往新加坡擔任 R 專案的中方產品設計師（Product Designers，PD）。

在王斌的想像中，新加坡是一個發達的亞洲國家，在此工作應該是一件非常幸福的事情，但讓王斌沒有想到的是，事實並非如此。王斌回憶道：「那裡沒有餐廳、沒有班車、客戶要求高。因天氣炎熱，每天上班從住處到地鐵站，再搭乘巴士到辦公室，每走一次，我的後背都會溼透

一次。」

王斌回憶稱，此行就是重擔在肩，不僅需要帶領團隊提升網路品質和效率，降低成本，同時還需要優化組織結構，「透過一人多能、一人多工、工程融合、三線融合等方式，成功精簡 40％以上的人員，並達成零罰款、零事故、零投訴的成就」。

據王斌介紹，之前由於 R 專案的合約品質較差，連年的虧損導致中方人員相繼離去，僅剩王斌一人了。面對重壓，身為 R 專案中方產品設計師的王斌不得不頂著。王斌回憶說道：「幾乎每天我都是最後離開辦公室的，記得有一天下班後，剛走出公司便暈倒了。被路人叫醒後，我發現自己面部著地，整張臉都撞破了，去醫院縫了好幾針，我不敢告訴任何人，對老婆也只是說不小心撞到了，第二天繼續上班。」

這樣的工作強度持續了一段時間，某天夜裡，王斌曾想過放棄，家人支持王斌的決定。次日，王斌準備找主管提交辭職信。當王斌走進主管的辦公室時，團隊成員一如既往地在解決問題，沒有任何懈怠。看到該情景，王斌突然放棄辭職的想法。王斌坦言：「身處逆境時，人適應環境的能力有時候是驚人的。」

據王斌介紹，R 專案存在自身的特殊性，因此不具有可持續性以及可複製性。基於這樣的屬性，順利地完成交付，完成該合約就成為其策略目標。令人沒有想到的是，該專案竟然花費了四年的時間才完成。2016 年，雖然啟動該專案的合約準備告一段落，但還是經過多輪談判，才與客戶達成協定。客戶承諾，「2017 年 5 月底同意接收所有現有人員、分包合約和資產」。這意味著該專案終於成功結束。

當專案順利交到客戶手中後，王斌有說不出的莫名的成就感。正是因為這樣的歷練，王斌成長為華為的優秀骨幹。

堅持以客戶為中心的經營方針

　　2016 年初，王斌被調回南太平洋地區部門，具體的職位責任就是在支撐每個售前和交付專案的同時，還需要做好經營、建設，以及資源整合。

　　某天，王斌突然被要求參加一個電話會議，要求去解決一起客戶高層的投訴問題。此次被投訴的是王斌團隊負責的位於塔希提島上的該國客戶子網的「代維」，客戶高層投訴了該專案的交付問題。

　　經過 20 多個小時的跋涉，王斌終於抵達位於塔希提島的客戶辦公室。在該專案中，全網都是華為提供的通訊裝置，共有 100 多個無線站點。

　　經與客戶首席技術長（Chief Technology Officer，CTO）溝通後，王斌發現，被投訴的問題是因為執行專案履行品質差距造成的。

　　搞清楚問題後，王斌立即開始解決問題：第一，與客戶對照標準；第二，就雙方在「服務響應」「溝通機制」「報告模板」等方面協商，並最終達成一致；第三，積極培訓位於塔希提島的運維團隊。

　　解決了塔希提島的投訴問題，王斌火速地投入印尼某投標專案中。在此專案中，王斌擔任早期專案負責人。期間，王斌面臨的問題依舊不少。王斌說道：「我們找出 22 項重大風險，數月奮戰後，仍剩下 10 項。當時系統部壓力非常大，不斷挑戰我們，抱怨成本競爭力和方案能力不足，延遲專案進展，客戶也是連連發飆。」

　　王斌認為，雖然面臨巨大的內外壓力，但是交付團隊堅持把工作做到位，透過詳實的數據讓客戶滿意。這具體展現在兩方面：第一，在成本控制上，王斌團隊拉通了當時「現有兩個專案，建立了印尼管理服務成本基線，細分到每一塊業務，並考慮後續如何持續提升效率」；第二，在風險控制上，王斌團隊鎖定四個重大風險項目，同時量化風險並制定

出相應的「應對預案，更新到系統部和代表處，售前售後集中出力，與客戶多輪談判後，最終成功將風險控制在可接受範圍內」。[059]

據王斌介紹，該專案已經執行了三年時間，交付品質也較高，並且其盈利結果與當初設計幾乎一致。事後，王斌說道：「兩年的平臺工作經歷，提升了我專案管理、團隊管理、組織運作、溝通等能力，初步具備了業務策略思維和全局觀，為今後個人進一步的發展奠定了重要的基礎。」

就這樣，時勢造就英雄。2017 年 2 月 2 日凌晨 1 時，印尼 X 客戶首席技術創新官（Chief Technology Innovation Officer，CTIO）發送電子郵件向華為高層投訴 MS 專案。

面對客戶投訴，當日 14 時，全球客戶培訓中心（Global Customer Training Center，GTS）總裁、南太平洋地區總裁召開緊急會議，整合一切組織資源，集中解決 X 客戶首席技術創新官的重大投訴問題。

在郵件中，投訴問題集中在以下兩點：第一，之前五年專案交付品質較差；第二，2017 年 1 月 28 日，由於變更操作失誤，導致 X 客戶的網元中斷。

在了解和梳理專案後，王斌發現該專案的確存在諸多問題。王斌舉例說道：「網路品質差、客戶抱怨大，團隊缺乏激勵、士氣低落，專案『救火』多、經營不斷惡化。」

擔任過多個專案產品設計師的王斌自然知道從現場尋找答案的方法。於是，王斌高頻率地拜訪客戶高層和上站考察，他發現，「經營問題的根本原因在於合約，交付問題的根本原因在於品質」。

找到了問題的癥結，王斌積極與客戶保持高頻度的溝通，組建專案

---

[059] 王斌：〈逐夢南太 我心依舊〉，《華為人》2019 年第 12 期。

組，並制定相對應的百日改進計劃。

王斌具體的做法是，「快速解決影響網路品質的關鍵問題，同時內部優化組織架構、骨幹資源，強化流程執行遵從，加強外部治理運作」。正是透過一系列的操作，圓滿地完成了「百日改進各項任務」，有效地改善網路，並提升其效能和品質。

2017 年 8 月 4 日，在半年度慶功會上，客戶高度評價了王斌團隊的「百日改進計劃」。客戶的 CEO 說道：「Glad to see network quality improvements，and now managed services on right track.」（我很高興看到網路品質提升，現在管理服務專案回到正軌上了。）

其後，客戶的首席技術創新官為了表示感謝，專門寫了一封感謝信，信中說道：「We could not conduct our business without Huawei！」（沒有華為，我們就無法執行業務！）

華為的極致服務贏得客戶認可。2019 年 3 月，客戶與華為順利簽署了下一個 5 年合約。截至 2019 年 12 月，新標專案順利完成接網，網路品質持續提升，經營結果優於概預算，同時幫助客戶實現流量成長24%，當地排名第一。[060]

---

[060] 王斌：〈逐夢南太 我心依舊〉，《華為人》2019 年第 12 期。

第三部分
以宗教般的虔誠對待客戶

　　無論是在國內還是在海外，客戶讓我們有了今天的一些市場。我們永遠不要忘本，永遠要以宗教般的虔誠對待我們的客戶，這正是我們奮鬥文化的重要組成部分。

—— 華為創始人任正非

第 7 章

為客戶創造價值的任何微小活動都是奮鬥

在華為的價值觀中，始終強調「以客戶為中心，以奮鬥者為本，長期堅持艱苦奮鬥」的企業文化。2008 年，在題為「逐步加深理解『以客戶為中心，以奮鬥者為本』的企業文化」的內部演講中，任正非說道：「什麼叫奮鬥？為客戶創造價值的任何微小活動，以及在勞動的準備過程中，為充實提高自己而做的努力，均叫奮鬥，否則，再苦再累也不叫奮鬥。」[061]

任正非補充說道：「要為客戶服務好，就要選拔優秀的員工，而且這些優秀員工必須奮鬥。要使奮鬥可以持續，就必須使奮鬥者得到合理的回報，並長期保持健康。但是，無限制地拔高奮鬥者的利益，就會使內部運作成本變得很高，就會使我們被客戶拋棄，就會讓我們在競爭中落敗，這樣反而會使奮鬥者無家可歸。這種不能持續的愛，不是真愛。合理、適度、長久，將是我們人力資源政策的長期方針。在過去的困難時期，我們在家裡，很多媽媽寧可看著孩子飢腸轆轆的眼睛，也不肯在鍋裡多放一碗米。因為要考慮到未來可能遇到青黃不接、無米下鍋的情況，這樣的媽媽就是好媽媽。有些不會過日子的媽媽，豐收了就大吃大喝，災荒了就不知如何存活。我們人力資源政策也必須全面考慮。以客戶為中心，以奮鬥者為本是兩個矛盾的對立體，它們構成了企業的平

---

[061] 任正非：《逐步加深理解「以客戶為中心，以奮鬥者為本」的企業文化 —— 任正非在市場部年中大會上的講話紀要》，知乎，2018 年 7 月 15 日，https：//zhuanlan.zhihu.com/p/183128181，訪問日期：2021 年 6 月 10 日。

衡。難以掌握的模糊地帶、妥協，考驗所有的管理者。」[062]

「為客戶創造價值才是奮鬥。我們把煤炭洗得白白的，但對客戶沒產生價值，再辛苦也不叫奮鬥。」

在 2008 年全球金融危機肆虐的背景下，全球經濟復甦的挑戰可想而知。儘管如此，華為卻依舊高歌猛進，營業收入穩健增長。

2009 年 4 月 23 日，華為一如既往地釋出自己的年報，根據 2008 年年報數據顯示，華為 2008 年全球營業收入達到 233 億美元，年增率增加 46%，國際市場營業收入所占比例超過 75%，見圖 7-1。華為主流產品已為歐洲、北美洲和日本等發達市場的領先營運商提供規模化服務，在中國及廣大新興市場的占有率穩步提升，奠定了優勢格局。[063]

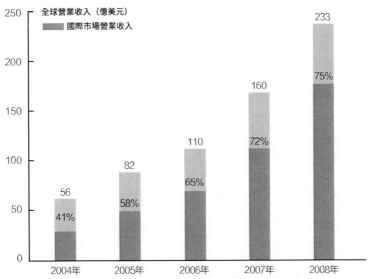

圖 7-1 2004—2008 年華為國際市場營業收入及比例

[062] 任正非：《逐步加深理解「以客戶為中心，以奮鬥者為本」的企業文化 —— 任正非在市場部年中大會上的講話紀要》，知乎，2018 年 7 月 15 日，https://zhuanlan.zhihu.com/p/183128181，訪問日期：2021 年 6 月 10 日。

[063] 華為：《華為投資控股有限公司 2008 年度報告》，華為官方網站，2009 年 4 月 23 日，https://www.huawei.com/cn/annual-report?page=2，訪問日期：2021 年 6 月 10 日。

根據 2008 年年報數據顯示，華為國際市場營業收入超過 75％，正因為如此，華為的表現得到了中國人民大學國際貨幣研究所理事兼副所長向松祚的認可。在 2018 年 9 月舉辦的 CBD 跨國公司論壇上，向松祚就以主題為「提升中國企業的國際競爭力」的演講發表了自己的觀點。

向松祚講道：「中國的跨國公司非常少，現在我們在中國製造業產品的產量裡，有 200 多種產品的產量高居世界第一，比如汽車、電子、船舶、太陽能、鋼鐵，都是世界第一，但是我們真正的世界品牌，受全世界非常尊重的世界品牌，就是華為一家。」

為了更好地介紹中國企業的國際競爭力，向松祚定義了什麼叫跨國公司。向松祚介紹說：「我們經濟學者有一個定義，什麼叫跨國公司？公司的收入和利潤至少 30％ 是來自本土以外的市場，這是一個指標。當然跨國公司還有很多指標，但這是一個很重要的指標。我們的五大銀行，按總資產排名都是位居世界銀行業前十的，它們是跨國銀行嗎？根本不是，這些銀行根本沒有一家能算得上跨國銀行，它們的收入、利潤約 90％ 是來自本土市場的。我們國家進入世界 500 強的企業已經超過 100 家了，那是按總資產算的，我們的『三桶油』，中國移動、中國聯通，不都進入了世界 500 強嗎？但是它們是跨國公司嗎？根本不是。現在中國能夠稱得上跨國公司的著名企業，就是一個華為。這是與中國經濟，所謂世界第二大經濟體，完全不相稱的。中國雖然出現了著名的企業，比如阿里巴巴、騰訊，但是華為與這些企業不一樣。即使市值很高，阿里巴巴也是國內企業，也不是跨國公司。」

大量事實證明，判斷一個企業是不是一個國際化的企業，有一個很簡單的標準：其國際市場營業收入占全球營業收入的三分之一以上，這才可以稱得上是一個國際化的企業。如果用這個標準來衡量，華為早已

是一個真正國際化的企業。華為已把國內銷售總部降格為與海外其他八個地區總部同等級別的中國地區部，可見華為對國際市場的重視。

究其原因，華為的成長離不開「以客戶為中心」的核心策略，此策略既幫助了營運商構築融合、簡單、綠色及平滑演進的網路，又有效地幫助營運商改善收益、提升競爭力並降低總體營運成本。

2008 年年報就提到了這點：「為了更好地滿足客戶需求，我們堅持開放合作。客戶需求帶動我們的研發流程，為了提升客戶價值，持續創新我們的技術、產品、解決方案及業務。在過去的一年裡，我們繼續與沃達豐、中國移動、西班牙電信、德國電信和義大利電信等多家領先營運商進行深入合作，與客戶共同探討和解決其面臨的問題，把產品與解決方案優勢快速轉化為客戶的商業競爭優勢。」[064]

在華為，一個人盡皆知的案例是，華為透過一站式（SingleRAN，即「一個網路架構、一次工程建設、一個團隊維護」）解決方案實現統一的 R&M（可靠性與維修性）管理、統一的無線資源管理、統一的網路規劃系統優化、統一的傳輸資源管理，來支持不同技術制式的融合和演進 [065]。之前接受媒體採訪時，時任華為榮耀總裁趙明說道：「目前業界很多理念都是華為第一個提出的，大家都在跟著華為走。我相信未來兩年內 SingleRAN 也會成為一個非常熱門的電信領域名詞，會是眾多的廠商所共同遵循的解決方案。」

時任華為首席行銷官的胡厚崑在接受媒體時介紹說道：「目前華為服務的全球 50 強營運商已經從 2008 年的 36 家上升至 45 家，更多的營運

---

[064] 方網站，2009 年 4 月 23 日，https：//www.huawei.com/cn/annual-report?page=2，訪問日期：2021 年 6 月 10 日。

[065] 徐勇：〈華為 SingleRAN Pro 讓營運商不懼三大 5G 現實挑戰〉，《人民郵電報》2018 年 4 月 27 日，第 7 版。

商認可了我們的獨特價值。由於堅持以客戶為中心的創新策略，我們能迅速提供領先解決方案，提升網路效能，減少網路營運成本，不斷創新以幫助營運商應對業務挑戰；透過提供面向未來的創新網路解決方案，保護營運商建網投資……這就是為何越來越多的領先營運商選擇華為作為最佳合作夥伴的原因。」

回顧 2009 年，華為在流程管理中有效地控制了成本，降低了營運費用，提升了營運效率。數據顯示，與 2008 年相比，華為的營業利潤率為 14.1％，年增率增加 1.2％。為更好地服務客戶，華為堅持以客戶為中心，持續地改善內部管理和組織流程。自 2007 年開始的 IFS 變革正在深化，有效地提升華為內部管理效率；與此同時，為保證快速響應客戶需求並達成優質交付，華為實施了組織結構及人力資源機制的改革，給予直接服務客戶的團隊和員工更多決策權，使他們能快速呼叫需要的資源。[066]

其後，任正非在「任正非與肯亞代表處員工座談」中補充解釋說：「為客戶創造價值才是奮鬥。我們把煤炭洗得白白的，但對客戶沒產生價值，再辛苦也不叫奮鬥。2 個小時可以幹完的工作，為什麼要加班加點花費 14 個小時來幹完呢？這樣不僅沒有為客戶產生價值，還增加了照明的成本、空調的成本，還吃了夜宵，這些錢都是客戶出的，卻沒有為客戶產生價值。」

任正非之所以為肯亞代表處的員工打氣，是因為華為在肯亞市場的拓展遭遇意想不到的困難。對此，時任華為市場行銷和通訊負責人傑瑞‧黃（Jerry Huang）介紹說：「對我們來說，最大的挑戰就是品牌意識。我

---

[066] 賽迪網：《華為收入增 19％ 至 1491 億元淨利 183 億元》，2010 年 3 月 31 日，http：//www.techweb.com.cn/news/1970-01-01/570738.shtml，訪問日期：2021 年 6 月 10 日。

們在不同地區策劃了數個品牌意識活動，並且開始在社群網站上建立品牌宣傳，吸引了一些當地的消費者。同時，自 2013 年起，公司將對公關和數位化部門進行重大投資。」

在傑瑞・黃看來，品牌建構依然是華為設備策略的四個關鍵核心之一。為了更好地提升華為設備製造商的知名度，華為也積極地在相關國家做推廣。傑瑞・黃介紹說：「我們也在不同的國家尋求與非營運商的管道和電子商務公司合作。我們在非洲市場的管道已經有了一些基礎和成果，所以我們打算在那兒進行更多的嘗試。」

在非洲市場的拓展中，華為付出鮮血和汗水，甚至是生命的代價。查閱資料發現，華為在內部通報了「2007 年 5 月 5 日肯亞航空公司 KQ507 班機飛機失事訊息」，詳情如下。

2007 年 5 月 5 日肯亞航空公司 KQ507 班機飛機失事訊息通報
公司員工：

2007 年 5 月 5 日，肯亞航空公司從喀麥隆杜阿拉到雅溫德的班機（KQ507）在杜阿拉附近墜毀，由於天氣惡劣影響了搜救工作，目前機上人員生死未明。經考核，南非區域產品行銷部產品經理劉勝（工號28919）在 KQ507 班機的登機名單中。

獲知飛機失事的訊息後，公司高度重視。喀麥隆代表處第一時間與員工進行電話聯繫，但未能接通，隨後立即與航空公司確認登機人員名單，在確認劉勝在乘客名單中後，公司總部、區域及代表處迅速啟動了緊急事故處理機制。公司總部已派工作組去員工父母家看望家屬、告知相關情況，並隨時將最新進展通報家屬；喀麥隆代表處成立了現場搜救工作組，緊急安排人員與車輛從杜阿拉和雅溫德出發趕赴現場，並與國

際救援組織（ISOS）、中國駐喀麥隆大使館和駐肯亞大使館等取得了聯繫。目前現場工作組在中國駐喀麥隆大使館的指揮下全力配合搜尋。

自知悉此次空難以來，公司高度關注搜救工作的進展。公司將繼續與中國駐喀麥隆大使館、喀麥隆政府相關部門等緊密合作，積極配合搜救，一旦有進一步的訊息，將及時通報。

華為技術有限公司

2007 年 5 月 7 日

據了解，此次空難造成 114 人遇難，其中包括華為公司海外員工劉勝在內的 5 名中國乘客。儘管此次空難只是一個意外，但是這樣的代價讓華為心有餘悸。為了華為的生存和發展，華為的員工們依舊正在海外市場的路上前行。因為非洲市場已經成為華為海外市場較為重要的拓展地區，尤其來自廣闊的亞洲、非洲、拉丁美洲等發展中國家的市場，才是真正地支撐華為生存和發展的利潤池。

與市場和基礎設施相對完備的歐洲以及亞洲相比，非洲的環境更為艱苦。然而，由於像 Nokia、愛立信這樣的大廠放棄了非洲市場，所以非洲市場潛力很大，吸引了華為人的到來。

在諸多華為人中，朱春雷就是其中一位。2011 年，朱春雷加盟華為，讓朱春雷沒有想到的是，自己將去非洲的肯亞拓展相關的企業業務。幾年後，朱春雷回憶寫道：「一個沒有任何技術教育背景，只有三年營運商市場經驗的財經專業人員，開始了這段曲折的業務拓展之路。」

據朱春雷介紹，他在非洲市場的拓展之路的首站就是肯亞。在肯亞，身為投標經理的朱春雷深知支持專案的難度，因此心裡並不輕鬆。

當支持完專案後，朱春雷準備按計畫前往南非。在離開前一天，主

管通知朱春雷，代表處已經申請將他留下常駐了。

其後，就是業務的拓展。在非洲，雖然華為不管是技術，還是服務都做得很好，但是在業務的拓展中，依舊是困難重重。朱春雷回憶說道：「那一年，企業業務開展沒有預想得順利，大批和我一樣的售前人員在到達一線後水土不服，無法達到公司的預期。而我也覺得自己危若累卵、如履薄冰。」

為了開啟這樣的被動局面，當地主管林明在一次週會上激勵同事，他說，與中國相比，非洲較為落後，且又不太安全，但是大家既然來到非洲，就不要混日子。

林明的話語觸動了朱春雷的內心。朱春雷坦言：「無論在什麼職位，責任心都是做好事情的前提。」之後，朱春雷一行開始拓展肯亞市場。因為華為很看好肯亞市場，甚至把「營運商市場」當作一塊沃土。

剛開始拓展時，由於自身的策略思路不清晰，產生了一些爭論，代表處內部意見並不統一，市場拓展進展不理想。朱春雷回憶說道：「我們曾經兩年幾乎零訂貨，只靠運氣打下一兩百萬的『糧食』勉強餬口。每次開會，面對乏善可陳的成績單，我都感到深深地羞愧。因為我們是大家眼中的『烏合之眾』，業務拓展沒有戰鬥力，內部流程規範性不足，沒有業績。」

為了解決業績問題，朱春雷一行的幾個華為工程師採取分工明確、各司其職的做法。在沒有產品經理的境況下，朱春雷負責了大多數專案前期拓展。朱春雷回憶說道：「用所學的知識與客戶溝通，關鍵是聽明白客戶的想法；競爭專案在前，團隊從沒有退縮，因為『光腳的不怕穿鞋的』，我們退無可退；為了推動專案，我們每天來回驅車幾十公里，風雨無阻；評標階段怕出問題，我們夜晚守在客戶樓下，在車裡眼睛都不敢

眨，一盯就是幾個小時……」

在這樣的艱苦努力下，肯亞一個個專案獲得突破，業績也由此逐漸好起來。朱春雷直言：「也正是在這些專案中，大家一起做市場洞察，評審客戶關係，策劃市場活動，哪怕這個團隊一直有人離開，也會有人立刻頂上，保證團隊繼續前進。」

對此，任正非在內部演講中說道：「以奮鬥者為本，其實也是以客戶為中心。把為客戶服務好的員工作為企業的中堅力量，以及一起分享貢獻的喜悅，就是促進親客戶的力量成長。」[067]

「長期堅持艱苦奮鬥，也是以客戶為中心。你消耗的一切都是從客戶那裡來的，你無益的消耗就增加了客戶的成本，客戶是不接受的。」

在華為，雖然強調艱苦奮鬥，尤其是長期堅持艱苦奮鬥，卻必須把奮鬥與效率結合起來，也就是在艱苦奮鬥的同時，必須解決客戶的需求和服務問題，否則，可能會增加產品或者服務的成本，增加客戶的支出。

2010 年，任正非在內部演講「幹部要擔負起公司價值觀的傳承——在人力資源管理綱要第一次研討會上的發言提綱」中告誡：「長期堅持艱苦奮鬥，也是以客戶為中心。你消耗的一切都是從客戶那裡來的，你無益的消耗就增加了客戶的成本，客戶是不接受的。你害怕去艱苦地區工作、害怕在艱苦的職位工作，不以客戶為中心，那麼客戶就不會接受、承認你，你的生活反而是艱苦的。」[068]

在講話中，任正非補充道：「當然，我說的長期堅持艱苦奮鬥是指思

---

[067] 任正非：〈任正非在人力資源管理綱要第一次研討會上的發言提綱〉，《管理優化》2010 年第 9 期。

[068] 任正非：〈任正非在人力資源管理綱要第一次研討會上的發言提綱〉，《管理優化》2010 年第 9 期。

想上的，並非物質上的。我們還是堅持員工透過優質的勞動和貢獻富起來，我們要警惕的是富起來以後的惰怠。但我也不同意商鞅的做法，將財富集中，以飢餓來驅使民眾，這樣的強大是不長久的。」[069]

在華為，一直秉承「絕不讓雷鋒吃虧」的理念，建立了一套基本合理的評價機制，並基於評價給予激勵回報。

在華為，員工被視為寶貴的策略資源。因此，華為為員工提供了有競爭力的薪酬，不僅如此，員工的回報基於職位責任的績效貢獻。

任正非認為，由於華為價值評價標準始終堅持以奮鬥者為本、多勞多得，這為人才的流動提供了動力。在內部演講中，任正非說道：「你做得好了，我們就多發錢，我們不讓『雷鋒』吃虧，『雷鋒』也要是富裕的，這樣人人才想當『雷鋒』。在這 3 ～ 5 年裡，公司的改革任務是很重的，有可能促使我們在策略機會中獲得前進，我們要鼓舞這個隊伍前進。這些年，人力資源體系工作總體做得還不錯，金字塔模型穩定，他們還要改良，希望讓潛在的力量發揮出來。我們從基層員工到中層、高層幹部的目標是成功，大家高高興興去打拚。有些員工累了，可以休息休息，不拿薪資幾個月，恢復了再打拚。我看到有人在網路上開分身帳號說，配 40 萬股以下豁免退休人員的責任與義務，我覺得可以理解。但配超過 40 萬股以上人員，如果覺得打仗累了，就要真正去好好休息休息。不能既享受華為分紅，又去外面二次創業，那是不行的。」

任正非舉例說：「以前我們總是叫地區部總裁為老總，有人說『不要給我貼標籤，我還不到 40 歲，以後不要叫老總，要叫小總』。所以，各層級幹部不能惰怠，還要散發出青春來，生命不息，衝鋒不止，一定要戰鬥到我們搶占到策略機會！」

---

[069] 任正非：〈任正非在人力資源管理綱要第一次研討會上的發言提綱〉，《管理優化》2010 年第 9 期。

以宗教般的虔誠對待客戶

在任正非看來，華為始終堅持以奮鬥者為本。當加盟華為後，員工一般都會自願簽署一份「成為奮鬥者申請書」，見圖7-2。

成为奋斗者申请书

以客户为中心，以奋斗者为本，长期坚持艰苦奋斗是华为的胜利之本。二十多年来，公司从小到大，靠的是奋斗；从弱到强，靠的也是奋斗；未来持续的领先，更要靠奋斗。公司的成长发展，要靠集体的奋斗，个人的成长必须，和公司一样，也要靠个人的奋斗。我愿意通过不懈地奋斗，实现人生价值，让青春无悔！我愿意成为与公司共同奋斗的目标责任制员工，与公司共同奋斗、成长，一起分享公司发展的成果，共同承担公司经营风险，我也理解成为奋斗者的回报是以责任和贡献来衡量的，而不是以工作时间长短来决定。

基于以上认识和理解，我自愿申请成为"与公司共同奋斗的目标责任制员工，自愿放弃带薪年休假及非指令性加班费"。我十分珍惜在华为公司的奋斗机会，也相信只有通过不断奋斗，才能为公司发展做出贡献、才能为家人创造美好生活、才能对社会有所贡献。

特此自愿申请"成为奋斗者"，恳请公司批准！

申请人：
申请日期：

圖 7-2 成為奮鬥者申請書

由此可以看出，奮鬥者文化已經深入華為員工的內心。為了獎勵奮鬥者，任正非於 2014 年 7 月 30 日備份幹部專案管理與經營短訓專案座談會上的演講說：

我們已經在公司幹部大會講過，首先肯定金字塔模型這麼多年對華為公司平衡的偉大貢獻，接著還要繼續改良，面對不同複雜程度的專案，一定要使金字塔模型優化。特別提拔具有貢獻、責任、犧牲精神的人。

其次，華為公司到底是肯定英勇作戰的奮鬥者，還是肯定股東？外界有一種說法，華為的股票之所以值錢，是因為華為員工的奮鬥，如果大家都不努力工作，華為的股票就會是廢紙。是你們在拯救公司，確保財務投資者的利益。身為財務投資者應該獲得合理回報，但要讓「諾曼第登陸」的人和挖「巴拿馬運河」的人拿更多回報，讓奮鬥者和勞動者有更多利益，這才是合理的。

華為確保奮鬥者利益，若你奮鬥不動了，想申請退休，也要確保退休者有利益。不能說過去的奮鬥者就沒有利益了，否則以後誰上戰場呢？但是若讓退休者分得多一點，奮鬥者分得少一點，傻子才會去奮鬥呢？因為將來我也是要退休的，如果確保退休者更多利益，那我應該支持這項政策，讓你們多幹工作，我多分錢，但你們也不是傻子。因此價值觀不會發生很大變化，傳這種話的人都是落後分子。華為將來也會規定，擁有一定股票額的人員退休後不能二次就業。

在很多內部演講中，任正非把艱苦奮鬥的觀念植入員工的心中。前不久，網上傳言說華為有員工34歲就退休了。任正非回應說：「網上傳有華為員工34歲要退休，不知誰來給他們支付退休金？我們公司沒有退休金，公司是替在職的員工買了社保、醫保、意外傷害保險等。員工退休得合乎國家政策。你即使離職了，也得自己去繳費，否則就中斷了，國家不承認，你以後就沒有養老金了。當然你們也可以問在高原、戰亂、瘟疫等艱苦地區英勇奮鬥的員工，看他們願不願意為你們提供養老金，因為這些地區的獎金高。他們爬冰臥雪、含辛茹苦，可否分點給你。華為是沒有錢的，大家不奮鬥就垮了，不可能為不奮鬥者支付什麼。30多歲年輕力壯，不努力，光想躺在床上數錢，可能嗎？」

在任正非看來，只有艱苦奮鬥才能戰勝競爭對手，才能鍛鍊自己的隊伍。在這裡，我們就以華為在馬來西亞的維護為例。時至今日，在馬來西亞的不少村莊，仍有居民住在熱帶雨林深處。雖然如此，為了改善居住在偏遠地區居民的網路通訊條件，尤其是馬來西亞的數位化轉型策略，馬來西亞通訊部聯合馬來西亞的三家主要行動網路業者共同開啟了T3計畫。

　　T3 計畫的目的是解決邊遠地區的 3G 訊號覆蓋率問題。而華為就是三家馬來西亞行動網路業者的設備提供商，由華為來建設和維護馬來西亞 300 多個偏遠地區的站點。

　　其中設在秉祥安小鎮的站點，由於到該站點的車程往返就需要耗時 15 個小時，讓華為工程師必須更耗時耗力來維護與更新。

　　時任華為東馬偏遠站點專案經理的何國棟表示：「我是道地的馬來西亞華人，但是在去到秉祥安站點之前，我真的不知道在馬來西亞有開車 7 個多小時才能到的地方。」

　　到像秉祥安這樣偏遠的站點維護和更新，其艱難程度難以想像。每次去更新和維護，華為工程師需要同時開上兩輛四驅皮卡車，才能完成。

　　由於不少偏遠站點所在的地區不通公路，途經密林中的泥徑，車輪陷進泥坑裡就在所難免。此刻，兩輛四驅皮卡車就可以相互拖拽，否則很難從泥坑裡開出來。

　　即使兩輛四驅皮卡車，有時也不一定能解決問題。何國棟說道：「兩輛皮卡一起，有時也不能確保無虞……要是遇到下雨，土路一下就全變成了泥坑，那樣就只能在車裡將就一夜，等雨停了再一點點地往外開。」

　　正是因為華為工程師提供的服務，贏得客戶的滿意。在如此艱苦的環境中，付出無數艱辛，提供給客戶高品質的通訊服務，這就是華為的價值所在。

　　一名名為穆罕默德的馬來西亞人深有感觸，他是華為負責維護偏遠站點基地臺的工程師，他說：「在為華為工作的同時，也能提供給我的同胞更好的通訊服務，我感到非常自豪。馬來西亞的許多偏遠地區還散居

著不少村落居民，交通不便使他們在物理上與外界隔離，但無線網路的開通給他們開啟了一扇了解世界的視窗。通往偏遠地區的道路有很多路況很差，手機放在口袋裡，一路顛簸，計步器都能算出上萬步。艱苦的付出，是為了讓資訊在道路不通的地方能夠順暢地傳遞，這正展現了華為身為世界 500 強企業的一份責任與守護。」

正是給客戶提供的如此極致的服務，使華為贏得馬來西亞客戶的深度認可。2001 年，自從華為拓展馬來西亞市場以來，華為與馬來西亞業者共同建設的通訊網路，推動了馬來西亞的經濟發展。

客觀地講，任正非這樣的回應足以說明，在華為，只有艱苦奮鬥的員工才能贏得尊重，但是華為也絕不虧待艱苦奮鬥的員工。因為任正非認為，絕不能讓雷鋒式員工吃虧。

關於「不讓雷鋒吃虧」的問題，「（華為輪值董事長）徐直軍 2016 年 7 月 13 日與應屆班新員工座談的紀要」中就有這樣的對話：

提問：華為有句話是「不讓雷鋒吃虧」，但是一個團隊中可能每個人都覺得自己是「雷鋒」，公司如何判斷一個團隊裡誰是真正的「雷鋒」？

徐直軍：我們講的「雷鋒」和社會上宣傳的「雷鋒」不是一個性質，社會上宣傳的「雷鋒」是無私奉獻者，是不求回報的，而我們並不要無私的貢獻者。「不讓雷鋒吃虧」的核心邏輯，就是要讓貢獻者有回報，而且貢獻得越多，回報就越多。

華為的核心價值觀之一是「以奮鬥者為本」，為什麼是「以奮鬥者為本」，而不是「以人為本」？因為「以人為本」是不管幹不幹工作都要以「人」為本，而「以奮鬥者為本」強調以「努力幹工作的人」為本。華為所有的人力資源政策都是圍繞「奮鬥者」來制定的，無論是薪資、獎金、

TUP[070]，還是虛擬股權，都是圍繞「貢獻」這兩個字。在華為，只有做出了貢獻才會有回報。

至於判斷誰貢獻得多，團隊主管應該是看得清楚的，員工有沒有工作是清楚的，然後他們的工作有沒有用、對團隊目標是真貢獻還是假貢獻是清楚的，貢獻得多或少也是能看得清楚的。

在這段對話中，徐直軍詳細地介紹了華為「不讓雷鋒吃虧」的真正內涵，以及華為的核心價值觀之一 ── 「以奮鬥者為本」。

---

[070] TUP（Time-unit Plan），每年根據員工的職位、級別和績效，給員工一定數量的期權，這個期權以 5 年為一個週期結算，不需要員工花錢購買。

永遠以宗教般的虔誠對待客戶是華為奮鬥文化的重要組成部分

　　當企業發展到一定規模後，有些員工就會驕傲、自滿。如前所述，在特爾福特、和記電訊上門讓 Nokia、愛立信提供解決方案時，Nokia 和愛立信毫不猶豫地將其拒絕了。這就給了華為一個在國際市場立足的機會。

　　有鑑於 Nokia 和愛立信的教訓，當華為發展到一定規模後，任正非時刻警惕華為員工不要變得自大、驕傲。2006 年，在內部講話「天道酬勤」中，任正非告誡華為人說：「無論是在國內還是在海外，客戶讓我們有了今天的一些市場。我們永遠不要忘本，永遠要以宗教般的虔誠對待我們的客戶，這正是我們奮鬥文化中的重要組成部分。」[071]

　　「怎麼去服務好客戶呢？那就得多吃點苦。要合理地激勵奮鬥的員工，資本與勞動的分配也應保持一個合理比例。」

　　2006 年，華為已經開始在國際市場上強勢崛起，此刻身為「船長」的任正非心急如焚。因為在很多華為人看來，華為走到今天，已經很大了、成功了。一些華為人認為創業時期形成的「床墊文化」、奮鬥文化已經不適合當時的情況了，自己可以放鬆一些，可以按部就班。

　　在任正非看來，這是一個極為危險的訊號。在題為「天道酬勤」的內部講話中，任正非說道：「繁榮的背後，都充滿危機，這個危機不是繁榮

---

[071]　任正非：〈天道酬勤〉，《華為人》2006 年 7 月 21 日，第 1 版。

以宗教般的虔誠對待客戶

本身必然的特性，而是處在繁榮包圍中的人的意識。艱苦奮鬥必然帶來繁榮，繁榮後不再艱苦奮鬥，必然丟失繁榮。『千古興亡多少事，不盡長江滾滾流』，歷史是一面鏡子，它給了我們非常深刻的啟示。我們還必須長期堅持艱苦奮鬥，否則就會走向消亡。當然，奮鬥更重要的是思想上的艱苦奮鬥，時刻保持危機感，面對成績保持清醒頭腦，不驕不躁。」[072]

　　在演講中，任正非列舉了美國高科技企業透過艱苦奮鬥復興的案例。任正非說道：「有一篇文章叫〈不眠的矽谷〉，講述了美國高科技企業集中地矽谷的艱苦奮鬥情形，無數矽谷人與時間賽跑，度過了許多不眠之夜，成就了矽谷的繁榮，也引領了整個電子產業的發展。」[073]

　　任正非坦承，正是無數的優秀兒女貢獻了青春和熱血，才形成華為今天的基礎。正是因為當初的經歷，任正非告誡華為人，在對待客戶時，華為人需要以「一顆謙卑之心、捨己從人之心」的態度視之。任正非的理由是，「世界上對我們最好的是客戶，我們就要全心全意為客戶服務。我們想從客戶口袋裡賺到錢，就要對客戶好，讓客戶心甘情願把口袋裡的錢拿給我們，這樣我們和客戶就建立起良好的關係。怎麼去服務好客戶呢？那就得多吃點苦。要合理地激勵奮鬥的員工，資本與勞動的分配也應保持一個合理比例」。

　　在任正非看來，只有堅守「以客戶為中心」，華為才能持續、健康地發展。在業界，京瓷創始人稻盛和夫也提出類似的觀點。面對客戶時，稻盛和夫認為，京瓷應該「做客戶的僕人」。回顧京瓷的經營發展史，稻盛和夫都要求把「做客戶的僕人」的指導思想根植在研發、生產以及銷售等環節中。

---

[072]　任正非：〈天道酬勤〉，《華為人》2006 年 7 月 21 日，第 1 版。
[073]　任正非：〈天道酬勤〉，《華為人》2006 年 7 月 21 日，第 1 版。

稻盛和夫說道：「我經常對員工說『要做客戶的僕人』……與客戶打交道的態度，同時還意味著將『客戶至上』貫徹始終……特別是接待客戶的姿態，要把自己定位為心甘情願為客戶服務的僕人。『心甘情願』不是『勉勉強強不得已』的意思，而是樂於當客戶的僕人，主動、愉快地為客戶服務……不肯盡力去做客戶的僕人，不管銷售策略如何高明，也只能是畫餅充饑。即使一時取得了成功，也只是單筆買賣，成功難以延續……對客戶的態度、服務是沒有界限的。所以，必須當好客戶的僕人，為客戶提供最好的服務。」[074]

研究發現，在日本長壽企業中，客戶是「上帝」，企業不僅把客戶視為「衣食父母」，而且把客戶當作企業存在的根基。因而各企業都把為客戶服務、為社會做貢獻列入社會方針和司訓之中。很多企業採用這種客戶第一的策略[075]，虎屋就是其中之一。

虎屋創立於 16 世紀，是日本最古老的和菓子公司之一。從虎屋創業到現在，已經擁有 400 多年的歷史了。不過，虎屋的驕傲不只在於擁有悠久的歷史，還源於日本皇宮曾經是自己的客戶。虎屋從創辦開始時，就成為御用糕點店。在後來的發展中，虎屋開設了位於京都皇宮附近的廣橋殿町的門市，即現在的虎屋一條店。

在虎屋，客戶至上的經營指導思想早就根植於虎屋經營者的血液中，可以這樣說，有客戶才有虎屋。在虎屋這個長壽企業中，有一個存在 400 多年的店規。這個店規最初是虎屋的中興之祖黑川圓仲在日本天正年間（1573—1592）制定的。在日本文化二年，即 1805 年，虎屋第九代掌門人黑川光利以此作為基礎，修改制定了現有的虎屋店規，詳見表 8-1。

[074] 稻盛和夫：〈稻盛和夫：經商的根本，在於「取悅顧客」〉，《中國儲運》2019 年第 7 期。
[075] 佐藤光政、陳文芝：〈從日本長壽企業看日本式經營（下）〉，《現代班組》2017 年第 12 期。

以宗教般的虔誠對待客戶

表 8-1 虎屋的店規內容

序號	店規內容
第一條	早上六時起床，開啟店門，灑掃庭除。居家節儉為第一，關於此項若有提議，各人可書面陳述己見
第二條	御用糕點，切忌不淨，各人務必銘記在心。 以上一條於人於己皆有益處。勤洗手，常漱口。無論何時，有無旁人，皆當厲行清潔。 嚴禁女人參與御用糕點之製作，不得疏忽。 平素亦當保持個人身體之清白
第三條	宮中自然不必多說，切莫利用送貨之便與客戶閒聊，只需要恭恭敬敬，事後盡快返店。途中不可辦理私事
第四條	不必說宮中御用，接待任何客戶切不可有不予理睬等無禮之事，須處處用心。亦不可有議論客戶的風言風語

在第一條店規中就規定，早上六點必須起床，之後開啟店門，然後灑掃庭除。這主要是在當時，所有店員都吃住在虎屋這家店鋪裡，所以可以同時起床、打掃清潔。然而，讓讀者可能沒有想到的是，在第一條店規中，居然還提到如何才能做到節儉的問題，希望虎屋店員積極提出各自的建議。

虎屋的第二條店規，主要是針對宮中御用糕點店的詳細規定。對任何一個食品企業而言，嚴格的衛生管理都是必須的。不過，在該店規中讓我們覺得有意思的是，無論什麼時候，無論有沒有他人看到，都必須例行清潔的這條規定。還有就是不准女人參與的規定。看來製作御用糕點是男人的專利。也許他們和打製刀劍的匠人一樣，穿上純白的衣裳，還在作坊四周拉上稻草繩，不准外人進入，以示神聖。

虎屋的第三條店規就規定了店員不准利用外出機會偷懶取巧，或辦理私事。當然，一旦不嚴格進行管理，店規自然就會鬆懈。

虎屋的第四條店規中，詳細地論述了客戶至上的理念。即「接待任何客戶切不可有不予理睬等無禮之事，須處處用心。亦不可有議論客戶的風言風語」。

從虎屋的店規可以看出，糕點店透過品質和價格贏得客戶。為了讓每位客戶愉快地購買商品，要注意不要對客戶評頭論足。這是處世的原則，也是貫徹執行客戶至上原則的理所當然的措施。[076] 對此，虎屋第 17 代掌門人黑川光博社長強調，客戶至上才是虎屋的根本。有了客戶，才會有糕點店，才會有虎屋。當然，這是虎屋能夠發展至今的基因之一。

不管是任正非，還是稻盛和夫，還是黑川光博，他們都認為只有滿足客戶的合理需求，才能提升客戶的忠誠度，否則客戶就會離開。據華為的客戶稱，任正非在接見自己時，雙手遞上自己的名片，並謙遜地說「我是任正非」，這樣的接待讓客戶無比感動。

「我們在經歷長期艱難曲折的歷程中，悟出了『以客戶為中心，以奮鬥者為本』的文化，這是我們一切工作的魂。我們要深刻地認知它，理解它。」

2007 年 8 月 9 日，美國開始浮現次級房屋借貸危機，隨後演變一場全球性的金融危機。在次級房屋借貸危機爆發後，投資者不再看好借貸證券的潛在價值，由此引發流動性危機（Liquidity Run）。

美國紐約大學理工學院（The Polytechnic Institute of New York University）風險工程教授納西姆·塔雷伯（Nassim Taleb）就曾強烈警告銀行處理風險的方法。

---

[076] 船橋晴雄：《日本長壽企業的經營祕籍》，彭丹譯，清華大學出版社，2011，序言。

納西姆·塔雷伯說道:「全球化創造出脆弱和緊密相連的經濟,表面上情況不反覆、十分穩定,然而,這卻使災難性的黑天鵝事件(theory of black swan events,意指從過去的經驗讓人覺得不可能發生的事件,且帶來強大衝擊)出現,而我們從未在全球崩潰的威脅下生活過。金融機構不斷地整合併購而成為少數幾家的超大型銀行,幾乎所有的銀行都是互相關聯的。因此整個金融體系膨脹成一個由這些巨大、相互依存、疊床架屋的銀行所組成的生態。一旦其中一家銀行倒下,全部銀行都會垮掉。銀行間日趨劇烈的整合併購似乎有降低金融危機的可能性,但這一旦發生了,這個危機會變成全球規模的危機,並且傷害我們至深。過去的多樣化生態是由眾多小型銀行組成的,分別擁有各自的借貸政策。而現在,所有的金融機構互相模仿彼此的政策使得整個環境同質性越來越高。確實,失敗的機率降低了,然而只要失敗發生……結果令我不敢想像。」[077]

納西姆·塔雷伯認為:「當我看著這場危機,就好比一個人坐在一桶炸藥之上,一個最小的打嗝也要去避免。不過不用害怕:他們(房利美)的大批專家都認為這事『非常不可能』發生。」[078]

納西姆·塔雷伯提到的房利美(Federal National Mortgage Association,聯邦國民抵押貸款協會)成立於 1938 年,是一家由政府出資的房屋貸款機構,也是最大的「美國政府贊助企業」,主要從事金融業務,是用以擴大在二級房屋消費市場上流動資金的專門機構。2008 年 9 月,次貸危機發生後,房利美由美國聯邦住房金融局(Federal Housing Finance

---

[077]　〔美〕納西姆·尼古拉斯·塔勒布. 黑天鵝:如何應對不可預知的未來管理 [M]. 北京:中信出版社,2018:33-35.

[078]　〔美〕納西姆·尼古拉斯·塔勒布. 黑天鵝:如何應對不可預知的未來管理 [M]. 北京:中信出版社,2018:33-35.

Agency）接管，同時也從紐約證交所退市。

　　其後，蔓延的金融危機給世界經濟的發展蒙上陰影。面對後金融危機的影響，任正非及時地調整自己的市場拓展策略，同時強化「以客戶為中心，以奮鬥者為本」的企業文化。任正非在內部演講中告誡：「我們在經歷長期艱難曲折的歷程中，悟出了『以客戶為中心，以奮鬥者為本』的文化，這是我們一切工作的魂。我們要深刻地認知它、理解它。」

　　在採取了一連串得當的措施後，儘管當時的世界經濟極為複雜，華為在 2009 年依然穩定成長。根據華為 2009 年年報，當年華為營業收入達到了人民幣 1,491 億元（約 218 億美元），年增率增加 19%。伴隨著華為全球市場的穩健發展，其市場規模效應已逐漸顯現，盈利能力持續提升，淨利潤達到人民幣 183 億元，淨利潤率為 12.2%。2009 年華為實現人民幣 217 億元淨營運現金流，年增率增加 237%。上述數據見表 8-2。[079]

表 8-2 華為 2009 年年度報告數據

單位：百萬元人民幣

項目	2009 年	2008 年	2007 年	2006 年	2005 年
收入	149,059	125,217	93,792	66,365	48,272
營業利潤	21,052	16,197	9,115	4,846	6,752
營業利潤率	14.1%	12.9%	9.7%	7.3%	14.0%
淨利潤	18,274	7,848	7,558	3,999	5,519
經營活動現金流	21,741	6,455	7,628	5,801	5,715

[079] 任正非：《CEO 致辭》，搜狐網，2010 年 3 月 31 日，https：//it.sohu.com/20100331/n271235433.shtml，訪問日期：2021 年 6 月 10 日。

以宗教般的虔誠對待客戶

現金與現金等價物	29,232	21,017	13,822	8,241	7,126
營運資本	41,835	29,588	23,475	10,670	10,985
總資產	139,653	118,240	81,059	58,501	46,433
總借款	16,377	14,009	2,731	2,908	4,369
所有人權益	43,316	37,454	30,032	20,846	19,503
資產負債率	69.0%	68.3%	63.0%	64.4%	58.0%

　　華為在金融危機中依舊保持著較高速度發展，讓歐洲的大型電信企業來到深圳的華為總部考察學習。

　　2010 年 12 月，面對趕赴深圳華為總部取經的歐洲某大型電信企業高階管理人員，任正非給其授課的題目是「以客戶為中心，以奮鬥者為本，長期堅持艱苦奮鬥」。

　　在授課中，任正非說道：「以客戶為中心，以奮鬥者為本，長期堅持艱苦奮鬥。這就是華為超越競爭對手的全部祕密，這就是華為由勝利走向更大勝利的『三個根本保障』。我們並非先知先覺，這『三個根本保障』，是對公司以往發展實踐的總結。這三個方面，也是個鐵三角，有內在聯繫，而且相互支撐。以客戶為中心是長期堅持艱苦奮鬥的方向；艱苦奮鬥是實現以客戶為中心的方法和途徑；以奮鬥者本是驅動長期堅持艱苦奮鬥的活力泉源，是保持以客戶為中心的內在動力。」

第 9 章

「以客戶為中心，以奮鬥者為本，長期堅持艱苦奮鬥」是華為文化的本質

2012 年 7 月，任正非在一份發言提綱中寫道：「西方公司的興衰，彰顯了華為公司『以客戶為中心，以奮鬥者為本，長期堅持艱苦奮鬥』的正確。」

任正非的判斷非常正確，只有以客戶為中心，企業才有存在的可能。這也正是任正非的高明之處。華為一位高階管理人員舉例說：「中國人民大學商學院的一批 EMBA（Executive Master of Business Administration，高階管理人員工商管理碩士）學員去英國蘭卡斯特大學交流訪問，在考察了英國工業革命的輝煌歷史後，再看今天的英國，感受到很大震撼。學員們向英國教授提到華為，對方評價道：華為不過是走在世界上一些曾經輝煌過的公司走過的路上。這些公司在達到頂峰之前也是客戶導向的，也是不停奮鬥的，但達到頂峰後它們開始變得故步自封，聽不進客戶的意見了，於是就衰落了。」[080]

華為正是因為堅持「以客戶為中心」的客戶思想，才得到了全球合作者的認可和讚譽。2010 年，任正非在「幹部要擔負起公司價值觀的傳承」內部演講中，再次告誡：「『以客戶為中心，以奮鬥者為本，長期堅持艱苦奮鬥』，這是我們 20 多年悟出的道理，是華為文化的本質。我們

---

[080] 程婧：〈阿裡都上市了，這些牛企為何誓死不上市？〉，《商界》2014 年第 9 期。

的一切行為都歸結為為客戶提供及時、準確、優質、低成本的服務。」

「每天抬頭看一眼『奮鬥』，校正一下我們的任何動作是否能為客戶有貢獻，三五年時間也許就會有初步的輪廓。」

長期以來，華為倡導「以客戶為中心，以奮鬥者為本，長期堅持艱苦奮鬥」的理念，原因是這個理念是華為取得勝利之本。

2008 年，在題為「讓青春的火花，點燃無愧無悔的人生」的內部演講中，任正非說道：「我們過去從落後到趕上，靠的是奮鬥；持續地追趕靠的也是奮鬥；超越更要靠奮鬥；為了安享晚年，還是要靠奮鬥。什麼時候不需要奮鬥了呢？你退休的時候，安享奮鬥給你累積的幸福，無論是心理上的，還是物質上的。我們要逐步建立起以奮鬥者為本的文化體系，並使這個文化血脈流傳下來。這個文化不是在大喊大叫中建立起來的，它要落實到若干考核細節中去，只要每個環節的制度制定者每天抬頭看一眼『奮鬥』，校正一下我們的任何動作是否能為客戶有貢獻，三五年時間也許就會有初步的輪廓。我們要繼續發揚以客戶為中心的『勝則舉杯相慶，敗則拚死相救』的光榮傳統。」

很多人誤讀了華為的「狼性文化」，誤以為加班、「床墊文化」就是「狼性文化」。對此，任正非回應稱，華為倡導的「狼性文化」其實是「勝則舉杯相慶，敗則拚死相救」的企業文化。2019 年 10 月 15 日，任正非在接受瑞典《工商業日報》記者約翰·尼蘭德（Johan Nylander）關於華為「狼文化」問題的採訪，華為以此聞名。

尼蘭德說：「多年前，我見過一些在華為工作多年的老員工。那時華為還沒有成為全球領導者，只是一個挑戰者。過去一年華為所面臨的困境有沒有讓華為又找到原來身為一個挑戰者的感覺？『狼文化』這種奮鬥精神對華為內部來說，究竟有多重要？它在你們進行全球競爭時發揮

了什麼樣的作用？」

對此，任正非回答說道：

「狼文化」是外部編派諷刺我們的，我們自己沒有說過，其來源是我根據生物特性和團隊奮鬥精神如何結合起來說的。我曾經在一篇文章上講過狼的特性：第一，狼的嗅覺很敏感，很遠的地方有肉，它都會跑過去，這是希望大家向狼學習，對市場機會和技術趨勢具有敏銳性；第二，不會是一隻狼去搶肉，而是一群狼去搶肉，這就要強調團隊精神，不要總是一個人孤軍奮鬥；第三，狼的奮鬥精神是不屈不撓的，搶不到肉還要搶，甚至有時奮不顧身，我們希望團隊要向它學習奮鬥精神。

我們還有部分人不是「狼」，要向「狽」學習。狽很聰明，但狽的前腿很短，後腿很長，沒有獨立作戰能力，必須和狼結合在一起，才有戰鬥力。進攻時它抱著狼的後腰，狼衝鋒的時候，它看到方向錯了，屁股一擺，狼就對準了方向。狼和狽結合起來，是一個優質的團隊合作。漢語裡「狼狽」這個詞是負面的，因為中國五千年社會是保守的，不喜歡進攻，這種積極進攻精神就被否定成為負面名詞。

「狼文化」是外面給我們取的，並不是我們自己說有「狼」的文化。其實社會上起「狼文化」這個名字的時候，對華為是否定的，還有專家寫文章說「狼很殘忍，吃別人的肉」，我們講的不是他那個概念，他都沒有看過全文。華為那時還處於低潮階段，社會對我們的批評很多，大家歸納出這個名詞來，就流傳開了。

關於華為「狼文化」的溯源，筆者認為可以追溯到1998年。1998年，在題為「向中國電信調研團的彙報以及在聯通總部與處以上幹部座談會上的發言」的談話中，任正非說道：「華為公司容許個人主義的存在，但必須融於集體主義之中。合益顧問公司曾問我是如何發現企業的

優秀員工的，我說我永遠都不知道誰是優秀員工，就像我不知道在茫茫荒原上到底誰是領頭狼一樣。企業就是要發展一批狼，狼有三大特性：一是敏銳的嗅覺；二是不屈不撓、奮不顧身的進攻精神；三是群體奮鬥。企業要擴張，必須有這三要素。所以要構築一個寬鬆的環境，讓大家去努力奮鬥，在新機會出現時，自然會有一批領袖站出來去爭奪市場先機。市場部有一個『狼狽組織計劃』，就是強調了組織的進攻性（狼）與管理性（狽）。當然只有擔負擴張任務的部門，才執行『狼狽組織計劃』。其他部門要根據自己的特徵確定自己的幹部選拔原則，生產部門如果由『狼』組成，產品就會像骨頭一樣，沒有出門就讓人給搶了。」

任正非認為，在華為「以客戶為中心，以奮鬥者為本，長期堅持艱苦奮鬥」的價值觀，必須堅持「勝則舉杯相慶，敗則拚死相救」的企業文化。這樣的企業文化表現在以下兩點：第一，在公司還弱小的時候，各個部門團結合作、互為補充，透過做好服務和誠信，來彌補產品質量與效能上的差距，發揮「勝則舉杯相慶，敗則拚死相救」的精神，至少可以使公司活下去；第二，公司要發展，就要透過變革的方式，將「勝則舉杯相慶，敗則拚死相救」的精神滲入到公司的日常管理制度中去，並透過與時俱進的有效激勵，不斷使之發揮出影響力。正因為如此，華為工程師前仆後繼地「以客戶為中心」，展開各項工作。在這裡，我們就來分享一個真實的案例。

2007 年初，從北京郵電大學博士畢業的李良川，透過層層選拔後順利地加盟華為，在「傳送產品線研究部」就職。雖然該部門只成立一年多，卻從事「下一代高速光通訊系統演算法的研究和創新」工作。

剛入職華為的李良川，面對的首個挑戰則是 100G 相關系統的演算法研究和應用。在研究此演算法前，李良川必須明確研發領先的波分產

品。有兩項要求：夠粗的管道，夠大的傳輸容量；夠遠的傳輸距離。

為了解決「四足」需求，李良川團隊的首要工作重點是，研究訊號處理演算法，集中一切資源突破現有波分產品的容量和距離限制，最大化地實現兩個硬指標，徹底地甩開競爭者。

「功夫不負有心人」，李良川團隊終於研究出一套完善的突破波分產品容量和距離的解決方案。為了更好地讓產品具有競爭力，產品線採取了「藍軍策略」，公開應徵該領域的「菁英人群」組成「藍軍部隊」，與內部「紅軍部隊」研究團隊進行「正面對抗」，最優方案透過紅、藍兩軍「競賽」選拔。

藍軍部隊的組建，使產品的競爭力大大提升。藍軍部隊在該領域擁有豐富的經驗，同時也提出了更有優勢的技術方案，產品線因此也選擇了藍軍的產品方案。

面對內部賽馬敗局，李良川團隊倍感失落，卻激發紅軍部隊再次超越的勇氣。經過完善產品線，李良川團隊研究出「二代軟判」前向錯誤更正（Forward Error Correction，FEC）方案，極大地提升 100G 波分產品的傳輸距離。

此外，李良川團隊還優化和改進了 100G 波分產品。當 100G 波分產品普及後，200G 代際的研發隨之而來。李良川反思說道：「從 100G 更新到 200G，如果基於教科書上的演進方式，可以實現容量翻倍，但傳輸距離將從原來的上千公里斷崖式下降到幾百公里，無法滿足波分系統的代際演進訴求：容量翻倍、距離不變、成本不變。全世界的技術團隊都遇到了這個難題。在長途波分領域，我們在市場上一直是領先的，在技術上則是你追我趕，交替領先。因此，在 100G 到 200G 的代際演進中，

誰能實現突破，取得領先就尤為關鍵。」[081]

有鑑於此，要想保持競爭力，就必須解決產品在容量翻倍後，傳輸距離大幅下降的問題。李良川團隊一直在探索，窮盡一切解決方法來突破這個瓶頸。

2013 年，經過一系列的調研，李良川團隊探索到一個解決傳輸距離有明顯提升的演算法方案。遺憾的是，「在程式碼模擬的過程中，卻始終無法驗證方案的理論增益」。

當李良川團隊遲遲不能克服該難關時，一個德國的大學實驗室取得了理論突破，發表了一個類似演算法的研究成果。面對競爭，李良川團隊不得不加快研發步伐。不得已，李良川團隊再次梳理方案不能解決的問題所在。

幾經梳理，李良川團隊發現，當調整演算法處理的先後次序時，就可以獲得預期的效能增益。事後，李良川回憶說道：「這真是讓我們百感交集。雖然我們花了很多心血在這個方案上，但很遺憾，最後我們沒有得到撞線的機會。」

此次失利，是因為德國實驗室優先突破演算法方案，這給全世界的波分產品研究團隊指明瞭方向，各種以此為基礎的改進優化方案由此展開。李良川分析說道：「雖然在工程開發進度上各個公司有差異，但由於在技術方案選擇上相似，可以預期最後的產品規格很難有太大的差異。」

在李良川看來，相似的波分產品技術方案肯定會讓產品規格指標近乎相同，這就無法實現絕對領先。一旦要實現絕對領先，就需要差異化的技術解決方案。李良川說道：「要展現研究團隊的價值，就要在業界常

---

[081] 李良川：〈這一次，我們撞線了〉，《華為人》2019 年第 12 期。

規的技術路線之外探索差異化且效能更好的技術方案，這也是我們的追求。」

當主流的解決方案都積聚在某一方案時，提出創新的差異化技術解決方案，就會引發來自不同陣營的各種質疑。李良川舉例說道：「一個策略產品的關鍵技術方向，業界都認為做不出來，憑什麼我們就能做出來？」

面對這樣的質疑，李良川團隊不得不查閱與之相關的研究領域的論文。當他們查閱和分析了近幾十年的數百篇論文後發現，一篇 1976 年的技術論文竟然提供了一個原始的解決思路。李良川介紹稱，該論文僅僅是一個純理論的數學推導，卻從數學原理上證明存在一個具備理論優勢的方案。

經過反覆推演，李良川團隊終於「通透」了該理論。李良川說道：「我們開始撰寫程式碼、搭建模擬平臺，基於模擬結果確認此方案可以提升效能，在關鍵指標上能大幅超越業界現有方案。」

當解決了困擾多時的方案後，李良川團隊依託方案基本架構申請了專利，並在華為首屆十大發明評選中獲得第二名，這讓李良川團隊信心倍增。接下來，李良川團隊就是解決波分產品的產品商用落地問題。

為進一步地驗證該方案落實的可行性，李良川團隊在各種學術會議上與業界專家討論和交流。在交流中，一部分人認為，該技術擁有不錯的市場前景，但是大部分專家卻認為，該工程的難度超乎想像，且可行性低。

經過多輪的反覆分析和討論，李良川團隊認為，該工程難度的確很大，但是理論可行，可以漸漸地克服工程困難。耗時一年多後，開始再次規劃產品的新一版晶片，李良川團隊當然有意把新方案應用於產品

中。經過多輪激烈的爭論，產品線還是認為，李良川團隊的解決方案不夠完善，距離真正落實的產品晶片依舊存在差距。李良川團隊的方案再次落選。

李良川反思說：「雖然我們已經把數學公式變成了比較接近產品原型的演算法，但它還有一些關鍵問題需要解決，還需要更細緻的打磨和改進。」

再次敗北的方案讓李良川團隊面臨巨大壓力。李良川坦言當時的窘境：「這條技術路線是否繼續堅持下去？產品關注的工程難題是否最終能被我們解決？是不是這個方向真的走錯了？」

李良川團隊已經沒有退路，一方面，經過如此長時間的投入和努力，此刻已經勝利在望；另一方面，李良川團隊也得到部門主管領導的大力支持。部門主管領導認為，即使該方案最後沒能做成，「但是如果能排除產品線在技術路線上錯誤的風險，也是有價值的。他一直鼓勵我們不要顧慮太多，好的方案自然就有生命力，遲早會被識別出來的，同時也要求我們按照產品工程規定，全力突破技術困難」。[082]

之所以沒有「撞線」，是因為無法解決「技術方案的工程規定，即最大的困難就是時脈恢復。由於方案設計的特殊性，常規的時脈恢複方案無法應用」。針對該技術難點，李良川團隊特地諮詢了華為內外很多專家，專家們普遍認為該方案難度太大。正是因為該方案技術難度太大，才成為困擾李良川團隊無法突破整體方案的一個瓶頸。也就是說，「這點過不去，整個方案也過不去，就要被拖死在這裡，這就成了我們的一個關鍵突破點」。[083]

---

[082] 李良川：〈這一次，我們撞線了〉，《華為人》2019 年第 12 期。
[083] 李良川：〈這一次，我們撞線了〉，《華為人》2019 年第 12 期。

「以客戶為中心，以奮鬥者為本，長期堅持艱苦奮鬥」是華為文化的本質

事後，李良川介紹道：「當最核心的困難解決後，其他的問題也順理成章地解決了，最終依託我們創新方案的新一版晶片立項，支撐了 200G 長途波分代際演進，助力新一代波分產品在傳輸效能上絕對領先。」

幾經改進，李良川團隊研發的波分產品終於突圍，贏得產品線和客戶的認可。

「艱苦奮鬥是華為文化的魂、華為文化的主旋律，我們任何時候都不能因為外界的誤解或質疑動搖我們的奮鬥文化。」

縱觀華為的發展史，任正非之所以把艱苦奮鬥視為華為文化的魂、華為文化的主旋律，與華為自身的發展有關。

1990 年代，華為創業沒多久，沒有足夠的流動資金。在這樣艱難的日子裡，華為人把自己的薪資、獎金投入公司，每個人只能拿到很微薄的報酬，發薪資經常欠款，絕大部分幹部、員工長年租住在農民的住房裡，用有限的資金購買原材料、實驗測試用的示波器。在資金、技術等各方面條件都匱乏的情況下，在任正非的領導下，華為人咬牙「把雞蛋放在一個籃子裡」，緊緊依靠集體奮鬥，群策群力，日夜突破瓶頸，利用壓強原則，重點投入重點突破，終於研製出了數字程控交換機。

正是因為如此，才形成了眾人皆知的「床墊文化」。在中國企業界，華為有幾個標籤，其中就有「床墊文化」。或許讓很多讀者想不到的是，與很多企業員工下班就急於回家不同的是，華為員工願意主動加班，甚至把床墊帶到辦公室。

查閱華為的歷史我們發現，在創業初期，加盟華為的新員工報到時，先到華為總務室去領一條毛巾被和一個床墊。這主要方便員工在午休時席地而臥，既方便，又非常實用。

由於工作任務繁重，華為人為了更快地研發新產品，甚至會加班到

晚上，很多人不願意回到宿舍休息，就把床墊鋪開，累了就睡，醒來後再繼續工作。為此，華為人自豪地說道：「床墊文化意味著從早期華為人身上的艱苦奮鬥，發展到現在的思想上的艱苦奮鬥，構成華為文化一道獨特的風景。」

例如，被任正非譽為「軟體大師」的張雲飛，在華為工作期間，他一直主持軟體開發。在剛加盟華為的一段時間，他工作、睡覺幾乎都是在辦公室。在一個大辦公室裡靠牆的地上，鋪著十幾個床墊，類似一個大通鋪。

據張雲飛介紹，在華為就職期間，沒有人規定上下班時間，但是人人都加班到深夜。當其他人在睡覺後，張雲飛把每個人修改的程式碼檢查一遍，然後重新整合在一個版本裡，再上機載入測試驗證一下後釋出出來……這時候差不多天也亮了，張雲飛才去睡覺。正是這樣的奮鬥，才為華為成為世界頂級企業打下了基礎。

當奮鬥成為華為文化後，一些負面的新聞也隨之而來。2006年6月，25歲的工程師胡新宇不幸因病去世。公開數據顯示，胡新宇2005年畢業於成都電子科技大學，碩士學歷，畢業後加盟華為，主要從事研發工作。

胡新宇在因病住醫院以前，經常加班加點，甚至是打地鋪過夜。在創業初期，華為的管理體系不完善，加上華為堅持客戶至上的策略，很多員工經常需要工作至深夜，其後就鋪一張床墊休息。這就是華為「床墊文化」的由來。

當胡新宇病故的新聞刊載在許多大媒體上時，甚至有些媒體將胡新宇的病故批評為「過勞死」。如《紀念胡新宇君》、《天堂裡不再有加班》、《華為員工的命只值一臺交換機的錢》等文章，這樣的報導無疑將

華為推向了輿論的風口浪尖。

媒體和外界一片聲討「床墊文化」聲，一些媒體針對華為個別員工的死亡事件，鋪天蓋地地指責華為的「床墊文化」和奮鬥精神。

針對媒體的指責，任正非的解釋是：「在創業初期，我們的研發部從五六個開發人員開始，在沒有資源、沒有條件的情況下，秉承 1960 年代『兩彈一星』艱苦奮鬥的精神，以忘我工作、拚命奉獻的老一輩科技工作者為榜樣，大家以勤補拙，刻苦突破瓶頸，夜以繼日地鑽研技術方案，開發、驗證、測試產品裝置……沒有假日和週末，更沒有白天和夜晚，累了就在地板上睡一覺，醒來接著幹，這就是華為『床墊文化』的起源。雖然今天床墊主要已是用來午休，但創業初期形成的『床墊文化』記錄的是老一代華為人的奮鬥和打拚，是我們寶貴的精神財富。」

為了應對這來勢洶洶的危機事件，時任華為公司新聞發言人的傅軍在接受媒體採訪時沉痛地說：

「胡新宇是一名很優秀的員工，他在工作、生活中都表現很出色，深受同事們的喜愛。他發病之後，公司的領導一直非常關注，指示要保證他的治療費用，要不惜一切代價搶救，還從北京請來專家進行會診。在他住院期間，很多同事都去探望並自發捐款希望能留住他，公司上下都為他的不幸去世感到痛心，為新宇的父母失去這樣優秀的兒子感到惋惜，對胡爸爸和胡媽媽致以真誠的慰問。在與家屬溝通協商後，公司給家屬一定數額的撫卹金。

「雖然專家診斷的結論是，胡新宇的去世跟加班沒有直接的因果關係，但加班所造成的疲勞可能會導致免疫力下降，給了病毒可乘之機。所以這件事情發生之後，公司再一次重申了有關加班的規定：第一是加班至晚上 10 時以後，要主管批准；第二是嚴禁在公司過夜。」

他又說，資訊技術行業競爭很激烈，甚至很殘酷，在華為面向全球的拓展中，有一些客戶的要求需要快速滿足。因此一些團隊和小組短期內加班來快速響應，這不僅僅在華為，在訊息技術業界都是較為普遍的現象。

「即使需要加班，在加完班之後，按公司規定，加班的員工可以隨後進行調休，公司也給員工發了溫馨提示，希望大家關注身體健康，做到勞逸結合。

「當年公司第一代創業者就像當年美國矽谷的創業者們一樣，經常挑燈夜戰，甚至在公司過夜，這對當時處於創業期的華為來說是必要的。但創業期和發展期不一樣。1996 年之後，用床墊在公司過夜的情況非常少了。雖然幾乎每個員工都有床墊，但那是用來午休的，不是用來在公司加班過夜的。」[084]

儘管傅軍解釋了「床墊文化」，並告知媒體、網友，他們誤解了「床墊文化」，但是也由此拉開了批判華為「床墊文化」的序幕。

在媒體一場氣勢洶湧的聲討中，昔日曾籠罩在層層光環下的「狼性文化」被質疑和批判，因為媒體將矛頭對準了華為的企業文化，將「床墊文化」等同於「狼性文化」，認為這種只顧進攻而不善於顧唸到人性的文化已經不合時宜。

當胡新宇事件發生兩年多以後，任正非在華為市場大會上激憤地說道：「有人不是在炒作以奮鬥者為本、炒作華為的奮鬥嗎？我說奮鬥怎麼了？我們全是向共產黨學的，為實現共產主義而奮鬥終生，為祖國實現四個現代化而奮鬥，為了你的家鄉建設得比北京還美而奮鬥，生命不

---

[084] 葉志衛、吳向陽：〈胡新宇事件再起波瀾 華為稱網友誤解床墊文化〉，《深圳特區報》2006 年 6 月 14 日。

息、奮鬥不止。這些都是共產黨的口號，我們不高舉共產黨的口號，我們高舉什麼？」

在《天道酬勤》一文中，任正非寫道：「艱苦奮鬥是華為文化的魂，是華為文化的主旋律，我們任何時候都不能因為外界的誤解或質疑動搖我們的奮鬥文化，我們任何時候都不能因為華為的發展壯大而丟掉了我們的根本──艱苦奮鬥。」

在該文中，任正非解釋了「任何時候都不能因為華為的發展壯大而丟掉了我們的根本──艱苦奮鬥」的原因。任正非依然特立獨行，有著自己的考量。在《天道酬勤》一文中，任正非回應了媒體的批評。任正非說：「自創立華為那一天起，我們歷盡千辛萬苦，一點一點地爭取到訂單和農村市場。我們把收入都拿出來投入到研究開發上。當時我們與國際通訊大廠的規模相差 200 倍之多。透過一點一滴鍥而不捨的艱苦努力，我們用了十餘年時間，終於在 2005 年，營業收入首次突破了 50 億美元，但與國際通訊大廠的差距仍有好幾倍。最近不到一年時間裡，業界幾次大兼併：愛立信兼併馬可尼，阿爾卡特與朗訊合併、Nokia 與西門子合併，一下子使已經縮小的差距又陡然拉大了。我們剛指望獲得一些喘息，挺直腰桿，拍打拍打身上的泥土，沒想到又要開始更加漫長的艱苦跋涉……」

任正非坦言，正是艱苦奮鬥，縮短了華為與國際通訊大廠的差距。任正非說道：「華為在茫然中選擇了通訊領域，是不幸的。這種不幸在於，所有行業中，實業是最難做的，而所有實業中，電子資訊產業是最艱險的；這種不幸還在於，面對這樣的挑戰，華為既沒有背景可以依靠，也不擁有任何資源，因此華為人尤其是其領導者將注定為此操勞終生，要比他人付出更多的汗水和淚水，經受更多的煎熬和折磨。唯一幸

運的是，華為遇上了改革開放的大潮，遇上了中華民族千載難逢的發展機遇。公司高層主管雖然都經歷過公司最初的歲月，意志上受到一定的鍛鍊，但都沒有領導和管理大企業的經歷，直至今天仍然是戰戰兢兢、誠惶誠恐。因為十餘年來他們每時每刻都切身感悟到做這樣的大企業有多麼難。多年來，唯有更多身心的付出，以勤補拙，犧牲與家人團聚、自己的休息和正常的生活，犧牲了平常人都擁有的很多的親情和友情，銷蝕了自己的健康，經歷了一次又一次失敗的沮喪和受挫的痛苦，承受著常年身心的煎熬，以常人難以想像的艱苦卓絕的努力和毅力，才帶領大家走到今天。」

任正非回憶當年的創業經歷稱：「為了能團結廣大員工一起奮鬥，公司創業者和高層領導幹部不斷地主動稀釋自己的股票，以激勵更多的人才加入這從來沒有前人做過和我們的先輩從未經歷過的艱難事業中來，我們一起追尋著先輩世代繁榮的夢想，背負著民族振興的希望，一起艱苦跋涉。公司高層領導的這種奉獻精神，正是用自己生命的微光，在茫茫黑暗中帶領並激勵著大家艱難地前行，無論前路有多少困難和痛苦、有多少坎坷和艱辛。」

此外，由於中國是世界上最大的新興市場，國際通訊大廠都雲集於此。華為從創立開始，就意味著必須在自己家門口面對與國際通訊大廠激烈的競爭。任正非說道：「我們不得不在市場的夾縫中求生存。當我們走出國門拓展國際市場時，放眼一望，所能看得到的『良田沃土』早已被西方公司搶占一空，只有在那些偏遠、動亂、自然環境惡劣的地區，他們動作稍慢、投入稍小，我們才有一線機會。為了抓住這最後的機會，無數優秀華為兒女離別故土，遠離親情，奔赴海外，無論是在疾病肆虐的非洲，還是在硝煙未散的伊拉克，或者海嘯災後的印尼，以及地震後的阿爾及利

「以客戶為中心，以奮鬥者為本，長期堅持艱苦奮鬥」是華為文化的本質

亞……到處都可以看到華為人奮鬥的身影。我們員工攀登雪山、穿越叢林，徒步行走了 8 天，為服務客戶無怨無悔；有員工在國外遭歹徒襲擊頭上縫了 30 多針，康復後又投入工作；有員工在飛機失事中倖存，驚魂未定又救助他人，贏得當地政府和人民的尊敬；有員工在恐怖襲擊中受傷，或幾度患瘧疾，康復後繼續堅守職位；我們還有 3 名年輕的非洲籍優秀員工在出差途中飛機失事不幸罹難，永遠地離開了我們……18 年的歷程，10 年的國際化，伴隨著汗水、淚水、艱辛、坎坷與犧牲，我們一步步艱難地走過來了，面對漫漫長征路，我們還要堅定地走下去。」

〈天道酬勤〉一文刊發在華為公司內部刊物《華為人》（第 178 期）2006 年 7 月 21 日的頭版頭條上，任正非在文中回顧了華為艱苦奮鬥的傳統和不斷積極進取的危機意識，再次重申華為「不奮鬥，華為就沒有出路」的指導思想。

有研究者甚至認為，該文也是對網路熱炒「過勞死」、「床墊文化」等指責的非正式回應，同時，在內部員工層面實現了高度統一的共識。隨著這篇文章很快流傳開來，華為對「艱苦奮鬥」精神的堅持很快贏得了社會公眾的支持，而原先喧囂於網路的指責之聲也日漸沉寂了下去。一場公關危機從萬夫所指到後來的逐漸平息，顯示了任正非在處理企業危機時的果敢與堅決。[085]

「其實我們的文化就只有那麼一點：以客戶為中心，以奮鬥者為本。」

在華為的國際化過程中，並沒有任何國際化經驗可以借鑑，只能憑藉自己的艱苦奮鬥，在拓展國際市場中摸爬滾打，在殘酷的競爭中學習，終於苦盡甘來。

---

[085] 吳洪剛：〈「床墊文化」的昭示〉，《銷售與市場》2006 年第 7 期。

根據華為釋出 2015 年年報，全球營業收入人民幣 3,950 億元，年增率成長 37.1%，國際市場營業收入比例為 58%。其中營運商業務、企業業務和消費者業務領域均獲得了有效成長，見圖 9-2。

單位：百萬元人民幣

類型	2015 年	2014 年	年增率
營運商業務	232,307	191,381	21.4%
企業業務	27,609	19,201	43.8%
消費者業務	129,128	74,688	72.9%
其他	5,965	2,927	103.8%
合計	395,009	288,197	37.1%

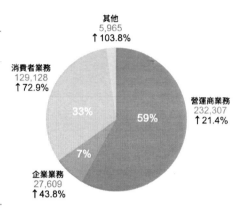

圖 9-2 2015 年華為營運商業務、企業業務和消費者業務收入比例

在區域收入比例方面，中國區域市場比例為 42%；歐洲、中東、非洲區域市場比例為 32%；美洲區域市場比例為 10%，亞太區域市場比例為 13%，見圖 9-3。

單位：百萬元人民幣

區域	2015 年	2014 年	年增率
中國	167,690	108,674	54.3%
歐洲、中東、非洲	128,016	100,674	27.2%
亞太	50,527	42,409	19.1%
美洲	38,976	30,844	26.4%
其他	9,800	5,596	75.1%
合計	395,009	288,197	37.1%

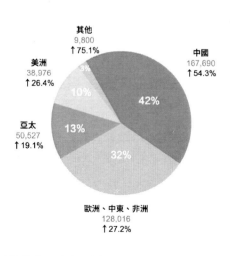

圖 9-3 華為 2015 年區域營業收入分布比例

在區域收入比例方面，2015 年年報中提到，受益於營運商第四代通訊技術（4G）網路建設、智慧手機爆發式成長以及企業行業解決方案能力的增強，中國區域市場實現營業收入人民幣 1,677 億元，比例為42%，在所有區域中比例最高，年增率增加 54.3%。

在海外市場中，受益於無線和固定網路快速增長及智慧手機市場占有率提升，歐洲、中東、非洲區域市場實現營業收入人民幣 1,280 億元，占全部營收 32%，年增率增加 27.2%。

在亞太區域市場，受益於印度、菲律賓、泰國等市場基礎網路建設，該區域保持了良好的成長形勢，實現營業收入人民幣 505 億元，占全部營收 13%，年增率增加 19.1%。

在美洲區域市場，受益於墨西哥、阿根廷、祕魯等國家營運商通訊網路大幅投資及美國智慧手機業務的快速成長，該區域營業收入年增率增加 26.4%，達到人民幣 390 億元。

取得這樣的業績，2015 年在「與任正非的一次花園談話」中，任正非說道：「其實我們的文化就只有那麼一點：以客戶為中心，以奮鬥者為本。」

縱觀華為的發展歷程，其實就是一個艱苦奮鬥的過程。華為從當初一個籍籍無名的深圳小企業，發展成為全球前五大通訊裝置商，僅僅用了 20 多年的時間。在國際化拓展中，華為的國際化之路也走得艱難而曲折。華為的國際化是建立在華為人汗水、淚水、艱辛、坎坷與犧牲的基礎之上的。

在全球的通訊市場，中國通訊設備商已經突顯了自己的存在，不管是發展中國家，還是先進國家的營運商設備採購招標活動中，中國通訊設備商以自身的實力打破了中國高科技產品走不出國門的宿命。在其中，華為就是較為出色的領軍者。

以宗教般的虔誠對待客戶

關於華為的國際化，任正非在內部演講中談道：「華為的成功在於堅持不懈地推進『雞肋策略』，在西方大公司看不上的鹽鹼地上，我們一點一點地清洗耕耘，所以我們把網路產品做到了世界第一，這是華為立足的基礎。思科的危機在於毛利過高，我們不謀求暴利，才活了下來。而且，這麼薄的利潤也逼著公司在很窄的夾縫中鍛鍊了能力，提高了管理水準。」

反觀華為的國際化不難發現，最初的國際化是在 1996 年進入香港市場開始的，此後從俄羅斯再到非洲、拉丁美洲、中東等第三世界國家和地區。這樣的國際化發展順序可以看出，華為的國際化策略優先考慮了通訊設備發展較落後的地區，遵循了一個由淺入深的過程。這就是被業界稱為「農村包圍城市」的國際化策略。華為正是選擇了這樣的國際化路徑，給華為的成功打下堅實的基礎。

正是在「農村包圍城市」的國際化策略背景下，俄羅斯和拉丁美洲市場因此作為華為的目標市場。早在 1994 年，華為就有意拓展俄羅斯這塊藍海市場。在這三年間，華為積極地組織了數十個代表團訪問俄羅斯，前後達到數百人次。其間，華為也數次邀請俄羅斯代表團訪問華為。

在經過充分準備後，特別是在俄羅斯積蓄了三年的市場力量後，華為才發起衝鋒。儘管如此，華為對能否開啟俄羅斯電信市場，卻依然沒有百分之百的把握。

華為與任何一個致力於國際化的企業一樣，在拓展國際市場的初期，也走了很多彎路。根據華為當初的銷售人員介紹說：「1996 年負責客戶線的員工剛開始去的時候，一個地方一去兩個星期，連個客戶的影子都看不到，更不用說介紹產品了。」

「以客戶為中心，以奮鬥者為本，長期堅持艱苦奮鬥」是華為文化的本質

　　1997 年，由於俄羅斯經濟陷入谷底，遲遲不能走出經濟危機，加上盧布貶值、經濟形勢一瀉千里。在當時，比如 NEC（日本電氣）、西門子、阿爾卡特等國際通訊大廠紛紛潰逃，甚至從俄羅斯市場撤資。正是在這樣的背景下，俄羅斯市場缺乏競爭對手，這無疑給了華為一次難得「搭臺唱戲」的絕好機會。

　　時任華為獨聯體地區部總裁的李傑，就是在這樣的條件下被派往俄羅斯市場的。據李傑介紹，1998 年，俄羅斯的天氣倒是不冷，可是通訊設備市場實在太冷了，而且緊接著發生的一場金融危機，使俄羅斯整個電信業都停滯下來。

　　李傑回憶說：「有在打官司的，有在清理貨物的，官員們走馬觀燈似的在眼前晃來晃去，我不僅失去了嗅覺，甚至視線也模糊了。那時候，我唯一可以做的就是等待，由一匹狼變成了一頭冬眠的北極熊。」

　　同年，身為拓展俄羅斯市場主將的李傑，幾乎是顆粒無收，一無所獲。除了與俄羅斯積極溝通外，就是告訴合作者，華為還在堅守俄羅斯市場。

　　1999 年，經過一系列努力的李傑，仍然毫無進展，一無所獲。在日內瓦世界電信大會上，任正非告誡李傑說：「李傑，如果有一天俄羅斯市場復甦了，華為卻被擋在了門外，你就從這個樓上跳下去吧。」

　　聽到任正非的指示，李傑馬不停蹄地開始在當地組建行銷隊伍，將這些行銷人員培訓後送往俄羅斯的各個地區市場。

　　經過多方努力，華為以此為基礎建立了合資企業 —— 貝託華為。在不斷拜訪客戶中，李傑一行認識了俄羅斯一批營運商管理層，經過了解和頻繁溝通後，華為與俄羅斯營運商的信任終於得以建立，形成了當時最主要的客戶群。

在艱難的起步中，俄羅斯國家電信局給了華為一張只有區區 12 美元的訂單。儘管如此，華為依然鍥而不捨地堅持投資俄羅斯市場。

當普京就任俄羅斯總統後，開始全面整頓俄羅斯的總體經濟，使得俄羅斯經濟回暖。與俄羅斯溝通幾年的華為，終於搶在其他競爭者之前，贏得俄羅斯政府新一輪採購計畫頭班車的車票。其後，華為屢獲戰績：2001 年，華為與俄羅斯國家電信部門簽署了上千萬美元的 GSM 設備供應合約；2002 年底，華為又取得了 3797 公里的超長距離 320G 的從聖彼得堡到莫斯科國家光傳輸幹線（DWDM 系統）的訂單；2003 年，華為在獨立國協國家的營業收入一舉超過 3 億美元，位居獨聯體市場國際大型設備供應商的前列。[086]

---

[086] 李超、崔海燕：〈華為國際化調查報告〉，《IT 時代週刊》2004 年第 10 期。

第 10 章

只有比別人更多一點奮鬥才能拿到訂單

　　長久以來，華為被《華爾街日報》、《華盛頓郵報》等外媒汙名化。這些媒體一直認為華為的成功是透過投機方式獲得的，卻忽視了華為從創業到如今 19.7 萬員工的貢獻。正是因為如此，《華爾街日報》、《華盛頓郵報》等外媒戴著有色眼鏡，想當然地報導「地緣政治」裡的華為。

　　早在 2006 年，在題為「天道酬勤」的內部演講中，任正非就回應過這個問題。任正非說道：「我們沒有國際大公司累積了幾十年的市場地位、人脈和品牌，沒有什麼可以依賴，只有比別人更多一點奮鬥，只有在別人喝咖啡和休閒的時間努力工作，只有更虔誠地對待客戶，否則我們怎麼能拿到訂單？」

　　「面對我們所處的產品過剩時代，華為人除了艱苦奮鬥還是艱苦奮鬥。從來就沒有什麼救世主，也不靠神仙皇帝，要創造我們的幸福，全靠我們自己。」

　　任正非在題為「天道酬勤」的內部講話中談道：「1994 年，我們第一次參加北京國際通訊展，在華為展臺上，『從來就沒有救世主，也不靠神仙皇帝，要創造新的生活，全靠我們自己』這句話非常與眾不同，但對華為員工來講，這正是當時情況的真實寫照。」

　　在講話中，任正非引用〈國際歌〉第二段中的一句足以說明在創業初期華為曾經的創業維艱，以及贏得客戶認可的艱難。

提及〈國際歌〉，在中國家喻戶曉，卻很少有人知道其創作背景。1871 年，在「普法戰爭」中，當時的法國被普魯士擊敗，普軍已經兵臨巴黎城下。

面對戰敗的結局，法國政府只能屈膝投降。同年 3 月，法國政府軍隊武裝鎮壓巴黎市民，爆發了「巴黎工人起義」。

其後，起義工人占領巴黎全城，透過人民選舉，組建了「巴黎公社」政府。被趕下臺的資產階級政府不可能甘心失敗，於是捲土重來，發起對巴黎公社的多輪進攻。1871 年 5 月 21 日至 28 日，公社人民與被趕下臺的政府軍展開多起巷戰。1871 年 5 月 28 日，巴黎公社失敗。

起義失敗後，身為公社領導人之一的歐仁・鮑狄埃（Eugène Edine Pottier）創作了詩歌〈英特納雄耐爾〉（Internationale，又譯〈國際工人聯盟〉），以〈馬賽曲〉的曲調進行演唱。

1888 年，身為法國工人作曲家的皮埃爾・狄蓋特（Pierre De Geyter），專門給《國際歌》譜寫了曲子，〈國際歌〉的詞曲就此創作完成。

1920 年，文學家瞿秋白將〈國際歌〉翻譯成中文。1923 年，翻譯家蕭三在莫斯科根據俄文轉譯、由陳喬年配唱的〈國際歌〉開始在中國傳唱。1962 年，〈國際歌〉的譯文重新加以修訂。[087]

縱觀華為的發展歷程就不難理解任正非引用〈國際歌〉，原因是華為的創業史就是一部艱苦奮鬥的歷史。2015 年 1 月 22 日，任正非在「達沃斯」現場接受了 BBC 首席財經記者岳林達採訪時說道：「中國的改革開放，還沒有真正走向允許這種產業的存在。但是中國面臨著一個歷史問題，這個問題就是大規模的知識青年回城了，沒有工作，無法安排，

---

[087] 宋士鋒：〈〈國際歌〉中文譯配版權應屬瞿秋白〉，《文史精華》2014 年第 14 期。

政府就號召他們創業，賣饅頭、做東西、賣大碗茶。政府無心插柳柳成蔭，中國民營企業、私營企業，可能就是從這些饅頭店、大碗茶開始起步的。」

對於建立華為的起因，任正非直言，是源於自己在工作中的失誤，被南油集團[088]辭退。被辭退後，任正非被逼入絕境，不得不面臨人生至暗時刻的抉擇 —— 創業或者另外找工作。正在這種選擇中猶豫時，深圳「18 號檔案」的發表讓任正非看到了自己的用武之地 —— 建立科技企業，實現自己的策略宏圖。

所謂「18 號檔案」，是指深圳市頒發〈深圳市人民政府關於鼓勵科技人員興辦民間科技企業的暫行規定〉的通知。

該檔案的發表，專門明確了「民間科技企業」，開中國民營科技企業的先河。所謂「民間科技企業」，是指科技人員自願聯合投資、從事科技開發及有關的生產、銷售、諮詢服務等經營活動的企業。同時也釐清自1956 年公私合營以來的民營企業的產權問題，拉開了中國科技企業追趕歐美等跨國企業，與之爭奇鬥豔的大幕。

看到機會的任正非隨即出手，邁出了華為建立的第一步。任正非和五名技術人員一起共同出資兩萬元，申請創辦華為技術有限責任公司。

在「時間就是金錢，效率就是生命」的 1980 年代的深圳，僅僅兩月後，華為以民間科技企業的身分就獲得了深圳市政府的批准。深府辦〔1987〕608 號〈關於成立「深圳市華為技術有限公司」的批覆〉檔案。部分內容摘錄如下：

---

[088] 深圳南油集團有限公司成立於 1984 年 8 月 8 日，是由深圳市投資管理公司、中國南油石油聯合服務總公司及中國光大集團共同投資的大型中外合資企業。

以宗教般的虔誠對待客戶

深圳市華為技術有限公司籌備組：

關於成立「深圳市華為技術有限公司」的請示收悉，經研究，批覆如下：

一、同意成立「深圳市華為技術有限公司」，並原則同意公司章程。

二、該公司屬民間科技企業，為責任有限公司。註冊資本貳萬元人民幣。經營期限伍年，自本文下達之日起生效。

…………

直到今天，任正非在接受媒體採訪時曾多次感嘆：「沒有『18 號檔案』，我們不會建立華為。」2015 年 1 月 22 日，在瑞士達沃斯論壇上，任正非解釋了自己創業的動因。任正非說道：

建立華為並不是在我意想之中的事情。因為在 1980 年代初期，中國軍隊大精簡，我們被國家集體裁掉了。我們總要走向社會、總要生產，軍人最大的特點就是不懂什麼叫做市場經濟。

第一個就是我們覺得賺人家的錢是很不好意思的事情，怎麼能賺人家的錢呢。

第二個就是我們覺得給人家錢，人家就應該把貨給我們，我們先把錢給人家沒有什麼不可以的，人都要彼此信任。這就是軍隊的行為，是不適應市場經濟的。所以我剛到深圳的時候，其實就犯了錯誤，我那個時候是一個有二十幾個人的小國企的副經理，有人說可以買到電視機，我說好，我們就去買，我們把錢給人家了，人家卻說電視機沒有了。

這樣我就開始要追討這些款，追這些款的過程是很痛苦的，並且我們上級並不認跟我們，覺得我們亂搞，不給我們錢，讓我們自己去追款。在追款的過程當中，我沒有辦法，沒有任何人幫忙。我就把自己能

找到的所有法律書讀了一遍。從這些法律書中，我悟出來市場經濟的道理：一個主體是客戶，另一個主體是貨源，中間的交易就是法律……

我不可能創造客戶，因此我們第一要把住貨源，要找到貨源；第二要熟悉交易的法律訴訟。我們那個時候錢很少，還把代理業務做得倉促。那個時候我們很缺錢，這樣的話，我們沒有貨源就尋求貨源，我們就給人家做代理。

這個階段走起來，我們就慢慢地摸到什麼叫做市場經濟這條路了。當時國有企業幹得不好，人家又不要我。我還寫了保證書，我不要薪資，我要把這個公司的債務追回來。然後，我能領著這個公司前進，人家也不要我。最後「科委」說，你出來吧，你搞的都是大專案，不成功的。你就先搞小的。我就出來了。我出來後認為通訊市場這麼大，機會這麼多，我搞一個小的總有機會吧。

由於幼稚，我才走上了這條路。一個碗扁一點沒有關係，賣便宜一點，照樣可以吃飯。但是通訊產品，稍稍有點指標不合格，是全程全網的問題，會導致全世界通訊出現問題，所以這是一個很難做的生意。

這樣的話就對一個小公司是極其殘酷的，一個小公司要做高技術標準，怎麼可能？我們付出的就是生命的代價。我們不可能再後退，因為我們沒有錢了，不可能後退，所以我們就走上了這條「不歸路」，這也不是想像中的那麼浪漫，也沒有那麼精彩，就是為了生活，我們就被逼上了梁山。[089]

在這段對話中，任正非直言，隨著社會的變革，尤其是裁軍後，他不得不轉業。其後，由於他不適應當時的經商環境，結果栽了跟頭後才開始創業的。

[089] 任正非：《任正非達沃斯演講實錄：我沒啥神祕的，我其實是無能》，鳳凰科技，2015 年 1 月 22 日，https://tech.ifeng.com/a/20150122/40955020_0.shtml，訪問日期：2021 年 6 月 10 日。

　　初創階段的華為與其他創業企業一樣，為了活下去，可以說是什麼行業賺錢就做什麼行業。

　　對於這一點，任正非在接受媒體採訪時毫不隱諱地講，做代理既解決了資金問題，同時也解決了貨源問題。在當時，儘管華為名為技術公司，但是經營的都是貿易，根本也沒什麼方向，什麼賺錢就做什麼，在初創時甚至賣過減肥藥。有一次，任正非聽說在深圳銷售墓碑的生意很火，賺錢快。任正非決定，立即派人去調研。

　　在一連串試錯的專案後，華為迎來了發展的轉機。一個偶然的機會，經遼寧省郵電局農話處一位處長的介紹，任正非開始代理香港鴻年公司的使用者交換機產品（即單位裡轉分機的小型交換機），華為由此與ICT 結緣。

　　經過十多年的技術累積，華為開始嘗試國際化。對於海外市場的成功拓展，2015 年，在「與任正非的一次花園談話」中，任正非說道：「華為文化不是具體的東西，不是數學公式，也不是方程式，它沒有邊界。也不能說華為文化的定義是什麼，它是模糊的。『以客戶為中心』的提法，與東方的『童叟無欺』、西方的『解決方案』，不都是一回事嗎？這不是也以客戶為中心嗎？我們反覆強調之後，大家都接受這個價值觀。這些價值觀就落實到考核激勵機制上、流程運作上……員工的行為就被牽引到正確的方向上了。我們只想著為客戶服務，也就忘了周邊有哪個人。不同時期有不同的人衝上來，最後就看誰能完成這個結果，誰能接過這個重擔，將來就誰來挑。我們還有一種為社會做貢獻的理想，支撐著這個情結。因此接班人不是為權力、金錢來接班，而是為理想接班。只要是為了理想接班的人，就不用擔心，他一定能領導好。如果他沒有這種理想，當他『撈錢』的時候，他下面的人很快也是利用各種手段

『撈錢』，這個公司很快就將崩潰了。」

「全球超過 10 億使用者使用華為的產品和服務，我們已經進入了 100 多個國家，在海外很多市場，我們剛爬上潮間帶，隨時會被趕回海裡。」

在海外市場中，華為的拓展始終較為艱難，不僅遭遇了思科等跨國企業的多次阻擊，還以「智慧財產權」為由起訴華為。

2003 年 1 月 23 日，思科公司正式起訴華為及華為的美國分公司，要求華為停止侵犯思科智慧財產權。在起訴書中，思科的訴狀包括以下四個要點：

第一，抄襲思科的原始碼。

第二，抄襲思科的技術文件。

第三，抄襲思科的「命令列介面」。

第四，侵犯思科公司在路由協定方面至少五項專利。

思科的發難，試圖透過美國的法律禁令打壓華為，甚至以此來阻止華為繼續拓展美國市場。為了打壓對手，就以訴訟行銷的手段恐嚇對方，這是跨國企業一貫的做法。在此次訴訟中，思科就其智慧財產權受到侵犯，要求華為予以經濟賠償。

面對思科的訴訟戰爭、媒體戰爭，當接受新浪科技採訪時，華為公關部發給新浪科技一份宣告，全文如下：

2003 年 1 月 23 日，中國深圳。

就思科公司於 2003 年 1 月 23 日從美國加利福尼亞州聖何塞所發出的新聞稿，華為公司宣告：本公司正與法律顧問諮詢，著手了解並解決此事，目前暫不做評論。

以宗教般的虔誠對待客戶

　　本公司希望強調：華為及其子公司一貫尊重他人智慧財產權，並注重保護自己的智慧財產權。我們一直堅持在研發中投入不少於年收入10％的經費及超過10,000名工程師，擁有自己的核心技術。作為負責任的企業，無論在何處運作，公司都尊重當地的法律法規。公司堅信合作夥伴關係、開放合作以及公平競爭的價值，並在實踐中貫徹執行。

　　華為及其子公司的業務運作正常進行。公司的關注點仍然是自己的客戶、合作夥伴和員工。[090]

　　此次訴訟並非一時性起，而是有預謀的阻擊戰。針對此次訴訟，華爾街分析師直言不諱地稱，這場訴訟的實質是作為最大的網路設備製造商的思科，覺察到日益崛起的華為科技已經對自身的市場地位構成威脅。

　　2003年1月，時任思科公司CEO約翰·錢伯斯就曾表態，思科將採取行動，不會將低端網路設備市場拱手讓給產品價格較低的競爭對手。這裡的競爭對手指的就是華為。約翰·錢伯斯毫不隱諱地介紹稱，以華為為代表的亞洲網路設備廠商，將給思科帶來新的挑戰。

　　華爾街分析師認為，對思科來說，戴爾對思科的威脅主要在美國市場；華為對思科的威脅則是全球性的，尤其是在亞洲。

　　加拿大帝國商業銀行世界市場公司的分析師史蒂夫甚至更為激進，他認為，華為對網路設備市場的長期影響就像豐田和本田兩家公司對汽車的影響那樣。

　　史蒂夫分析師之所以得出這樣的結論，是因為從1999年華為推出數據通訊產品以來，華為與思科的競爭就已經箭在弦上。在中國市場，不

---

[090] 新浪科技：《新浪獨家：華為公司就思科起訴華為發表宣告》，新浪網，2003年1月24日，https://tech.sina.com.cn/it/w/2003-01-24/1531163078.shtml，訪問日期：2021年6月10日。

管是伺服器、路由器，還是乙太網等主流數據產品，華為的市場占有率倍數成長。

截至 2002 年，華為跑馬圈地後，思科在中國路由器、交換機市場的壟斷優勢已經不復存在，甚至已經被華為逼成平手。此刻的華為，已經成為思科在全球的最為強勁的競爭對手。

思科之所以畏懼華為攻占美國市場，是因為思科創立以來的「看家法寶」集中在路由器、交換機等數據產品，是思科的「王牌部隊」。思科不可能在主場讓自己的王牌倒在對手的劍下。

在約翰‧錢伯斯多年經營下，思科在全球數據通訊領域市場上，已經擁有 70% 的市場占有率。雖然如此，在約翰‧錢伯斯看來，「臥榻之下豈容他人酣睡」，但是華為不斷地推出自己的數據通訊產品，以及以「雞肋策略」深耕國際化市場。

此刻，約翰‧錢伯斯已經明顯地察覺到，華為對思科的威脅已經不僅是在中國市場，而是開始從亞洲、非洲市場蔓延到全球市場。從這個角度來分析，華為國際化的路徑走得相當艱難，其中殘酷的競爭是很多中國企業經營者無法想像的 —— 華為面對的是來自全世界先進國家的通訊大廠，這些大廠有的擁有幾十年甚至一百多年的經驗和技術累積；有的擁有歐美數百年以來發展形成的工業基礎和產業環境；有的擁有先進國家的商業底蘊和雄厚的人力資源、社會基礎；有的擁有世界一流的專業技術人才和研發體系；有的擁有雄厚的資金和全球著名的品牌；有的擁有深厚的市場地位和客戶基礎；有的擁有世界級的管理體系和營運經驗；有的擁有覆蓋全球客戶的龐大的行銷和服務網路……

面對激烈的競爭格局，面對眾多通訊大廠完善的技術，以及經營多年後形成的市場壁壘，擺在華為面前的只有艱苦奮鬥一條路可走，幾乎

沒有任何捷徑。

事實證明，對任何一家中國企業來說，沒有艱苦奮鬥精神作為支撐，該企業是難以長久生存的。由樂顯揚建立於中國清朝康熙八年（1669 年）的同仁堂，自創辦到公私合營，經營時間 300 多年，傳承 10 代。在這 300 多年的發展中，樂家及同仁堂至少有上百年時間處於常常遭遇經營困境的情況。由於家族企業本身的艱苦奮鬥等優勢，同仁堂能夠頑強地活了下來。

可以肯定地說，不管是國家還是企業，艱苦奮鬥都是取得勝利的一個關鍵因素。2002 年 12 月 6 日，胡錦濤總書記在西柏坡發表的演講中談道：「中華民族歷來以勤勞勇敢、不畏艱苦著稱於世。我們的古人早就講過，『艱難困苦，玉汝於成』，『居安思危，戒奢以儉』，『憂勞興國，逸豫亡身』，『生於憂患，死於安樂』，等等。這些警世名言，今天對我們依然有著重要的啟示作用。歷史和現實都表明，一個沒有艱苦奮鬥精神做支撐的民族，是難以自立自強的；一個沒有艱苦奮鬥精神做支撐的國家，是難以發展進步的。」

同樣，一個沒有艱苦奮鬥精神做支撐的企業，也是難以長久生存的。在華為，任正非多次在內部會議上強調艱苦奮鬥的重要性。任正非介紹說：「我們現在有些幹部、員工，沾染了『嬌驕』二氣，開始樂於享受生活，放鬆了自我要求，怕苦怕累，對工作不再兢兢業業，對待遇斤斤計較，這些現象大家必須防微杜漸。不能改正的幹部，可以開個歡送會。全體員工都可以監督我們隊伍中是否有人（尤其是幹部）懈怠了，放棄了艱苦奮鬥的優良傳統，特別是對我們高層管理者。我們要尋找更多志同道合、願意與我們一起艱苦奮鬥的員工加入我們的隊伍。我們要喚醒更多的幹部員工意識到艱苦奮鬥的重要意義，以艱苦奮鬥為榮。」

在任正非看來，華為不僅強調勤奮，也強調巧幹。這就是要透過堅持不懈的管理改進和能力提升，提高華為的工作效率和人均效益。這些年來，華為一直在流程、組織、IT 建設等方面持續地變革和優化，努力推動管理改革，取得了不錯的效果。不過，華為與歐美的跨國企業相比，在全球化管理體系的成熟度和管理者自身經驗和能力上，仍然存在巨大的明顯差距。

為此，任正非形象地說：「我們從青紗帳裡出來，還來不及取下頭上包著的白毛巾，一下子就跨過了太平洋；腰間還掛著地雷，手裡提著盒子炮（C69 手槍），一下子就掉進了 TURNKEY（一站式方案）工程的大窟窿裡……我們還無法做到把事情一次做正確，很多工作來不及系統思考就被迫匆匆啟動。」

任正非有這樣的看法，源於華為管理效率不高，這就造成了華為壓力大、負荷重。面對殘酷的國際競爭，任正非坦言：「我們必須提升對未來客戶需求和技術趨勢的前瞻力，未雨綢繆，從根本上扭轉我們作為行業的後進入者所面臨的被動挨打局面；我們必須提升對客戶需求理解的準確性，提高打中靶心的成功率，減少無謂的消耗；我們還要加強前端需求的管理，理性承諾，為後端交付爭取到寶貴的作業時間，減少不必要的急行軍；我們要提升在策劃、技術、交付等各方面的基礎累積，提升面對快速多變的市場的準備度和響應效率。我們做任何事情都有好的策劃，謀定而後動，要善於總結經驗教訓並在組織內傳播共享。」

任正非補充道：「我們始終認為華為還沒有成功，華為的國際市場開拓剛剛有了起色，所面臨的外部環境比以往更嚴峻。全球超過 10 億使用者使用華為的產品和服務，我們已經進入了 100 多個國家，在海外很多市場，我們剛爬上潮間帶，隨時會被趕回海裡；網路和業務在轉

型，客戶需求正發生深刻變化，產業和市場風雲變幻，我們剛剛累積的一些技術和經驗又一次面臨自我否定。在這歷史關鍵時刻，我們決不能分心，不能動搖，不能因為暫時的挫折、外界的質疑，動搖甚至背棄自己的根本。否則，我們將自毀長城，全體員工十八年的辛勤勞動就會付諸東流。無論過去、現在，還是將來，我們都要繼續保持艱苦奮鬥的作風。」

　　究其原因，華為作為一個正在海外開拓征途中的中國高科技企業，其歷程注定是艱難的，但是意義也將是非同尋常的。為此，任正非說道：「幸福不會從天降，全靠我們來創造，天道酬勤。」

第四部分
管理與服務必須靠自己去創造

　　人才、技術、資金是可以引進的,管理與服務是引進不來的,必須靠自己去創造。沒有管理,人才、技術、資金形不成力量;沒有服務,管理沒有方向。

—— 華為創始人任正非

第 11 章

建立一系列以客戶為中心、以生存為底線的管理體系

在中國諸多企業家看來，企業的生命就是企業家的生命。這是因為，在中國，很多時候，一旦企業家的生命結束了，企業的生命很快也結束了。就是說，中國企業的生命就是企業家的生命，企業家死亡以後，這個企業就不再存在，因為企業家是企業之魂。

對於這樣的思維，任正非是批判的，任正非告誡中國企業家說：「一個企業的魂如果是企業家，這個企業就是最悲慘、最沒有希望、最不可靠的企業。如果我是銀行，絕不給這個企業貸款。為什麼呢？說不定明天企業家坐的飛機就掉下來了，你怎麼知道不會掉下來呢？因此，我們一定要講清楚企業的生命不是企業家的生命，如何讓企業的生命不是企業家的生命？就是要建立一系列以客戶為中心、以生存為底線的管理體系，而不是依賴於企業家個人的決策制度。這個管理體系在進行規範運作的時候，企業之魂就不再是企業家，而變成了客戶需求。客戶是永遠存在的，這個魂是永遠存在的。」

「華為的魂是客戶，只要客戶在，華為的魂就永遠在，誰來當老闆都一樣。如果把公司寄託在一個人的管理上，這個公司是非常危險、非常脆弱的。」

在《華為的紅旗能打多久》一文中，任正非就引用了孔子的「子在川上曰，逝者如斯夫」。任正非就將管理比喻為「長江一樣，我們修好

堤壩，讓水在裡面自由流動，管它晚上流、白天流。晚上我睡覺，但水還自動流。水流到海裡面，蒸發到空氣中，形成降雪落在山上，又化成水，流到長江，長江又流到海裡，海水又蒸發。這樣循環多了以後，就忘了在岸上還說『逝者如斯夫』的那個『聖者』，它忘了這個『聖者』，只管自己流。這個『聖者』是誰？就是企業家。企業家在這個企業沒有太大作用的時候，就是這個企業最有生命的時候。所以企業家還具有很高威望，大家都很崇敬他的時候，就是企業最沒有希望、最危險的時候。所以我認為華為的總體商業模式，就是產品發展的路標是客戶需求，企業管理的目標是流程化組織建設。同時，牢記客戶永遠是企業之魂」。[091]

在任正非看來，「華為的魂是客戶，只要客戶在，華為的魂就永遠在，誰來當老闆都一樣。如果把公司寄託在一個人的管理上，這個公司是非常危險、非常脆弱的。華為已經實現了正常的自我循環和執行，這是使華為的未來更有希望的關鍵一點」。

究其原因，在國際市場拓展中，華為不同於自己的競爭對手，由於地緣政治等原因，在海外的市場拓展相對較為艱難，即使如今憑藉強大的研發能力開拓市場也面臨一些美國政客的詆毀。

不得已，華為透過「清洗鹽鹼地」，以及開拓「雞肋市場」，最終形成自己的「睡蓮」狀的國際化策略。華為憑藉自己的「以客戶為中心」的策略，贏得尼泊爾的認可，即使是面對地震，華為工程師也在第一時間趕赴現場恢復通訊。

2015 年 4 月，時任華為東南亞地區部副總裁沈惠豐在社群網路介紹了華為相關工作人員在尼泊爾震後恢復通訊網路，以及搶修的詳細情

[091] 任正非：〈華為的紅旗到底能打多久〉，《IT 經理世界》1998 年第 19 期。

況。沈惠豐說道：「我司駐尼泊爾員工全部安全，正在第一時間冒著危險努力協助客戶恢復網路。希望我們的努力能夠讓焦急的人們盡快聯繫到親人……」

2015 年 4 月 25 日 14 時 11 分，尼泊爾發生 8.1 級地震，震源深度 20 公里。此次強震造成 876 人死亡。面對地震災情，華為在第一時間開始搶修和恢復通訊。在地震發生後，華為尼泊爾代表處積極做出響應。工程師們不顧不斷發生餘震的危險，在 20 分鐘內趕到尼泊爾最大的電信營運商 —— Ncell 的中心機房，協同 Ncell 保障通訊暢通，同時還爭分奪秒地搶修通訊線路。

在接受央視網記者郭城採訪時，沈惠豐說道：「在一線參與通訊搶修的工程師就有 80 名，大家已連續奮戰 20 餘個小時，顧不上吃飯，和 Ncell 奮鬥在一線。當前工作的重點就是故障處理、數據備份、保障網路品質、計費系統放費和配合營運商做失聯人員位置確認等。」

據沈惠豐介紹，地震後，Ncell 在搶險時，Ncell 的技術長焦急地問，哪家通訊設備業者的服務團隊在場，Ncell 技術長發現竟然只有華為。

據了解，Ncell 是尼泊爾最大的電信營運業者，該公司隸屬歐洲跨國營運商特利亞電信（Telia Sonera）。亞通集團（Axiata Group Berhad）耗資 13.65 億美元併購 Reynolds 控股，進而得到 80％的 Ncell 股權。亞通集團在文告介紹稱，作為尼泊爾最大電信營運商的 Ncell，在南亞市場擁有專業人才、良好的紀錄，同時有意為尼泊爾當地提供服務。

此外，來自中國廣東、西藏、北京的華為工程師，以及泰國、印度等尼泊爾周邊國家的 300 多位華為工程師也直接參與支持、保障、響應工作。

　　在此次通訊恢復中，華為工程師們透過社群網路，組建了華為「客戶網路保障工作組」「人員安全保障工作組」「尼泊爾抗震救災指揮部」和「後勤保障」等多個專案組，有效地支援前方，響應時間非常快速。

　　與此同時，華為總部、泰國和尼泊爾一線聯合技術保障團隊配合，緊急協助客戶疏導話務擁塞，搶修通訊設備，最終保持了通訊網路的基本通暢，讓災區的人們能夠第一時間聯繫到親人，這也是為什麼此前不少媒體能夠順利發出尼泊爾地震災情和賑災搶險等新聞訊息的重要原因。[092]

　　在這場人與大自然的爭鬥中，華為工程師毫不退縮。沈惠豐介紹說：「華為作為在尼泊爾市場占有率超過 70% 的通訊設備公司，第一時間組建公司總部、東南亞地區部和代表處的聯合網路搶險專案組，緊急協調通訊專家和通訊搶險設備投入搶險工作中。」

　　在接受央視網記者郭城採訪時，沈惠豐說道：「地震後話務量一度超過平時 4 倍！Ncell 一個位於震區核心區的機房油機備油僅夠用 2 天，核心機房兩個電池油機備電也僅夠 12 ～ 16 小時，不過核心機房目前尚有市電。面對部分通訊基站柴油能源緊張，華為正在加緊調派能源柴油、衛星電話等救援物資。」

　　正是憑藉豐富的危機保障經驗和優良的裝置效能，華為幫助客戶保障了遭遇地震、颱風等自然災害時的正常通訊。時任華為全球技術服務總裁梁華在接受央視網記者郭城採訪時說道：「即使在最極端的條件下，華為都要竭盡全力保障網路的穩定執行，履行華為作為通訊人的天職。這是道義上的責任，它遠遠超過商業上的責任。」

---

[092] 郭城：《中國華為 80 名工程師搶修尼泊爾震後通訊》，央視網，2015 年 4 月 26 日，http：//news.cntv.cn/2015/04/26/ARTI1430033911558635.shtml，訪問日期：2021 年 6 月 10 日。

　　華為之所以把「以客戶為中心」放到首位，是因為這樣可以解決華為核心管理層的人員傳承和疊代問題。正因為如此，華為贏得郭城的高度評價：「作為全球通訊市場占有率第一的供應商，華為公司承擔著越來越多的企業社會責任，特別是在遭遇地震、海嘯等自然災害和其他突發事件時，這是網路裝置製造業最終的社會責任。多年來，在印尼海嘯、汶川地震、雅安地震、日本福島核洩漏、智利大地震等重大危急時刻，華為的隊伍始終向人流的反方向前進，始終堅持和客戶一起堅守現場，快速響應積極恢復通訊，累積了豐富的經驗，建立了完善成熟的業務連續性管理（Business Continuity Management，BCM）體系。該體系包括應對地震、戰爭等 10 個典型場景的突發事件應急預案（IMP），從交付、採購、製造、供應鏈等領域，保證在重大突發事件發生後，協助客戶快速恢復和保障網路的持續執行，承擔著企業公民的社會責任。」[093]

　　「權力不在我手上，權力在公司的流程裡，我可以講講我的想法和看法，但不影響決策和規畫。」

　　2019 年，華為遭遇非常嚴厲的打壓，但是在華為人竭力「補洞」的同時，堅持「以客戶為中心」，贏得了客戶的認可和支持。2020 年 3 月 2 日，通訊行業著名的市場調查公司德羅洛（Dell' Oro）集團釋出 2019 年全球電信裝置市場分析報告顯示，市場占有率增加的企業是中興，華為和愛立信的市場占有率不變，而 Nokia 和思科的市場占有率下降。

　　此外，德羅洛集團還釋出了全球前五名供應商 2019 年市場占有率：華為 28％（2018 年為 28％），Nokia16％（2018 年為 17％），愛立信 14％（2018 年為 14％），中興 10％（2018 年為 8％）和思科 7％（2018 年為 8％），見圖 11-1。

[093] 郭城：《中國華為 80 名工程師搶修尼泊爾震後通訊》，央視網，2015 年 4 月 26 日，http：//news.cntv.cn/2015/04/26/ARTI1430033911558635.shtml，訪問日期：2021 年 6 月 10 日。

全球電信設備市場情況

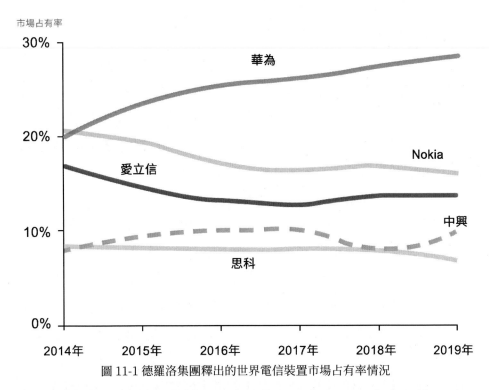

圖 11-1 德羅洛集團釋出的世界電信裝置市場占有率情況

　　根據圖 11-1 所示，華為 2019 年市場占有率與 2018 年相比持平，同樣持平的還有愛立信，中興的市場占有率有一定增長，而 Nokia 和思科的市場占有率卻出現了下降。華為之所以能夠保持這樣的業績，源於自身的「以客戶為中心」的管理體系。

　　2003 年，在題為「在理性與平實中存活」的內部演講中，任正非就談過此問題。17 年後，任正非再次重申了這個觀點。2020 年 4 月 22 日上午，《龍》雜誌總編輯賈正以「任總，我讀過您撰寫的很多關於華為的文章，類似《華為的紅旗到底能打多久》，我想知道，如果有一天華

為邁入『後任正非』時代，傳承了 33 年的企業文化基因會改變嗎？您對華為的未來 10 年甚至更長期的發展，有怎樣的規劃？」為提綱採訪了任正非。

任正非一方面對之前不再擔任分公司董事職務進行回應，另一方面也介紹了華為的權力在流程而非個人。任正非說道：「我在與不在都不會有什麼影響，華為一樣會如往常前進。我現在也影響不了華為，我在華為是沒有權力的人。權力不在我手上，權力在公司的流程裡，我可以講講我的想法和看法，但不影響決策和規劃。」[094]

任正非之所以這樣認為，是因為他理解了美國的制度優勢。2020 年 3 月 24 日，任正非接受《南華早報》商業財經新聞主編鄭尚任採訪時再次回應了這個問題。任正非說道：「我們從一開始就認為美國很強大，認真向矽谷的公司學習他們是如何奮鬥的，我們是努力奮鬥走過來的。美國的法制也很健全，我們也努力學習美國的法制，如何能夠使自己公司規範；美國的三權分立也很妥善，我們公司要避免一個人說了算。這些都是促成我們公司今天良好發展的基礎。在我們發展的過程中，沒有任何里程碑的事件，如何走到今天，我們也是糊里糊塗的，也可能糊里糊塗走到明天。總之，任何時候不放棄自我努力、不放棄自我批判。我們公司最大的優點就是自我批判，找個員工讓他說他哪裡做得好，他一句話都講不出來，但是讓他說自己哪裡不行，他可以說得滔滔不絕。因為管理團隊只要講自己好，就會被轟下臺；只要講自己不好，大家都會理解，越講自己不好的人可能是越優秀的人。只要他知道自己不好，就一定會改，這就是華為的文化——『自我批判』。美國就是自我批判的典

[094]《龍》雜誌：《任正非接受〈龍〉雜誌總編獨家專訪》，中國青年網，2020 年 4 月 24 日，https://t.m.youth.cn/transfer/index/url/news.youth.cn/jsxw/202004/t20200424_12302466.htm，訪問日期：2021 年 6 月 10 日。

範，美國電影情節從來都設定美國政府會輸。現在美國一邊彈劾川普，一邊讓他幹工作，這就是自我糾偏機制。我們要學習這些機制，不能讓一個人說了算，否則公司將來就很危險。美國哪一點好，我們就學習哪一點，不至於與我們的感情有衝突，這沒關係。」[095]

---

[095] 華為：《任正非接受〈南華早報〉採訪：我們一直在做 6G，與 5G 同步》，觀察者網，2020 年 5 月 11 日，https://www.guancha.cn/politics/2020_05_11_549984.shtml，訪問日期：2021 年 6 月 10 日。

第 12 章

沒有自我批判，就會陷入以自我為中心

2018 年 1 月 17 日，在「燒不死的鳥是鳳凰，在自我批判中成長」專題上，任正非發表了題為「從泥坑中爬起來的是聖人」的演講。

相比 10 年前的演講，其標題幾乎相同（2008 年 9 月 2 日在核心網產品線表彰大會上的演講）。但是兩篇演講「不同的是，10 年前，我們做自我批判，是為了生存，是為了認真聽清客戶的需求，是為了用生命的微光點燃團隊的士氣，是為了打破游擊隊、土八路的局限和習性，是為了不掉入前進道路上遍布的泥坑、陷阱中；而 10 年後的今天，我們做自我批判，是為了創造一個偉大的時代，是為了成為一個偉大的戰士，是為了開動航母，是為了踐行人生的摩爾定律」。[096]

對此，任正非告誡華為人說：「如果我們沒有堅持這條原則，華為絕不會有今天。沒有自我批判，我們就不會認真聽清客戶的需求，就不會密切關注並學習同行的優點，就會陷入以自我為中心的陷阱，必將被快速多變、競爭激烈的市場所淘汰。」

「從 HJD48 的模擬 PBX 交換機研發開始，到 JK1000，再到 A 型機、C 型機、B 型機，128、201 校園卡，A8010，無一不是在不斷地優化改進自己的昨天。」

---

[096] 任正非：《任正非談自我批判：不是自卑 只有強者才會自我批判》，新浪網，2019 年 10 月 5 日，http：//finance.sina.com.cn/stock/t/2019-10-05/doc-iicezzrr0174496.shtml，訪問日期：2021 年 6 月 10 日。

在華為，一切產品研發、設計策略都必須遵循「以客戶為中心」，否則就可能形成「以我為中心」的產品研發、設計格局，結果可想而知。

當任正非看到華為潛在的風險時，不得不呼籲華為人實行自我批判。任正非說道：「二十多年的奮鬥實踐，使我們領悟了自我批判對一個公司的發展有多麼重要。如果我們沒有堅持這條原則……必將被快速多變、競爭激烈的市場所淘汰；沒有自我批判，我們面對一次次的生存危機，就不能深刻自我反省、自我激勵，用生命的微光點燃團隊的士氣、照亮前進的方向；沒有自我批判，我們就會故步自封，不能虛心吸收外來的先進東西，就不能打破游擊隊、土八路的局限和習性，把自己提升到全球化大公司的管理境界；沒有自我批判，我們就不能保持內斂、務實的文化作風，就會因為取得的一些成績而少年得志、忘乎所以，掉入前進道路上遍布的泥坑、陷阱中；沒有自我批判，就不能剔除組織、流程中的無效成分，建立起一個優質的管理體系，降低運作成本；沒有自我批判，各級幹部不講真話，聽不進批評意見，不學習不進步，就無法保證做出正確決策和切實執行。只有長期堅持自我批判的人，才有廣闊的胸懷。」[097]

任正非解釋道：「只有長期堅持自我批判的人，才有廣闊的胸懷；只有長期堅持自我批判的公司，才有光明的未來。自我批判讓我們走到了今天；我們還能向前走多遠，取決於我們還能繼續堅持自我批判多久。別人說我很了不起，其實只有我自己知道自己，我並不懂技術，也不懂管理及財務，我的優點是善於反省、反思，像一塊海綿，善於將別人的優點、長處吸收進來，轉化成為自己的思想、邏輯、語言與行為。孔子

---

[097] 任正非：《從泥坑裡爬起來的人就是聖人》，搜狐網，2016 年 12 月 6 日，https：//www.sohu.com/a/120764692_205354，訪問日期：2021 年 6 月 10 日。

管理與服務必須靠自己去創造

尚能一日三省，我們又不是聖人，為什麼做不到呢？」[098]

　　為了讓華為人警醒，任正非回顧華為創業二十多年的經驗教訓。任正非說道：「回顧核心網二十年的歷史，我們一直是在自我批判中前進的。從 HJD48 的模擬 PBX 交換機研發開始，到 JK1000，再到 A 型機、C 型機、B 型機，128、201 校園卡，A8010，無一不是在不斷地優化改進自己昨天的產品。沒有昨天，就沒有今天，在對錯誤、落後進行批判的同時，我們也自我陶冶，培養了一批有奮鬥精神的英雄。但對真理的認識是反覆的，由於我們過去在程控交換機上的成功，我們在下一代產品的規劃上偏離了客戶需求。2001 年底我們用 iNET 應對軟交換的潮流，中國電信選擇了包括愛立信、西門子、朗訊、阿爾卡特、中興在內的五家做實驗，華為被排除在門外，遭受了重大挫折。GSM 的 MSC 從 G3 到 G6 一直沒有市場突破。UMTS V8 也遭遇失敗。3G 電路域核心網、PS 分組域和 HLR 長期投入沒有回報，短期也沒有抓住機會……我們在核心網路上面臨著嚴冬。當我們意識到錯誤，在 NGN（下一代網路）上重新站起來後，我無數次去北京，仍然得不到一個試驗的機會。我們提出在華為坂田基地試驗的要求也沒有得到同意。我們為我們偏離客戶需求、故步自封、以我為中心付出了多少沉重代價。當然，我們最終得到中國電信的寬容，才使我們在中國的土地上，重新站起來。」[099]

　　正因為如此，任正非才認為，自我批判是無止境的，就如活到老學到老一樣，學到老就是自我批判到老，學了幹什麼，就是使自己進步。進步就是改正昨天的不正確。任正非反思說道：「當我們在 NGN 上重獲

[098] 任正非：《從泥坑裡爬起來的人就是聖人》，搜狐網，2016 年 12 月 6 日，https：//www.sohu.com/a/120764692_205354，訪問日期：2021 年 6 月 10 日。
[099] 任正非：《從泥坑裡爬起來的人就是聖人》，搜狐網，2016 年 12 月 6 日，https：//www.sohu.com/a/120764692_205354，訪問日期：2021 年 6 月 10 日。

成功的時候，我們 G9 在泰國 AIS 再次摔了大跟頭，被退網。HLR 在泰國和中國雲南的『癱局』，又一次敲響警鐘。沒有自我批判的習慣，就不會有我們在中國移動的 T 局交付上取得的成功。對沙烏地阿拉伯 HAJJ 的保障，使自我批判的成果走向輝煌，改變了世界通訊技術發展的歷史，也改變了我們核心網路的發展方向。自此以後，我司核心網路席捲全球，到 2008 年 6 月 30 日止，有線核心網路銷售了 2.8 億線；GU 核心網銷售了 8.3 億使用者；CDMA 核心網 1.5 億使用者。其中移動核心網路新增市場占有率 43.7%；固定核心網路新增市場占有率為 24.3%，均為世界第一。」

在產品改進方面，除了華為，日本的花王株式會社（Kao Corporation）也在改進自己的產品。成立於 1887 年的花王，擁有 130 多年的歷史，總部位於日本東京都中央區日本橋茅場町。

花王的前身是 1887 年 6 月開業的長瀨商店，該商店由長瀨富郎創辦，位於日本東京都日本橋馬喰町，主要經營一些進口的婦女日用品。1890 年後，長瀨商店開始販賣洗臉用的高級肥皂，取名為「花王石鹼」。[100] 而今，花王擁有員工約 33,000 人。在東京日用化學品市場上，花王有較高的知名度，其產品包括美容護理用品、健康護理用品、衣物洗滌及家居清潔用品及工業用化學品等。[101]

然而，大多數人可能不知道，花王從肥皂開始，產品逐漸涉及洗髮液、洗衣粉及食用油，等等。花王一直從事家庭日用品的製造，其中很多產品是經過反覆更新的，花王以小幅改良的老牌產品為消費者所熟知。

---

[100] 吳潤榮：〈花王石鹼公司〉，《現代化工》1985 年第 6 期。
[101] 王紫薇：〈花王的商品開發〉，《財訊》2017 年第 31 期。

花王的業績能夠長達 24 年連續成長，其實是花王經營者不斷地改良產品，讓產品跟上時代，有時也要做出痛苦的經營抉擇。在 10 多年前，花王經營者決定裁掉營業收入達 800 億日元的磁片業務。這樣的策略讓媒體和研究者大吃一驚。

媒體和研究者吃驚的原因是，在當時，花王的磁片業務市場占有率位居世界第一。然而，隨著光碟機等新記錄媒體的陸續普及，導致磁片業務的收益日益減少。對此，花王的社長尾崎元規在接受日本放送協會記者採訪時坦言：「因為這項業務超出了日用品範圍，因此我們將其放棄了。我們重新把重點集中於家庭日常用品，花王的歷史，就是從清潔的、美的東西開始的，就公司的成長過程和目標而言，磁片與此格格不入，所以我們要重返初衷，在策略收縮上取得了共識。」

為什麼花王在策略收縮後業績依然維持成長呢？這家長壽企業的優勢是什麼呢？

其實，花王的很多商品獨占市場鰲頭，清潔劑的市場占有率達四成以上、漂白劑的市場占有率達七成以上。長年占據市場領先地位的背後是花王創業以來從未間斷過的去汙研究。

對於改良，尾崎元規說，自創業以來，花王從未間斷過對去汙技術的研究，每天都要蒐集員工制服的衣領，對洗衣粉的洗淨能力反覆試驗。花王透過對比試驗，觀察新產品和舊產品去汙能力有何不同，以此對洗衣粉的洗淨能力做出評價。

事實上，作為日用品的洗衣粉，市場競爭十分激烈，技術發展非常迅速。因此，即便是一點點的、不間斷的改良也非常重要。一點點的、一步步不間斷的改良就能夠提高市場占有率。比如，1987 年上市的洗衣粉已經改良過 20 多次了。花王改良的目的是用更少量的洗衣粉將衣服洗

得更乾淨，儘管牌子都是一樣的，但是產品在不斷改進。

對此，花王集團社長尾崎元規在接受日本放送協會記者採訪時坦言：「周圍環境與時代一起在變化，即使現在很好，環境一變，是否還能維持呢？這就很難說了，要保持信心，時刻臨機應變，對於我們的經營是非常基本和重要的。」

在 1890 年，花王最初的商品是洗臉用的肥皂，其產品賣點的定位是優良的品質。日本當時生產的肥皂非常粗劣，而日本平民通常用其洗濯衣物。然而，花王生產的肥皂卻可以用來洗臉，所以花王生產的肥皂大受日本消費者的歡迎。

花王創造了顧客需求，日本消費者開始用肥皂洗臉，這個習慣由此得以推廣。儘管花王取得了階段性勝利，但是花王第二代社長為鞭策因暢銷而驕傲自滿的員工，說：「現在的花王肥皂，究竟是否為無與倫比的優良品，已成完美無缺的肥皂了呢？我們生產的肥皂仍然有改良的餘地，即使一點點，也要不斷改良。」

在花王第二代社長看來，即使是優良的產品，也有改的可能。從花王第二代社長開始，花王肥皂的改良延續了百年。

在花王公司，歷代社長都在強調和倡導持久改良的作用。歷代社長強調，即使是成熟的產品，也有改良的餘地；即使是新產品，必須改良的地方也會不斷出現。在 30 年前，花王率先開設了消費者服務中心，按照消費者提出的合理建議改良商品。

為了更好地改良產品，花王工作人員每天從三百餘條建議和投訴中尋找商品改良的要點。在產品開發會議中，必須有消費者服務中心的成員參加，甚至沒有消費者服務中心工作人員的同意，新產品就不能上市。

管理與服務必須靠自己去創造

花王持之以恆地不斷改良，其產品已經深入人心，從而使得消費者更加信賴花王。花王的生存和發展源於不斷地改良，只有不斷改良，花王的產品才能跟得上時代，才能占據更多的市場份額，才能把競爭對手甩在後面，這便是這家長壽企業的哲學。

「把研發中那些因為工作不認真、測試不嚴格、盲目創新等產生的呆死料單板、裝置和那些為了去『網上救火』產生的機票，用相框裝裱起來，作為『獎品』發給研發系統的幾百名骨幹。」

華為一直都在自我批判，這樣做的目的「也不是要大家專心致志地閉門修身養性，或者大搞靈魂深處的革命，而是要求大家不斷去尋找外在更廣闊的服務對象，或者更有意義的奮鬥目標，並且落實到行動上」。

任正非直言：「擔負時代命運的責任，已經落到了我們肩上，我們還有什麼個人的小想法不能放下。任何一個時代的偉大人物都是在磨難中百鍊成鋼的。礦石不是自然能變成鋼的，是要在烈火中焚燒去掉雜質的。思想上的煎熬、別人的非議都會促進爐火熊熊燃燒。缺點與錯誤就是我們身上的雜質，去掉它，我們就能變成偉大的戰士。在偉大時代的關鍵歷史轉折，我們要跟上去，勇擔責任、重擔，向著光明，向著大致正確的方向前進，身為偉大公司的一員，光榮、自豪。永遠不要忘記自我批判，摩爾定律的核心就是自我批判，我們就是要透過自我批判、自我疊代，在思想文化上昇華，步步走高，去實踐人生的摩爾定律。」[102]

任正非的理由是，「跌倒算什麼，爬起來再戰鬥，我們的青春熱血，萬丈豪情，譜就著英雄萬古流。偉大的時代是我們創造的，偉大的事業是我們建立的，偉大的錯誤是我們所犯的，缺點人人都有……改正它、丟掉它，朝著方向大致正確，英勇前進，我們一定能登頂聖母峰。我們

---

[102] 任正非：《燒不死的鳥是鳳凰，在自我批判中成長》，搜狐網，2018 年 1 月 8 日，https：//www.sohu.com/a/217571877_366458，訪問日期：2021 年 6 月 10 日。

面臨的時代空前偉大，資訊社會、智慧社會我們還根本不能想像，華為剛啟航的航母正需要成千上萬英雄划槳」。[103]

任正非解釋稱：「因為無論你內心多麼高尚，個人修煉多麼超脫，別人無法看見，更是無法衡量和考核的。我們唯一能看見的是你在外部環境中所表現的態度和行為，並透過竭盡全力地服務於它們和實現它們，使我們收穫一個幸福、美好、富有意義的人生。」

任正非舉例補充道：「核心網路產品線提出做全球核心網領導者，我支持。定位決定地位，眼界決定境界。希望核心網路產品線不要躺在暫時的成功上，要立足現實和未來，不斷迎接挑戰，堅持自我批判，堅持持續改進，堅持『統一架構，統一平臺，客戶化定製』的策略，在核心競爭要素上持續構築領先優勢，追求做到業界最佳。」

當然，任正非之所以告誡華為人要自我批判，一個重要的原因就是認真了解客戶的需求，而不是以我為中心。任正非舉例說道：「在座的老員工應該記得，2000 年 9 月 1 日下午，整整八年前，也是在這個會場，研發體系組織了幾千參加了『中研部將呆死料作為獎金、獎品發給研發骨幹』的大會。把研發中由於工作不認真、測試不嚴格、盲目創新等產生的呆死料單板、裝置和那些為了去『網上救火』產生的機票，用相框裝裱起來，作為『獎品』發給研發系統的幾百名骨幹。當時研發體系來徵求我對大會的意見，我就把『從泥坑裡爬起來的人就是聖人』這句話送給他們。我想，八年前的自我批判大會和八年後的這個表彰大會，是有內在的前因後果的。正是因為我們堅定不移地堅持自我批判，不斷反思自己、不斷超越自己，才有了今天的成績，才有了在座的幾千位聖人。」[104]

[103] 任正非：《燒不死的鳥是鳳凰，在自我批判中成長》，搜狐網，2018 年 1 月 8 日，https：// www.sohu.com/a/217571877_366458，訪問日期：2021 年 6 月 10 日。

[104] 任正非：《從泥坑裡爬起來的人就是聖人》，搜狐網，2016 年 12 月 6 日，https：//www.sohu. com/a/120764692_205354，訪問日期：2021 年 6 月 10 日。

　　其實，華為這樣的做法並非一時興起，而是一種文化。在 2013 年市場大會「優秀小國表彰會」上，任正非給徐文偉、張平安、陳軍、余承東、萬飚頒發了一項特殊的表彰 ── 「從零起飛獎」。

　　所謂「從零起飛獎」，就是這些獲獎的人員 2012 年年終獎金為「零」。2013 年 1 月 14 日，華為召開了 2013 年市場大會。在「優秀小國表彰會」上，華為一如既往地對取得優秀經營成果的小國辦事處進行隆重表彰。共有 11 個小國辦事處因此獲得二等獎，9 個小國辦事處獲得一等獎，2 個小國辦事處獲得特等獎，同時還分別頒發了獎盤、獎牌和高額獎金。

　　與以往不同的是，此次表彰會設立了一項特殊的表彰 ── 「從零起飛獎」。頒發「從零起飛獎」的用意是，在過去的一年裡，有一些團隊雖然經歷奮勇打拚，取得重大突破，但是其結果並不盡如人意。在這樣的背景下，沒有取得理想業績的團隊負責人實踐「不達底線目標，團隊負責人零獎金」的承諾。

　　其後，主持人李傑宣布，「從零起飛獎」獲獎人員為：徐文偉、張平安、陳軍、余承東、萬飚，獲獎的人員 2012 年年終獎金為「零」。

　　實際上，在過去的一年裡，華為終端公司取得了較大的進步，企業業務集團也在重大專案上屢屢突破。在此次「授勳」大會上，這些領導者自願放棄獎金，意味著他們將來會有更大的起飛。

　　據了解，華為 2012 年營業收入僅僅差 2 億多元的任務沒有完成。按制度規定，此次輪值 CEO 郭平、胡厚崑、徐直軍，CFO 孟晚舟，還有片聯總裁李傑，包括任正非和孫亞芳，都沒有年度獎金，即 2012 年年終獎金為「零」。

　　2013 年 4 月 8 日，根據華為釋出的 2012 年年報資料顯示，實現營業收入人民幣 2,201.98 億元，年增率增加 8.0%[105]，見表 12-1。

表 12-1 華為 2008—2012 年營業收入數據

單位：百萬元人民幣

項目	2012 年（百萬美元）	2012 年	2011 年	2010 年	2009 年	2008 年
營業收入	35,353	220,198	203,929	182,548	146,607	12,308
營業利潤	3,204	19,957	18,582	30,676	22,241	17,076
營業利潤率	9.1%	9.1%	9.1%	16.8%	15.2%	13.9%
淨利潤	2,469	15,380	11,647	24,716	19,001	7,891
經營活動現金流	4,009	24,969	17,826	31,555	24,188	4,561
現金與短期投資	11,503	71,649	62,342	55,458	38,214	24,133
營運資本	10,155	63,251	56,728	60,899	43,286	25,921
總資產	33,717	210,006	193,849	178,984	148,968	119,286
總借款	3,332	20,754	20,327	12,959	16,115	17,148
所有人權益	12,045	75,024	66,228	69,400	52,741	37,886
資產負債率	64.3%	64.3%	65.8%	61.2%	64.6%	68.2%

* 美元金額折算採用 2012 年 12 月 31 日匯率，即 1 美元兌 6.2285 元人民幣

[105] 華為：《華為投資控股有限公司 2012 年年度報告》，華為官方網站，2014 年 3 月 31 日，https：//www.huawei.com/cn/annual-report，訪問日期：2021 年 6 月 10 日。

年報顯示，2012 年，華為構築的全球化均衡布局使公司在營運商網路業務、企業業務和消費者業務領域，均獲得了快速健康的發展[106]，見表 12-2。

表 12-2 營運商網路業務、企業業務和消費者業務領域營業收入比例

單位：百萬元人民幣

類型	2012 年	2011 年	年增率變動
營運商網路業務	160,093	149,975	6.7%
企業業務	11,530	9,164	25.8%
消費者業務	48,376	44,620	8.4%
其他	199	170	17.1%
合計	220,198	203,929	8.0%

在海外市場，達到華為整體營業收入的 66.59%。在中國市場，華為實現營業收入 735.79 億元人民幣，年增率增加 12.2%，營運商業務仍保持了小幅增長，企業業務和消費者業務開始發力，特別是消費者業務成長超過 30%。

在歐洲、中東、非洲區域市場，「受益於專業服務的持續拓展，以及西歐、奈及利亞、沙烏地阿拉伯等地區和國家的基礎網路的快速增長」，華為實現營業收入人民幣 774.14 億元，年增率增加 6.1%。

在亞太區域市場，「受益於日本、印尼、泰國、澳洲等市場的發展，保持了良好的增長勢頭」，華為實現營業收入人民幣 373.59 億元，年增率增加 7.2%。

[106] 華為：《華為投資控股有限公司 2012 年年度報告》，華為官方網站，2014 年 3 月 31 日，https：//www.huawei.com/cn/annual-report，訪問日期：2021 年 6 月 10 日。

在美洲區域市場，受益於「拉丁美洲基礎網路增長強勁，北美洲消費者業務持續增長」，華為實現營業收入人民幣 318.46 億元，年增率增加 4.3%。[107] 上述資料，見表 12-3。

表 12-3 華為 2012 年區域市場營業收入比例

單位：百萬元人民幣

區域	2012 年	2011 年	年增率變動
中國	73,579	65,565	12.2%
歐洲、中東、非洲	77,414	72,956	6.1%
亞太	37,359	34,862	7.2%
美洲	31,846	30,546	4.3%
合計	220,198	203,929	8.0%

任正非在頒發「從零起飛獎」後，發表演講說：「我很興奮能給他們頒發了『從零起飛獎』，因為他們五個人都是在做出重大貢獻後自願放棄年終獎的，他們的這種行為就是英雄行為。他們的英雄行為和我們剛才獲獎的那些人，再加上公司全體員工的努力，我們除了勝利還有什麼路可走？未來人力資源政策的改進還會更加激勵我們。我們在講熱力學第二定律的時候，就是反覆說要拉開差距，現在人力資源政策剛剛在拉開差距，以後人力資源政策還會有進一步的改進，會讓優秀員工得到更多的鼓勵。」

「零獎金」的主要原因是消費者業務集團和企業業務集團的兩位 CEO 因為沒有達到年初的個人承諾，余承東等人主動放棄了高額獎金。同

[107] 華為：《華為投資控股有限公司 2012 年年度報告》，華為官方網站，2014 年 3 月 31 日，https：//www.huawei.com/cn/annual-report，訪問日期：2021 年 6 月 10 日。

時，華為此措施只針對核心管理層，員工不包括在內。相反，員工有著高達 125 億元的總獎金，比 2011 年增長了 38%。

2012 年，時值中國首架艦載戰鬥機「殲 -15」在遼寧號上首次起飛成功。擁有軍旅經歷的任正非，就選用了殲 -15 戰鬥機模型作為「從零起飛獎」的獎品。

其後，很多媒體解讀稱，可能是由於任正非也是軍人出身，看到殲 -15 飛鯊艦載機成功起飛與專案總指揮羅陽操勞犧牲後深有感觸。

這樣的觀點源於余承東在得獎後在其個人社群上發表「感言」：「華為也是這樣，玩命戰鬥，勇於挑戰。」

的確，殲 -15 的成功給余承東帶來希望，也是他當時的心境：「我的痛苦來自反對聲，很多不同的異議、很多噪聲，我的壓力非常大。」「華為手機這幾年的發展經歷其實不是戰勝任何一個友商的過程，而是一個戰勝自己的過程。」

對於華為的自我批判，任正非坦言，華為倡導自我批判，不是因為自卑，而是因為自信。只有強者才會自我批判，也只有自我批判才會成為強者。鑒於此，任正非說道：「我們勇於提出媒體閘道器 UMG，關鍵技術及市場世界第一的口號；PS、HLR 十年來不離不棄，持續奮鬥，已經構築了業界最強的產品競爭力；STP 從誕生到現在一直是信令網上效能最強、品質最好的產品。隨著整個核心網路的建設與平臺統一，核心網路競爭力將得到進一步的提升，所有核心網主力產品都提出了做到業界競爭力第一的目標。我也特別欣賞終端公司提出的，每次行業的變遷都會造就一個偉大的公司，如個人電腦的普及和興起造就了微軟；IP 基礎網路的部署造就了思科；網際網路搜尋和廣告成就了 Google。今天，我們又迎來了寬頻業務從固定網路向移動網路遷移，營運商加強

終端定製和轉售的行業變遷，我們相信這次的變遷同樣會造就一個偉大的公司，也許就是華為終端。那麼核心網路產品線如何辦呢？我們真誠地希望和在座的各位一起，共同把握這次歷史的機遇，創造一個新的傳奇！」[108]

---

[108] 任正非：《從泥坑裡爬起來的人就是聖人》，搜狐網，2016 年 12 月 6 日，https：//www.sohu.com/a/120764692_205354，訪問日期：2021 年 6 月 10 日。

第13章

低價競爭是華為過去走過的錯路

在很多外人看來，華為總是以低價贏得競爭的勝利，這樣的邏輯是有問題的。早在 2013 年，華為就放棄價格戰了。在〈任總和廣州代表處座談紀要〉中，任正非說道：「終端也沒有格局問題，都要以盈利為基礎穩健發展。在這種市場上，不能動不動就搞什麼價格戰，別老是想低價競爭的問題，這是歷史了，這是華為過去走過的錯路，要終止，否則我們就會破壞這個世界、破壞社會秩序了。我們還是要以優質的產品和服務打動客戶，價格戰、低價競爭是沒有出路的。」

任正非的觀點很明確，要想贏得客戶，只有提供極致的產品和服務，否則終將被客戶遺忘。

「華為將來在市場上的競爭不靠低價取勝，而是靠優質的服務取勝，這就需要依靠服務職業化來保證。」

2019 年，華為被美國列入「實體清單」，此舉被媒體視為是對華為有重大影響的一個代表性事件，然而華為仍毅立於世界市場。對此，一些研究者好奇地問任正非：「華為為什麼只用 30 多年就能夠成長為一個國際化企業，是不是靠低價策略？」

任正非回答說：「你錯了，我們是高價。」

對方又問：「那你們憑什麼打進了國際市場？」

任正非回答說：「我們是靠技術領先和產品領先打進國際市場的。而

這其中重要因素之一，就是數學研究在產品研發中造成的重要作用。」

在任正非看來，只有服務好客戶，才能贏得客戶的認可。2020 年 3 月 24 日，《南華早報》商業財經新聞主編鄭尚任在訪談中詢問任正非，「現在華為的業務遍布全球，您個人也跑過七大洲、五大洋，視察過所有你們在新興市場的業務，您個人覺得在哪個市場的開拓和發展最讓您覺得驕傲、最有成就感？哪個市場最有挫折感？」

任正非說道：「中國當然是最大的市場；在海外市場，成就感最大的是歐洲，基本所有的歐洲國家都很喜歡我們。我們在歐洲的崛起，也是公司改革的結果。歐洲有很多舊房子，街道很窄，不能修很多鐵塔，如果設備很重就會把舊房子壓塌，那怎麼辦呢？我們的無線系統 SingleR-AN 又輕又小、功率又強大，就這樣我們就進入了歐洲市場，從那時開始這個需求就越來越大。我們現在的 5G 基地臺也是目前世界上最輕的，只要一個人手提著就可以安裝，隨便掛在牆上、下水道上、電線桿上……就可以，很簡單。為什麼歐洲那麼多人喜歡我們的東西？因為我們能解決問題。」

任正非提到的無線系統 SingleRAN，就是華為獨創的分散式基地臺。正是憑藉分散式基地臺，華為贏得了沃達豐的認可。

2006 年，作為世界上最大的行動通訊網路公司之一的沃達豐，在西班牙市場的競爭中遇到了強勁的對手，甚至不敵西班牙電信業龍頭企業 —— 西班牙電信公司（Telefonica）。

不甘心就此落敗的沃達豐，毅然在困境中求生。於是，沃達豐想到了之前華為研發的分散式基地臺，以此來與對手正面競爭。

雖然此刻的沃達豐節節敗退，但是在華為面前，沃達豐依舊十分傲慢。沃達豐在與華為的談判中說道：「只有一次機會。」

管理與服務必須靠自己去創造

　　此刻的華為，為了提升歐洲市場的占有率，決定將其視為決定勝負的一戰。一旦分散式基地臺不能幫助沃達豐打敗對手，歐洲市場的拓展將更加艱難，甚至可能再也沒有華為的立足之地。

　　令人欣慰的是，幸運之神眷顧了華為。沃達豐憑藉華為提供的分散式基地臺技術，贏得客戶的認可，其技術指標已經超過西班牙電信公司。

　　在消費者中，很少有人知道，華為消費者業務集團的 CEO 余承東就是分散式基地臺的第一發明人。更不為人知的是，華為憑藉該技術，開啟歐洲通訊行業的利基市場，硬是在歐洲市場拚出了自己的未來。

　　基於此，華為產品就這樣逐漸地開始登上了歐洲客戶的採購清單。2007 年，華為憑藉分散式基地臺技術，斬獲一連串的大訂單。

　　華為在有條不紊地拓展市場的時候，面臨一個艱難選擇，準備將產品更新換代。華為在歐洲的主要競爭對手就是行業大廠愛立信。華為只有透過採用非愛立信技術的架構，研發一個顛覆性的產品，從而讓其產品在更新換代的過程中超越愛立信。然而，這樣的思路，不管是 Nokia，還是其他對手，都沒有試過。對華為來說，做出何種選擇都是極其艱難的。

　　在某天，余承東、邵洋和一位負責產品管理的同事約定攀登深圳海拔最高的山 —— 梧桐山。在攀登梧桐山的途中，余承東反覆問另外兩個同事同樣的問題：「要不要做第四代基地臺？」

　　面對余承東的問詢，邵洋如實回答。邵洋的觀點是，不太可行，尤其是成本太高，會增加 1.5 倍，導致產品的價格過高，會給一線銷售增加太大的市場壓力。

　　另一位同事的答案，與邵洋一致。該同事的理由是，「因為有很多技

術風險無法克服」。在攀登梧桐山的 5 個小時途中，余承東不停地打電話問詢相關負責人，總共有十多個人。據邵洋事後回憶稱，當電話一接通，接聽方就坦言這想法有難度、風險較高。

正因為如此，華為必須做出抉擇。在華為內部，也爭論不休，在余承東徵詢華為內部意見時竟然遭遇眾多反對聲，一個關鍵的原因是，更新第四代基地臺的成本會增加 1.5 倍，而且存在諸多無法克服的技術風險。如果貿然大規模投入，一旦失敗，幾年的營業收入都會付諸東流。

面對棘手的選擇，余承東排除萬難地說道：「我們必須做，不做就永遠超不過愛立信。」經過華為團隊的眾志成城，該技術取得實質性進展。2008 年，華為第四代基地臺技術優勢非常明顯。例如，基地臺需要插板，愛立信需要插 12 塊板。華為的第四代基站技術只需要插 3 塊板。

憑藉此次技術的突破，華為在歐洲市場打下堅實的基礎。此後，華為透過自己的創新產品艱難拓展，成功地拿下歐洲市場。數據顯示，2010 年前，歷經多年艱難耕耘，華為占據西歐通訊設備市場 9% 的份額。2012 年後，華為在歐洲通訊設備市場占有率比例飆升至 33%，高居第一。

「拿自己的長板去跟別人的短板比，還沾沾自喜。堅持走一條正確的路是非常困難的，我希望消費者業務集團不要在勝利之後就讓自己泡沫化，不要走偏了。」

2014 年 4 月，任正非告誡華為人說：「我今天之所以與大家溝通，就是擔心你們去追求規模，把蘋果、三星、小米作為目標，然後就不知道自己是誰了。當然，你們要學習蘋果、三星、小米的優點，但不要盲目以這些公司為標竿。你們說要做世界第二，我很高興。蘋果年利潤 500億美元，三星年利潤 400 億美元，你們每年若是能交出 300 億美元利潤，

我就承認你們是世界第三。你們又說電商管道要賣 2,000 萬部手機,純利潤 1 億美元,一部手機賺 30 元,這算什麼高科技、高水準?現在賺幾億美元就自豪起來了,拿自己的長板去比別人的短板,還沾沾自喜。堅持走一條正確的路是非常困難的,我希望消費者業務集團不要在勝利之後就讓自己泡沫化,不要走偏了。所以也不要說電商管道的營業收入有多少,以後彙報就說能做到多少利潤。營業收入是實現利潤的方式,不是奮鬥的目標。終端沒有黏性,量大而質不優,口耳相傳,利潤反而會跌下來。不要著急,慢慢來,你們別因為網際網路而發燒。」

任正非之所以告誡華為要把優質的產品和服務放到首位,是因為透過價格戰、低價競爭的草莽策略不過是殺雞取卵。與任正非有類似觀點的還有格力電器董事長董明珠。在很多場合下,董明珠強調,價格戰的行為是「傷敵一千,自損八百」的做法,不可取。儘管如此,依然有「很多企業急功近利,目光比較短淺,用簡單的價格戰,或者是跟管道之間做一個交易,來實現自己的利潤」。

面對競爭對手來勢洶洶的價格戰,董明珠卻非常理智。「格力空調不會參與價格戰。」董明珠說,「什麼是價格戰,低於成本銷售的競爭行為就是價格戰。」董明珠如此解讀價格戰的含義。

不過,董明珠拒絕參與價格戰,有其深層含義,董明珠介紹說:「其實我們是最有實力打價格戰的,格力家用空調的市場占有率已經是世界第一了。」

為什麼格力電器就不參與價格戰呢?是對銷售不重視,還是其他原因呢?媒體記者採訪了董明珠,她認為,價格戰看起來是一個企業的市場行為,消費者暫時可以受益,但從長遠看,最終會傷害消費者。

董明珠分析稱,很多空調廠家參與價格戰,慢慢把自己「打不見」

了，消費者在購買了這些廠家的空調後，企業卻倒閉了，每次修理空調都要數百元，修理幾次花的錢都夠買一臺新空調了，「這是對消費者不負責任」。

不過，對於價格戰，董明珠坦言：「格力不率先挑起價格戰，並不意味著格力害怕競爭，如果有競爭對手挑起價格戰的話，格力也肯定會慎重以對。」

在言語中，董明珠依然透著自信，因為董明珠深知，對於「一個真正的好企業，價格戰是不可取的」。董明珠說：「價格戰年年都有，每個企業都希望自己在這個過程中多賣一點，我非常能夠理解這些企業的想法。」

面對持續不斷的價格戰，董明珠坦言，在價格戰中，消費者其實是受害者。董明珠說：「消費者實際上不是價格戰真正的受益者，因為如果價格低於成本，企業持續生存唯一的辦法就是偷工減料，企業不可能虧損經營。消費者買了一個不好的產品，他後續每年遇到的維修或者使用效果不好等一系列的問題都會反映出來。」

這就是董明珠為什麼不贊成用低價的市場競爭策略打價格戰，而是將品質擺在第一位的根本原因。董明珠認為，要透過擴大生產規模，盡量保證在高品質的情況下降低價格，使消費者受益。董明珠說：「所以我始終堅持不打價格戰。」

客觀地講，「低價競爭」在中國 1980 年代末期和 1990 年代早期是比較有效的策略。當時，日本和韓國家電品牌在中國市場所向披靡。那個階段的中國家電企業不管是實力，還是行銷策略都比不過日韓家電企業。為了打敗日韓家電企業，中國家電企業就採取了價格戰，結果收回了日韓家電企業一度稱霸的中國家電市場。

為什麼中國企業鍾情於低價競爭呢？原因有如下三個，見表 13-1。

表 13-1 中國企業採用價格戰的三個原因

序號	說明
1	在中國，由於企業的人力成本低，這就為價格戰提供了足夠的空間，根據資料，中國企業的人力成本只有美國企業的十分之一
2	在 1980 年代至 2000 年代初，由於中國消費者，特別是農村的消費者還不富有，這就為價格戰的實施提供了廣闊的市場
3	中國企業在研發、管理等其他能力不及跨國企業，價格戰就是一個好的競爭方式

在 2000 年以後，中國日常盥洗用品、手機、飲料等行業的企業同樣利用價格戰，曾經一度使得在中國市場大行其道的外國企業不得不向中國企業越來越多地出讓其所占領的市場。此後，價格戰的硝煙又出現在空調、汽車、電信、軟體等眾多行業。

「透過自己的努力，透過提供高品質的產品和優質的服務來獲取客戶認可，不能由於我們的一點點銷售來損害整個行業的利潤，我們決不能做市場規則的破壞者。」

在中國企業的國際化過程中，一味強調價格戰，必然遭遇海外市場的抵制。2005 年 7 月，任正非在〈華為與對手做朋友：海外不打價格戰〉一文中談道：「在拓展海外市場時，我們強調不打價格戰，要與友商共存雙贏，不擾亂市場，以免被西方公司群起而攻。我們要透過自己的努力，透過提供高品質的產品和優質的服務來獲取客戶認可，不能由於我們的一點點銷售來損害整個行業的利潤，我們決不能做市場規則的破壞者。通訊行業是一個投資類市場，僅靠短期的機會主義行為是不可能被客戶接納的。因此，我們拒絕機會主義，堅持面向目標市場，持之以恆

地開拓市場，自始至終地加強我們的行銷網路、服務網路及隊伍建設，經過九年的艱苦拓展，屢戰屢敗，屢敗屢戰，終於贏來了今天海外市場的全面進步。」

在很多人看來，華為與很多中國企業一樣，憑藉低價開啟國際市場。不可否認的是，在進軍國際市場的最初階段，價格優勢的確幫助華為開啟了陌生的國際市場的大門。

在達沃斯論壇上，任正非回顧了早年創業時銷售通訊產品的真實想法。剛開始時，想法就是「賣便宜點，多賣點」，但是隨著華為技術和創新的累積，以及全球化推動，華為已經完成了從低價到高價、高品質的轉型。

華為的這一做法，得到了歐洲市場的認可。剛開始拓展歐洲市場時，由於要與科技實力和資金實力雄厚的愛立信、Nokia、阿爾卡特等領先設備業者直接競爭，華為不得不以低價策略作為自己開拓市場的方式，從邊緣營運商的邊緣業務做起。

經過一段時間的拓展，華為團隊很快就發現，對歐洲的大型電信營運商來說，「品質和服務」才是他們最看重的，而不是低價。有鑑於此，華為圍繞大型電信營運商設定客戶中心，內部的研發、不同產品事業部全部打通，以便能給客戶提供從基地臺、網路到終端的全套解決方案。

華為打破以前同質化的競爭模式，開始採用「一切以客戶為中心」的全新的競爭模式，加上華為在 SingleRAN 等技術方面的突破，直接提升了華為產品和服務的層級。

其後，幾乎所有歐洲主流電信營運商都將華為納入合作「白名單」。至此，華為在國際化過程中，已經悄然具備競爭優勢了。

2012 年夏天，當華為在歐洲市場遭遇低價傾銷指控時，身為創始人

的任正非積極地與歐洲各國政府溝通，最後以提升產品價格的方式解決了該問題，最終歐盟撤銷低價傾銷的指控。

如今，華為的產品在歐洲市場的價格已經略高於阿爾卡特和 Nokia，與愛立信相當。作為與思科、愛立信比肩的全球最大電信設備業者之一的華為，從技術能力到市場地位都要求華為轉軌。

2017 年 8 月 4 日，在〈構築全聯接世界的萬里長城〉一文中，任正非這樣回憶道：

「天下大事，必作於細」，只有在更小顆粒度的專案層面上經營，才能知道哪些錢該花、哪些錢不該花。專案經理才能把「好鋼用在刀刃上」，用最合理的成本，幫助客戶解決大問題。

丹麥 TDC 作為老牌營運商，網路老化，成本居高不下，使用者體驗又不好，在激烈的市場競爭中江河日下。為了重振雄風，TDC 要華為做全網無線搬遷、優化和管理服務。談判結束後，TDC 的 CEO 說：「這是我幾十年職業生涯中最大的一次冒險，如果 TDC 專案無法達成既定目標，我不得不去跳海了，你們到時去丹麥的海邊撈我。」

為了達成目標，向客戶兌現承諾，專案經理周瑞生帶領交付團隊，用了九個月的時間，優化一個一個作業流程，規劃好一個一個站點，或搬遷、或擴容、或優化，進站高效運作⋯⋯最終把 TDC 的網路品質做到了第三方測試排名第一、數據流量增長三倍、ARPU 值增長 10%，把 TDC 的網路從「醜小鴨」變為「白天鵝」。根據合約中的獎勵計劃，TDC 特意給華為發了 1300 萬丹麥克朗的獎金。

2012 年，華為啟動以專案為基本經營單元的管理體系建設，不斷強化專案經理的經營責任，完善專案八大員的訓練和協同，同時也把專案獎和人員考核評價權給到了一線專案組，快速提拔「上過戰場、開過槍」

有成功經驗的人做主官，東北歐的張大偉成為最年輕的五級專案經理。

在賴朝森、段連傑等中方和一大批本地優秀專案經理（中東的穆罕默德‧薩伊德‧汗、拉丁美洲的雷奈、南非的麥可、西歐的休伯特、北非的哈齊姆、中亞的埃姆雷等）共同努力下，專案年度貢獻毛利率較預算提升了 2%，專案經理正加速從施工隊長向專案 CEO 轉型。

正是因為提升產品價格，華為由此增加了不少利潤。根據華為年報資料，2012 年到 2013 年，華為的營業利潤從 206.58 億元增長到 291.28 億元，利潤率從 9.4％ 增至 12.2％；與此同時，營業收入也從 2,201.98 億元增至 2,390.25 億元。

一位愛立信中層在接受媒體採訪時稱，華為的產品效能確實不錯，價格也與愛立信不相上下，在全球通訊設備市場很有競爭力。

第 14 章

我們無法左右客戶，只能從內部找原因

在很長一段時間內，華為持續高速發展，由此使得一些華為人過於信心。針對這種情況，2015 年，任正非在內部演講中告誡：「前期的成功，也許會使我們的自信心膨脹。這種膨脹不合乎我們的真實情況與需求。我們還不知道未來的資訊社會是什麼樣子，怎麼知道我們能引領潮流？我們包著白頭巾走出青紗帳，不過十幾年，知道全球化也才是近幾年的事。我們要清醒地認知到，我們還擔不起行業領袖的擔子，任重而道遠！」

在任正非看來，只有解決好客戶的需求，才能解決華為的發展路徑。在華為，始終堅持「以客戶為中心」，這意味著，身為華為人，必須為客戶做好服務，不能有任何藉口。

2002 年，在內部講話「我們未來的生存靠的是品質好、服務好、價格低」中，任正非說道：「所有怨天尤人、埋怨客戶的觀念都是不正確的。我們不可能從外部找原因，我們是無法左右客戶的，唯一的辦法是從內部找原因。怨天尤人、埋怨他人是沒有用的，我們只能改造我們自己。」

「必須有正確的面對問題的態度，必須找到解決問題的正確方法，問題才會越來越少，才能挽回客戶對我們的信任。」

在進軍國際市場的過程中，華為始終堅持「以客戶為中心」，及時地

解決客戶的投訴和問題。2010 年，任正非在內部演講中告誡：「走遍全球，我發現到處都是品質事件、品質問題，我們是不是越來越不把客戶當回事了？是不是有些幹部富裕起來就惰怠了？問題不可怕，關鍵是我們面對問題的態度。我們必須有正確的面對問題的態度，必須找到解決問題的正確方法，問題才會越來越少，才能挽回客戶對我們的信任。」

在任正非看來，只有勇敢地承認產品的問題，及時地、正確地解決問題，才是贏得客戶的不二法門。與華為相反的是，在每年的「3·15 晚會」上，屢屢有大型企業，特別是跨國公司的產品被曝光，如尼康相機、蘋果手機、惠普筆記型電腦等等。這些企業之所以讓個案的顧客投訴事件演變成危機事件，是因為這些跨國企業應對顧客投訴過於自信，甚至可以說是相當傲慢。在這裡，我們從消費者投訴尼康企業開始談起。

在百度以「尼康 D600」和「投訴」為關鍵詞搜尋，結果竟然高達數百萬個，即使在 2020 年 5 月 27 日 23 時 51 分 33 秒，顯示的結果也有2,360,000 個。

之所以有數百萬個搜尋結果，是因為存在大量的投訴。例如，在「3·15 投訴網」上，其投訴的文章就很多，我們就選擇如下兩個案例。

投訴一：

尼康 D600「掉渣王」更換快門元件後仍舊嚴重掉渣 [109]

投訴主題：尼康 D600「掉渣王」更換快門元件後仍舊嚴重掉渣

投訴目標：尼康中國

投訴人：鄭先生

---

[109] 鄭先生：《尼康 D600「掉渣王」更換快門元件後仍舊嚴重掉渣》，中國質量萬里行官網，2013 年 11 月 18 日，http://www.315online.com/tousu/it/297300.html，訪問日期：2021 年 6 月 10 日。

管理與服務必須靠自己去創造

投訴時間：2013 年 11 月 18 日

投訴地區：安徽省

我於 2013 年 5 月 24 日買了尼康 D600 相機，使用幾天後便發現相機影像感測器有灰塵，後來仔細檢視，從儲存的第一張照片就能看到灰塵。

5 月底，我將相機送去尼康合肥售後服務點清洗了，用了沒幾天又發現有灰塵。

6 月上旬，我將相機送去尼康杭州售後服務點再次去清洗，不久又有很多灰塵。

7 月下旬，我再次將相機送去尼康合肥售後服務點清洗，不多久，依舊存在灰塵。

由於出國，我 9 月中旬回到合肥。

10 月 12 日左右，我又將相機送去合肥售後服務點清洗，這次被告知：該機型一律寄回上海總部清洗。

當時工作人員說清洗需要一週左右的時間。11 月 11 日，我終於從尼康合肥售後服務點拿到返修了近一個月的相機，維修單上註明：更換了快門元件和影像感測器。我對尼康擅自更換影像感測器表示不能理解和接受。回家試拍後，我發現 F22 快門下依然有 10 個灰塵點。

後來，我加入了「尼康 D600 維權群」，得知：① D600 機型的灰塵分布全部集中在左上角；②和我一樣，好多使用者根本沒有更換鏡頭。③尼康現在屬於祕密召回更換快門元件（有網友的維修清單為證）。

綜合上述①、②可知，該機型的灰塵不是使用者使用所致，而是內部掉下來的碎屑，這應該是尼康產品設計、製造的缺陷。

因此，我強烈要求尼康公司向全體中國使用者道歉並召回有問題的

機型，並給予使用者退貨處理和相應的補償！該事件應該適用舉證責任倒置原則！我請求中國工商總局介入！

我認為，應責令尼康拿出中國政府認可的第三方無塵實驗室，1000 臺 D600 相機，每臺 1 萬次快門的灰塵的實驗報告。否則，就認定尼康 D600 設計缺陷，全部召回！！！本次追加內容：2013 年 11 月 16 日，出去拍了 400 張照片回來，發現換過快門元件後的相機「掉渣」更屬害了，照片上粗略數了一下就有超過 100 個灰塵點。無恥的尼康，你必須道歉、召回！

投訴二：

天津超越攝影器材出售劣質尼康 D600[110]

投訴主題：天津超越攝影器材出售劣質尼康 D600

投訴目標：尼康中國

投 訴 人：孟先生

投訴時間：2013 年 11 月 14 日

投訴地區：天津市

身為尼康 D90 的多年老客戶，本著對尼康高階相機品牌及品質的信任，本人於 2013 年 9 月 19 日在尼康旗下經銷商 —— 天津超越攝影器材有限公司選購了一臺型號為 D600、貨號為 9044542 的全畫幅單眼相機。

在一個半月的時間內，該機器出現了各類品質問題，前後兩次送達北京維修中心維修且維修時間長達一個月之久，嚴重影響本人正常使用且使身為消費者的我身心俱疲。

以下是我們在購機後所遇到的一系列品質問題，請參見：

---

[110] 孟先生：《天津超越攝影器材出售劣質尼康 D600》，中國質量萬里行官網，2013 年 11 月 14 日，http：//www.315online.com/tousu/it/296833.html，訪問日期：2021 年 6 月 10 日。

（1）新機器出廠故障。在購買相機的第 5 日（2013 年 9 月 24 日），本人第一次使用該機進行了試拍，發現從第一張照片起，照片左上部位有 3 ～ 5 處色斑、汙斑，並且在隨後的拍攝中，這種斑點現象愈加嚴重（有照片為證）。因本人於 9 月 25 日出差，故而無法親自回津向售後中心反映此問題（有機票為證）。本人在返津後的第一時間向經銷商反映此問題，但經銷商以超過 15 日試用期為由介紹本人去天津售後維修中心解決。隨後，我送機到天津售後維修中心，並強烈主張退機，但工作人員仍以超過 15 日試用期為由，確認只能郵寄北京維修中心去做檢測、維修。出於對尼康品質的一貫信賴，我當時接受了工作人員的提議。之後的檢測結果為入塵，需要進行清潔維修。但身為消費者，我實在不能理解，作為相機領域頂級品牌 —— 尼康旗下高階產品的 D600 相機，為何其新品在出廠密封的狀態下，第一次使用時就會存在灰塵，並出現照片瑕疵？工作人員對此解釋為正常入塵，我身為一個使用單眼相機多年的消費者，實在不能接受此解釋。

（2）入塵問題無法解決及對故障的界定。在經歷了將近兩週的維修後，在拿到機器的 10 月 23 日（10 月 12 日—22 日初次維修後的第二天），我就再次進行了試拍。但上述質量問題依然存在，無奈之下，相機也再次被送到北京維修，得到的答覆依然為入塵，並需要透過拆機、換件來進行維修，且時至今日尚未返還。北京、天津維修售後的工作人員再三將入塵歸為正常情況並否定是品質有問題，對此我持有完全不同的見解，新出廠的機器為何會接連出現入塵問題且無法處理，為何只能透過拆機、換件才能進行處理？種種跡象證明，D600 相機的產品設計存在品質缺陷。

（3）其他品質問題 —— 新故障頻發。除了入塵問題沒有解決，在兩次試拍中還存在其他品質問題：①照片上部出現不明亮點；②相機自動從 FX 全片幅模式跳轉 DX 半片幅模式；③相機機頂內建閃光燈間或性在可達到閃光條件下不能閃光；④經北京售後維修站檢測，還出現相片存在橫紋等之前未發生的新故障。這些問題不僅對相機使用和照片品質具有巨大影響，更讓消費者對 D600 相機的品質產生巨大疑問。

身為消費者，我無法理解維修站之前提出的所謂以上品質問題都為「非重要的所謂正常的細微故障」的行為。我購買尼康相機看中的就是尼康的品牌和品質，但為何一臺新出廠未經使用過的高階產品會頻頻出現如此多的故障？而且對於尼康做出的種種解釋，我也無法認同並接受，這不僅傷害了我對尼康的情感而且也讓我覺得自己的權益受到了嚴重的侵害。

綜上所述，此臺 D600 相機拙劣的品質，使我付出了巨大的時間成本、精神成本及額外費用，讓我身心疲倦。在此，我要維護本人權益，並免於日後無休止地往返於維修。

面對眾多投訴，尼康公司並沒有認真對待這些投訴。因為有些日本企業對中國市場存在偏見，有研究者這樣表述：日本企業把全球市場分為三等，最好的產品賣給本國，二流產品賣給歐美，而基本符合使用標準的，就全部在中國市場傾銷。[111]

這絕不是空穴來風，而是日本企業已經或者正在做的事情。不管任何產品存在問題，日本企業召回產品時，絕大多數都是不包括中國市場，這反映的是日本企業對中國市場輕忽和不屑的傲慢事實。

在改革開放初期，由於中國相對較為落後，日本企業利用資金和技

---

[111] 張銳：〈日本電器的中國「病灶」〉，《南風窗》2006 年第 7 期。

術的相對優勢迅速占領了中國市場，使得像日立、松下、索尼這樣的日本企業品牌在中國 1980 年代後期到 21 世紀初，在短短 20 年的時間內成為中國家喻戶曉的知名品牌。

當然，這樣的成績也讓日本企業陶醉，因為中國市場的產品採用的技術從來都是二流的，甚至是快要被淘汰的。在日本企業的意識中，一流的技術和產品留在日本，二流的技術和產品出口歐美，只有幾乎淘汰的產品和技術才出口中國。

日本企業常常戴著有色眼鏡對待中國消費者，儘管中國市場非常有潛力，日本企業卻從未像對待歐美市場那樣認真地對待中國市場。

這些日本企業沒有想到的是，歐美企業卻利用日本企業不重視中國市場的時機，悄然殺開一條血路，使得歐美企業品牌也迅速以星火燎原之勢占領了中國市場，贏得了中國消費者的認可。這就是為什麼在中國市場上，歐美企業成功而日本企業頻頻失守的原因。

正是基於這樣的思維，當中國媒體大規模報導後，特別是在 2014 年「3·15 晚會」上曝光後，尼康公司在官方網站上次回應消費者的投訴。詳細內容如下：

致尊敬的尼康數位單眼相機 D600 使用者

您好！感謝您選用尼康數位相機產品。

我公司曾於 2013 年 2 月 22 日，發表一篇《致尼康數位單眼相機 D600 使用者》公告。針對使用者指出的所拍攝畫面內出現多個黑色顆粒狀影像的現象，我們會收下使用者的相機，檢查並採取適當的處理措施。

對發生上述現象但已超出保固期的尼康 D600 數位單眼相機，今後我們也將免費為使用者提供相應的服務。

數位單眼相機的結構使得徹底防止這一現象在技術上極其困難，而在某些罕見的情形下，這些塵埃在影像中非常明顯。因此我們希望以此服務來減輕該現象。

【解決方案】

如您按照使用者手冊「低通濾鏡使用注意事項」中的記載步驟，對相機影像感測器進行清潔，或用氣吹手動清潔後仍無法清除塵埃顆粒時，請與您最近的尼康售後服務中心或尼康特約維修站聯繫。我們將免費對相機進行檢查、清潔，並進行快門等相關零部件的更換（相機的往返寄送費用由尼康公司承擔）。

關於售後服務申請相關事宜，請諮詢尼康客服支持中心：

尼康客服支持中心服務熱線：4008-201-665

（週一至週日 9：00-18：00，除夕 9：00-12：00）

或請諮詢尼康售後服務機構（各地維修站）。

我們真誠地為此事給使用者帶來的不便表示深切的歉意。

今後我們將盡全力進一步提高產品品質，希望您繼續選擇使用尼康公司的產品。

希望廣大使用者今後能夠繼續給予我們大力支持，非常感謝！

尼康映像儀器銷售（中國）有限公司

在這次危機事件中，尼康依然迴避問題，並沒有實質性地為消費者解決問題。按照國家的「三包」規定，相機因品質問題返修兩次之後，可以退換產品。不過尼康辯稱清理灰塵不算修理，並以此拒絕給消費者更換新機，甚至拿霧霾為藉口來推卸責任。

據媒體報導，尼康 D600 是 2012 年 9 月釋出的全片幅數位單眼相

機，總畫素達 2466 萬，當時市面上的單機參考售價約為 9600 元。在上市後的一段時間裡，這款相機一直被質疑存在設計缺陷。[112] 其後，由於尼康公司的推諉，中國媒體大規模報導，使得尼康問題相機的危機二次發酵。

不可否認的是，尼康公司漠視客戶的投訴並非個案。由於一些企業不重視消費者投訴，使得諸多消費者投訴發酵，結果成為影響企業發展的大危機。這給企業有效地應對危機管理增加了難度。

在最近幾年中，一些因為消費者投訴而導致的危機事件給中國企業提供了很好的負面教材，如「日航中國乘客事件」「東芝筆記本事件」「尼康問題相機事件」「豐田汽車召回事件」，等等。這些事件都是因為企業沒有足夠重視消費者的投訴，採用了錯誤的處理方式，使得事件惡化，給企業帶來了巨大的直接和間接損失。當然，從長遠來分析，這些企業的間接損失比直接損失要大得多。

究其原因，因為消費者的投訴而引起的蝴蝶效應，讓企業付出慘重的代價。蝴蝶效應是指因為蝴蝶搧動翅膀會導致其身邊空氣系統發生微小的變化，產生的微弱氣流會引起周圍空氣變化，再引起一個一個的連鎖反應，最終導致空氣系統發生極大變化。

蝴蝶效應給中國企業的啟示是，一件看似微不足道的消費者投訴，在經過一段時間發展、變化後，極有可能成為一個無法控制的危機事件。在企業的日常經營中，消費者投訴可能就是引發企業危機事件的一隻「蝴蝶」。

「什麼叫無理要求？除了客戶說你的這個設備給我，我一分錢都不付，別的都不是無理要求，而是我們自己驕傲自大。」

---

[112] 張鈺藝：〈尼康 D600 拍出照片黑斑點點〉，《新民晚報》2014 年 3 月 16 日，第 4 版。

關於華為的服務邊界，任正非有其特有的定義。2008 年，在地區部向 EMT（經營管理團隊）進行年中述職會議上的講話中，任正非講道：「什麼叫無理要求？除了客戶說你的這個設備給我，我一分錢都不付，別的都不是無理要求，而是我們自己驕傲自大。當我們強大到一定程度就會以自我為中心。」

任正非解釋說：「Marketing（市場行銷）做的客戶滿意度調查，結果要全面公開，我們花了這麼多錢，客戶有批評，為什麼不公開呢？不公開就不會促進我們的改進，那有什麼用呢？競爭對手知道有什麼關係呢？他們攻擊我們，我們怕什麼呢？只要是我們自己改了就好了。」

任正非之所以有這樣的認知，與華為拓展日本市場有關。而華為之所以能夠拿下日本市場，一方面是因為華為本身的產品品質，另一方面就是以客戶為中心。

在 2015 年 7 月 20 日舉行的對日投資論壇（北京）上，華為技術日本株式會社公共關係部部長魏新舉回憶華為當初拓展日本市場時的遭遇。魏新舉表示，華為在拓展日本市場之初，客戶提出了非常苛刻的品質要求。魏新舉說道：「在這個過程中，華為意識到必須積極改進產品品質，提升自身的品質管制體系。」

在魏新舉看來，正是因為日本市場要求極高的產品品質，促使華為一方面滿足了當地客戶的需求，另一方面也提高了自己的品質管制水準。魏新舉說道：「現在華為產品不僅能滿足日本市場的要求，而且能滿足全球市場的需求。」

2006 年，華為日本株式會社拓展到日本電信營運商 NTT 的訂單。NTT 很強勢，一方面，沒有任何合約、協定；另一方面，NTT 要求華為提供一款新產品，其技術要求非常高，也非常細，甚至可稱為前所未有。

管理與服務必須靠自己去創造

為了能夠順利開局，同時也為了更好地按時完成 NTT 交代的任務，華為研發部門開啟了一個非常規模式。他們不得不犧牲掉休息日，連續工作 60 天後，順利地完成該專案。

雖然拓展日本市場異常艱辛，卻解決了一個高標準的品質問題。因為日本市場不僅具有歐美市場的高標準，還精益求精，同時又具有東方匠心文化的人文情懷。

對此，魏新舉說道：「德國和日本是全球公認的品質領袖，在品質管制方法和文化方面非常值得我們學習。可以說，滿足了日本市場的品質要求，也就等於基本滿足了全球市場的品質要求。」

對於高品質問題，不僅 NTT，KDDI（凱迪迪愛通訊公司）也是如此。據了解，KDDI 在日本電信營運商中排名第二，同時也位居世界電信營運商第 12 位。

當華為日本株式會社完成了 NTT 的專案後，華為的實力也被 KDDI 看重。2008 年 7 月，KDDI 決定考察華為的生產現場。

在當時，自信的華為一廂情願地認為，通過 KDDI 的稽核是沒問題的，因為華為的認證證書多如牛毛。然而，這樣的自信卻栽倒在 KDDI 面前。為了更好地合作，KDDI 派出自己的主審員福田到華為考察。福田為了不辱使命，隨身攜帶手電筒、放大鏡、照相機和白手套。

在現場考察中，福田按照在日本企業的現場管理要求開始檢查，其細緻程度和嚴謹性讓很多華為員工目瞪口呆，甚至可以說是不可理喻。

福田在生產現場稽核中，用白手套擦拭灰塵，用放大鏡勘驗焊點的品質，用手電筒觀察裝置和料箱是否有灰塵，當出現相關問題時，福田用照相機拍攝實物圖片。

福田此行給每個華為人留下了深刻的印象。就這樣，福田完成了自

己的首次稽核。其後，福田把他發現的 93 個問題交給了華為，返回了日本總部。

對於此行，福田評價說：「華為品質水準不行，而且華為工程師太驕傲，不夠謙遜。」

不僅是福田，其他的 KDDI 專家也批評了華為，尤其是華為自身太過樂觀的態度，KDDI 專家告誡華為稱，別做「井底之蛙」。

當收到福田的 93 個問題後，華為對此展開了一場辯論。福田的 93 個問題震驚了華為人。此刻的華為在品質管控上已經做得很好了，尤其是行業規範方面，華為早已達標了。對此，有的華為人認為，福田的做法就是「吹毛求疵」而已。因此，此刻的華為各部門，很難接受福田的 93 個問題，雖然每天晚上都討論到 12 時，但是針對福田提出的 93 個問題，依舊爭論不休。

福田的 93 個問題，包括廠房環境溫溼度控制、無塵管理、裝置 ESD（靜電放電）防護、週轉工具清潔、印錫品質、外觀檢驗標準、老化規範等。每個問題的要求都較高，很多要求甚至遠超出行業標準。華為打聽同業的摩托羅拉有沒有通過認證，結果是，作為世界 500 強企業的摩托羅拉，同樣未通過整個認證。摩托羅拉回覆表示，要是華為能夠通過 KDDI 的認證，其他公司的認證也都能通過。

綜合各方的意見後，華為的領導層經過討論一致認為，身為客戶的 KDDI 提出的 93 個問題是真誠的、認真的。否則，KDDI 也不會讓福田和其他專家一行檢查得如此之細緻，提出如此多的問題。於是，華為達成一致意見，必須擁有開放的心態，在品質方面，華為必須有更高的進取心，要迎難而上，不能退縮，不能放棄。只有這樣，華為才能「更上一層樓」。

　　為了解決福田提出的 93 個問題，在接下來的 4 個月時間內，華為堅持以 KDDI 的要求為標準，以客戶的思維和視角改進生產現場，加大投入資源優化改造裝置和生產現場，做好迎接第二次現場生產的稽核。

　　2008 年 12 月，儘管華為經過了四個月的準備，但是依舊覺察到自己離 KDDI 的高要求存在巨大的差距。

　　華為市場部和日本代表處傾盡全力，以足夠的誠心，才打動了福田等專家。因為華為人給福田留下了不好的印象，所以福田不願意進行二次稽核。在福田看來，華為工程師過於喜歡爭論檔案條文和標準，且封閉和自滿。

　　正因為如此，當面臨再次稽核時，尤其是在稽核過程中，華為人如履薄冰，可以說是如坐針氈。

　　當稽核完畢後，福田此次依舊列出了 57 個問題。雖然列出了 57 個問題，此次稽核結果卻有了很多的改進。福田說道：「這次做得不錯，其中 ESD 改善得很好。品質控制（Incoming Quality Control，IQC）部門在所有區域中做得最好，只有 9 個問題，而有些做了 10 多年的公司稽核問題都不下 30 條。裝配部門做得不是很好，指導書還需要再完善下才能更上一個臺階。大家以後再接再厲！」

　　就這樣，華為通過了福田的現場生產考核。2009 年 10 月，華為贏得了 KDDI 首份合約。雖然如此，但是 KDDI 對華為的信任依舊有限。

　　為了更好地監控華為的現場生產，在 2009 年 11 月 16 日至 23 日，KDDI 派出 8 名專家蹲點華為生產現場。

　　在此次稽核中，8 名專家在生產線上全過程檢視華為的產品生產。從產品生產的第一個流程開始，即從最開始的原材料分料，到成品的最後裝箱，8 名專家都必須親自過目、檢查，這才讓他們放心。

就這樣，KDDI 的 8 名專家為期 8 天的光纖網路 OSN1800 生產全過程廠驗，讓華為學習到了日本品質管制。不管是一線員工，還是高層主管，都在生產現場，而且一絲不苟，全身心投入生產和管理。透過真誠和努力，華為人終於感動了日本 KDDI 的 8 名專家，使得 KDDI 認可了華為。

此刻的華為，雖然需要改善的問題依舊很多 —— KDDI 提出的問題及建議還有 24 個，但是 KDDI 的專家對華為生產過程品質控制系統非常認可，也很滿意華為員工的工作態度。

第五部分
客戶的價值主張決定了華為的價值主張

在企業實踐中，我們不斷將客戶需求導向的策略層層分解並融入所有員工的各項工作之中。不斷強化「為客戶服務是華為生存的唯一理由」，提升了員工的客戶服務意識，並深入人心。從這個角度講，華為企業文化的特徵也表現為全心全意為客戶服務。

—— 華為創始人任正非

第15章

華為只有一個鮮明的價值主張，那就是為客戶服務

在華為的發展歷程中，始終堅持「以客戶為中心」，其核心價值觀從未改變。2010年，任正非更是把「以客戶為中心，以奮鬥者為本，長期堅持艱苦奮鬥」正式確定為華為的核心價值觀。

2009年，任正非在「CFO要走向流程化和職業化，支撐公司及時、準確、優質、低成本交付」的內部演講中說：「華為公司只有一個鮮明的價值主張，那就是為客戶服務。大家不要把自己的職涯規劃看得太重，這樣的人在華為公司一定不會成功；相反，只有不斷奮鬥的人、不斷為客戶服務的人，才可能找到自己的機會。」

在任正非看來，華為想要生存和發展，就必須「以客戶為中心」。然而，這看似最樸素的常識，卻是華為登上巔峰的法寶。

「也許大家覺得可笑，小小的華為公司竟提出這樣狂的口號，特別在前幾年。但正因為這種目標導向，才使我們從昨天走到了今天。」

在2009年的年報中，華為詳細地介紹了華為的願景、使命和核心價值觀，詳情如下。

✏ 願景：豐富人們的溝通和生活。

✏ 使命：聚焦客戶關注的挑戰和壓力，提供有競爭力的通訊解決方案和服務，持續為客戶創造最大價值。

✎ 核心價值觀：公司核心價值觀是扎根於我們內心深處的核心信念，是華為走到今天的內在動力，更是我們面向未來的共同承諾。它確保我們步調一致地為客戶提供有效的服務，實現「豐富人們的溝通和生活」的願景。[113]

　　根據 2009 年的年報顯示，華為的核心價值觀涵蓋成就客戶、艱苦奮鬥、自我批判、開放進取、至誠守信、團隊合作六個方面，見圖 15-1。

圖 15-1 華為的核心價值觀

　　第一，成就客戶，「為客戶服務是華為存在的唯一理由，客戶需求是華為發展的原動力。我們堅持以客戶為中心，快速響應客戶需求，持續為客戶創造長期價值進而成就客戶。為客戶提供有效服務，是我們工作的方向和價值評價的標尺，成就客戶就是成就我們自己」。

---

[113] 華為：《華為投資控股有限公司 2009 年年度報告》，華為官方網站，2010 年 3 月 31 日，https：//www.huawei.com/cn/annual-report?page=2，訪問日期：2021 年 6 月 10 日。

　　第二，艱苦奮鬥，「我們沒有任何稀缺的資源可以依賴，唯有艱苦奮鬥才能贏得客戶的尊重與信賴。奮鬥展現在為客戶創造價值的任何微小活動中，以及在勞動的準備過程中為充實、提高自己而做的努力。我們堅持以奮鬥者為本，使奮鬥者得到合理的回報」。

　　第三，自我批判，「自我批判的目的是不斷進步、不斷改進，而不是自我否定。只有堅持自我批判，才能傾聽、揚棄和持續超越，才能更容易尊重他人、與他人合作，實現客戶、公司、團隊和個人的共同發展」。

　　第四，開放進取，「為了更好地滿足客戶需求，我們積極進取、勇於開拓，堅持開放與創新。任何先進的技術、產品、解決方案和業務管理，只有轉化為商業成功才能產生價值。我們堅持客戶需求導向，並圍繞客戶需求持續創新」。

　　第五，至誠守信，「我們只有內心坦蕩誠懇，才能言出必行、信守承諾。誠信是我們最重要的無形資產，華為堅持以誠信贏得客戶」。

　　第六，團隊合作，「勝則舉杯相慶，敗則拚死相救。團隊合作不僅是跨文化的群體合作精神，也是打破部門牆、提升流程效率的有力保障」。[114]

　　關於華為的核心價值觀，任正非在《華為的紅旗到底能打多久》一文中做了明確的解釋，共七條：

　　第一條（追求）。華為的追求是在電子資訊領域實現客戶的夢想，並依靠點點滴滴、鍥而不捨的艱苦追求，使我們成為世界領先企業。

　　第二條（員工）。認真負責和可有效管理的員工是華為最大的財富。尊重知識、尊重個性、集體奮鬥和不遷就有功的員工，是我們的事業可

---

[114] 華為：《華為投資控股有限公司 2009 年年度報告》，華為官方網站，2010 年 3 月 31 日，https://www.huawei.com/cn/annual-report?page=2，訪問日期：2021 年 6 月 10 日。

持續成長的內在要求。

第三條（技術）。華為廣泛吸收世界電子訊息領域的最新研究成果，虛心向國內外優秀企業學習，在獨立自主的基礎上，開放合作地發展領先的核心技術體系，用我們卓越的產品自立於世界通訊列強之林。

第四條（精神）。愛國家、愛人民、愛事業和愛生活是我們凝聚力的泉源。責任意識、創新精神、敬業精神與團結合作精神是我們企業文化的精髓。實事求是是我們行為的準則。

第五條（利益）。華為主張在顧客、員工與合作者之間結成利益共同體。努力探索按生產要素分配的內部動力機制。我們決不讓「雷鋒」吃虧，奉獻者定當得到合理的回報。

第六條（文化）。資源是會枯竭的，唯有文化才會生生不息。一切工業產品都是人類智慧創造的。華為沒有可以依存的自然資源，唯有在人的頭腦中挖掘出「大油田」「大森林」「大煤礦」……精神是可以轉化為物質的，物質文明有利於鞏固精神文明。我們堅持以精神文明促進物質文明的方針。

第七條（社會責任）。華為以產業報國和科教興國為己任，以公司的發展為所在社群做出貢獻，為偉大國家的繁榮昌盛、為振興中華民族、為自己和家人的幸福而努力。

在這七條價值觀中，華為把為客戶提供服務作為第一條。在該文中，任正非寫道：「現在社會上最流行的一句話是追求企業的最大利潤率，而華為公司的追求是相反的，華為公司不需要利潤最大化，只將利潤保持在一個較合理的範圍。我們追求什麼呢？我們依靠點點滴滴、鍥而不捨的艱苦追求，成為世界領先企業，來為我們的客戶提供服務。」

1998 年，在題為「華為的紅旗到底能打多久 —— 向中國電信調研

客戶的價值主張決定了華為的價值主張

團的彙報以及在聯通總部與處以上幹部座談會上的發言」內部演講中，任正非解釋了為什麼把為客戶提供服務作為第一條：「也許大家覺得可笑，小小的華為公司竟提出這樣狂的口號，特別在前幾年。但正因為這種目標導向，才使我們從昨天走到了今天。今年（1998 年）我們的產值在 100 億元左右，年底員工人數將達 8000 人，我們和國際市場的距離正逐漸減小。今年我們的研發經費是 8.8 億元，相當於 IBM 的 1/60；我們的產值是它的 1/65。和朗訊比，我們的研發經費是它的 3.5%，產值是它的 4%，這個差距還是很大的，但每年都在縮小。我們若不樹立一個企業發展的目標和導向，就建立不起客戶對我們的信賴，也建立不起員工的遠大奮鬥目標和腳踏實地的精神。因為對於電子網路產品來說，大家擔心的是將來能否更新，將來有無新技術的發展，本次投資會不會在技術進步中被淘汰。華為若不想消亡，就一定要有世界領先的概念。我們最近制定了要在短期內將存取網路產品達到世界領先水準的計畫，使我們成為第一流的存取網路設備供應商。這是華為發展的一個策略轉捩點，華為經歷了十年的臥薪嘗膽，開始向高目標衝擊。」[115]

「服務的含義是很廣的，不僅僅指售後服務，從產品的研究、生產到產品生命終結前的優化更新，員工的思想意識、家庭生活……」

在〈資源是會枯竭的，唯有文化生生不息〉一文中，任正非再次講道：「華為是一個功利集團，我們所做的一切都是圍繞商業利益的。因此，我們的文化叫企業文化，而不是其他文化或政治。因此，華為文化的特徵就是服務文化，因為只有服務才能換來商業利益。服務的含義是很廣的，不僅僅指售後服務，從產品的研究、生產到產品生命終結前的

---

[115] 任正非：《華為的紅旗到底能打多久 —— 向中國電信調研團的彙報以及在聯通總部與處以上幹部座談會上的發言》，《華為人報》1998 年 6 月 20 日。

優化更新，員工的思想意識、家庭生活……因此，我們要以服務來定這個團隊的宗旨。我們只有用優良的服務去爭取使用者的信任，從而創造資源。這種信任的力量是無窮的，是我們取之不盡、用之不完的泉源。有一天我們不用服務了，就是要關門、破產了。因此，服務貫穿於我們公司及個人生命的始終。當我們生命結束了，就不用服務了。因此，服務不好的主管，不該下臺嗎？」

在任正非看來，「以客戶為中心」的含義不僅展現在產品的售後服務，還應該延伸到產品研究、生產，甚至是員工的家庭生活。這樣的轉變無疑使得華為更早地將「以客戶為中心」上升為企業策略。

在這裡，我們從一個真實的案例開始介紹。庫克群島（The Cook Islands）位於南太平洋上，介於法屬波利尼西亞與斐濟之間，面積 240 平方公里，是由 15 個小島組成的群島國家，與紐西蘭是自由聯合關係。庫克群島的首都阿瓦魯阿（Avarua），位於拉羅東加島。之所以命名為庫克群島，是因為詹姆士・庫克（James Cook）船長在遠征南太平洋的過程中發現了這些島嶼。

2017 年 10 月，一場突如其來的大火燒毀了庫克群島上唯一行動營運業者的核心網路機房，導致庫克群島上的語音業務和資料業務全部中斷。

在通訊不暢的情況下，庫克群島上的營運業者向華為斐濟代表處尋求解決方案。具體的要求是，在 12 月 25 日聖誕節前恢復庫克群島上的語音業務和資料業務。

由於時間緊迫，而且代表處及地區部核心網路人員有限，華為全球服務中心接到庫克群島的求援後，在第一時間組建支持小組，並展開救援行動。

2017 年 11 月 6 日，殷塔華參與了此次行動。雖然面臨巨大的挑戰，但是當了解到詳情後，殷塔華團隊支持小組第一時間與庫克群島上的同事聯繫。

透過聯繫，殷塔華團隊得知庫克群島上的情況較為嚴峻，機房內的設備幾乎全部燒毀。

一般來說，按照正常的進度，完成機房的建設、偵錯，到可以正常使用的時間，大概為 60 ～ 90 天。

第一，庫克群島上的機房建設需要的硬體設備，即使最快也要到 12 月初才籌集到位。然而，庫克群島營運商把聖誕節作為該專案的交付日，留給華為的時間僅有不到 21 天。對於殷塔華團隊來說，用正常進度所需時間的四分之一完成該專案，幾乎是一項不可能完成的任務。但是，客戶的需求已經擺在桌上，接下來考慮的就是如何解決問題。

第二，殷塔華團隊準備簽證材料、及時辦理手續，同時還在做一些相關的準備工作。例如，收集現場網路的資料、製作指令碼等等。

第三，華為在確保預安裝工作有序完成的前提下，殷塔華團隊與華為工程師逐一核對可供參考的備份資料與預安裝部門。殷塔華團隊這樣做，是為了更好地確保預安裝版本訊息的準確無誤，同時還一一核對配置清單（BOQ），以及裝箱單（Packing List），為準時交付上了雙保險。

在核對的過程中殷塔華團隊得知，庫克島上的現場網路品質較差。其後，殷塔華團隊對照了配置清單上的「準備版本文件」「驗收材料」「版本軟體」「補丁」，並不厭其煩地反覆跟研發、GTAC（全球技術支援中心）確認版本差異、指令碼訊息、軟體引數等，評估各項風險，一遍又一遍地整理重新整理網路設計、埠規劃表、VLAN/IP 等訊息。[116]

---

[116] 殷塔華：《最特別的聖誕禮物》，《華為人》2020 年第 1 期。

　　前期的充分準備在解決此次客戶需求的過程中發揮了巨大的作用，在後續的調測中，不僅節省了很多時間，還走了很多捷徑，為順利交付打下了堅實的基礎。

　　經過 40 個小時的飛行後，殷塔華團隊終於輾轉抵達拉羅東加機場。雖然前期做了充分的準備工作，但是不可控的問題依舊很多。殷塔華舉例說道：「比如，設備過海關比預計時間晚了兩天、客戶的人手不夠、機房建設進度緩慢、機房供電電纜老化、空調無法安裝等一系列的問題。」

　　為了盡可能地降低對旅遊業的損失，客戶殷切地期望華為能夠盡快地解決問題。殷塔華團隊和所有的華為人都明白，他們需要與時間賽跑，參與該專案的華為人加入機房的建設中，刷牆、抬物資……2017 年 12 月 7 日，殷塔華團隊終於完成機房建設。其後的幾天時間內，殷塔華團隊與來自馬來西亞、澳洲的同事們並肩作戰。2017 年 12 月 9 日，殷塔華一行人完成機房內所有硬體設備的安裝工作，同時督促客戶解決供電問題。2017 年 12 月 11 日深夜，裝置供電系統開始正常執行。[117]

　　當設備燈開始閃爍時，恢復通訊的「戰鬥」剛剛正式開始。由於庫克群島的地理原因，通訊只能透過衛星。當時，正值庫克島的雨季，雲層偏厚，嚴重影響衛星的通訊質量。

　　只要遇到棘手問題時，殷塔華一行人只能透過斷斷續續的越洋電話和社群語音等方式與總部溝通，所有的圖片都無法發送，機房惡劣的環境，以及繁重的恢復工作，給殷塔華一行人帶來了巨大的困難。

　　殷塔華回憶說道：「記得第一天偵錯的時候，我沒有想到機房會那麼冷，只能把僅有的揹包直接背上，那一天我就靠著揹包帶來的『溫暖』

[117] 殷塔華：《最特別的聖誕禮物》，《華為人》2020 年第 1 期。

撐過去了，晚上從機房出來的那一剎那，我感覺自己豎了一天的汗毛才服貼下來……偵錯的那幾天，我們都是迎著太陽出門，伴著月亮和星星回去休息，回去之後簡單地吃點乾糧，再溝通一下工作上的問題，就已經凌晨1時多了。那幾天總感覺剛躺下還沒睡著，天就亮了。」

殷塔華團隊的付出得到客戶的諒解和支持，客戶盡可能地減輕華為人非工作時的負擔。例如，為了照顧殷塔華團隊的飲食習慣，客戶甚至為殷塔華團隊準備了他們並不擅長烹飪的中餐。

經過一段時間艱辛工作，偵錯的進度發展迅速，當殷塔華一行人打通首支電話時，客戶滿意地露出一絲笑容。

2017年12月19日，在殷塔華一行人的努力下，庫克群島所有的語音和數據業務全部恢復，且KPI（關鍵績效指標）指標正常。客戶CEO帶著當地電視臺來機房採訪，他跟殷塔華一行人一一握手，說：「Good job, guys!」（做得好，各位！）殷塔華一行人的內心久久無法平靜，是激動、喜悅，也是成就感，更是社會責任感！第二天的《庫克群島新聞報》上刊登了這一喜訊，同時也在報導中也提到了華為 ——「主要設備是來自中國華為公司」（Production of key mobile core equipment by vendor Huawei in China.）。當看著「Huawei」出現在當地報紙上時，殷塔華團隊心中滿滿的都是自豪感。[118]

華為在庫克群島上的服務僅僅是舉不勝舉的案例中的一個。眾所周知，在華為發展較長的一個階段，「低價格、次產品、優質的服務」是華為留給客戶的第一形象。某營運業者老闆至今對華為的優質服務依然記憶深刻：早年，華為的交換機大多在縣級郵電部門使用，產品穩定性差，經常出問題。但華為的跟進服務做得好，24小時隨叫隨到，而且郵

[118] 殷塔華：《最特別的聖誕禮物》，《華為人》2020年第1期。

電部門的員工做主人習慣了，動不動就把華為的員工訓斥一頓，其中還
包括任正非，但他們不僅沒有任何的辯駁，而且總是誠懇檢討，馬上改
正，與西方公司的習慣把責任推給客戶、反應遲鈍相比，華為讓人印象
深刻。誰能拒絕把客戶真正當作「上帝」的人呢？要知道，1990 年代前
後，「服務」的概念在中國尚屬稀缺產品，華為卻把它做到了極致。[119] 在
該老闆看來，華為的優質服務已經超過當時的跨國企業了。

[119]　田濤、吳春波：《下一個倒下的會不會是華為》，中信出版社，2012，第 18-19 頁。

第 16 章

客戶的信任與支持是我們謀生的機會

對於業界諸多美國企業的案例，任正非始終保持學習的態度。在接受採訪時，任正非多次坦言美國是世界科技的「燈塔」。然而，震驚世界的「美國聯合航空公司（簡稱美聯航）事件」發生後，任正非在題為「從『美聯航事件』看巴塞的火爆與坂田的冷清」的內部演講中告誡：「『美聯航事件』為我們提供了警示，我們需要以此為鑑，深刻反思。華為公司沒有任何可壟斷的資源，沒有任何可依賴的保護政策，全靠客戶的信任與支持，才有了謀生的機會。華為公司實行的是獲利共享、風險共擔的利益共同體機制，一旦我們失去客戶的信任，不能再為客戶創造價值，華為公司將一文不名，最終受到最大損失的是我們每個員工。」

在任正非看來，當員工背離「以客戶為中心」的價值觀時，各種層級的官僚體系無疑會產生惰性，使得整個組織遠離客戶。基於此，任正非才在「美聯航事件」發生不久後，告誡華為人，華為不做「美聯航」。

「華為會不會是下一個美聯航？我們認為最寶貴的財富是客戶，一定要尊重客戶。我們以客戶為中心的文化，要堅持下去，越富越要不忘初心。」

「美聯航事件」發生後，暴風驟雨般的批評隨即而至。身為華為創始人的任正非也在內部展開「整風運動」，同時也在強化「以客戶為中心」的落實問題。在題為「在策略預備隊座談會上」的演講中，任正非分析

道：「美聯航不以客戶為中心，而以員工為中心，導致他們對客戶這樣惡劣的經營作風。」

基於此，任正非憂慮地反思道：「華為會不會是下一個美聯航？我們認為最寶貴的財富是客戶，一定要尊重客戶。我們以客戶為中心的文化，要堅持下去，越富越要不忘初心。」

在內部演講中，任正非多次提及「美聯航事件」，那麼到底是什麼事件讓任正非如臨大敵呢？我們必須從這起美聯航事件講起。

美國當地時間 2017 年 4 月 9 日晚間，在美聯航的一架班機上發生了震驚世界的客戶服務危機：一段影片中，一名年近七旬的乘客由於不願配合機組人員的安排改乘其他班機，拒絕下飛機。隨後，機場保全強行將該乘客拖走，導致該顧客流血受傷。

事件是這樣的，美聯航 UA3411 班機即將從芝加哥奧黑爾國際機場（O'Hare International Airport）飛往肯塔基州路易斯維爾（Louisville）市。

當乘客陸續登機後，美聯航 UA3411 班機機組人員突然宣布，因為該班機機票超售問題，得有 4 名乘客改乘其他班機。美聯航 UA3411 班機機組人員這樣做是為了讓該公司的 4 名機組人員能抵達路易斯維爾，為隔日的班機飛行做準備。

為了尋求乘客主動改乘其他班機，機組人員承諾贈送旅行代金券（價值 400 美元和 50 美元的各一張，每購一張機票可抵用一張，有效期一年），但是乘客們都不為所動，拒絕美聯航 UA3411 班機機組人員的建議。

隨後，美聯航 UA3411 班機機組人員將代金券的面值增至 800 美元，但是依舊沒人回應。於是，美聯航 UA3411 班機機組人員決定透過「隨機抽取」改乘其他班機的乘客。

客戶的價值主張決定了華為的價值主張

　　所謂「隨機抽取」其實是有選擇標準的。根據美聯航官網介紹，美聯航會優先保障殘疾人和兒童的權利，其他人則將根據艙位、行程、會員資訊來決定優先順序。

　　就這樣，發生了隨後傳遍全球網路的驚人一幕：69歲的越南裔美國人杜成德（David Dao）被美聯航 UA3411 班機機組人員「隨機抽中」，但是杜成德稱，自己是醫生，次日早上還需要給自己的病人看病，因此不能改乘其他班機。

　　英國《每日郵報》報導稱，杜成德與他同為 69 歲的妻子住在美國肯塔基州伊麗莎白鎮（Elizabeth town），距離路易斯維爾約 40 英里（64 公里），是一名內科醫生。他的妻子名叫特雷莎，是一名兒科醫生。兩人育有 5 名子女，其中有 4 人也是醫生。

　　在僵持不下的情況下，美聯航 UA3411 班機機組人員叫來 3 名機場保全，強行把杜成德拖下飛機。

　　在其他乘客拍攝的影片中，被拖拉的杜成德大聲慘叫，頭部更疑似撞到鄰近的座位，額頭及嘴角破裂出血，眼鏡幾乎掉落，襯衫也被拉起，還有人說杜成德被打暈了……此時，有乘客表示可放棄飛行，但美聯航還是讓杜成德改乘其他班機。

　　大約 10 分鐘後，被拖走的杜成德掙脫了，回到飛機上，喃喃自語說：「我要回家，我要回家。」「殺死我吧！」最後，杜成德還是被拖下美聯航 UA3411 班機，4 位美聯航機組人員坐在騰出的 4 個座位上。

　　身為美國《芝加哥郵報》的專欄作家，羅伯特·里德撰文表示，這起事件是「醜陋的」，如果美聯航不為此負責，航空管理部門、執法部門和國會應該介入調查。

　　美國《洛杉磯時報》也發表文章批評美聯航 UA3411 班機機組人員

此件事件的做法，透過這起事件可以看出許多公司的客服「考慮不周、不人性化、不體貼、不負責，甚至愚蠢」。

面對如潮的媒體批評，美聯航 CEO 奧斯卡‧穆諾茲（Oscar Munoz）不得不公開道歉，內容見圖 16-1。

This is an upsetting event to all of us here at United. I apologize for having to re-accommodate these customers. Our team is moving with a sense of urgency to work with the authorities and conduct our own detailed review of what happened. We are also reaching out to this passenger to talk directly to him and further address and resolve this situation.

- Oscar Munoz, CEO, United Airlines

圖 16-1「美聯航事件」後奧斯卡‧穆諾茲的公開道歉

然而，媒體公開了美聯航 CEO 奧斯卡‧穆諾茲給該公司員工的一份備忘錄，當中穆諾茲稱，美聯航的工作人員遵守了「規定程序」，並稱受傷乘客是因為拒絕配合，「具有破壞性且咄咄逼人」。

「我們試圖徵集志工，之後又按照我們的非自願拒絕登機程序」，包括向願意讓出座位的乘客提供補償，穆諾茲寫道，「當我們找到其中一名乘客解釋，我們很抱歉他被拒絕登機時，他提高自己的音量拒絕配合機組人員的指示。」

「為了讓他配合下飛機，（機組人員）幾次接近他，每一次他都拒絕，而且他變得越來越具有破壞性和咄咄逼人，」穆諾茲在這份備忘錄中寫道，「我們的工作人員別無選擇，只能求助於芝加哥航空局保全協助將那名乘客弄下飛機。」

奧斯卡‧穆諾茲的辯解使得此次事件第二次發酵。2017 年 4 月 11 日，身為京東集團創始人的劉強東，在自己的頭條號上公開痛斥美聯航的服務態度，聲稱美聯航的服務是「全球最爛」，沒有之一。

劉強東寫道：「看到美聯航員工對乘客動粗的新聞，想起三次乘坐美聯航的噩夢般的體驗！我負責任地說：美聯航的服務絕對是全球最爛的！沒有之一！」

身為中國企業家的劉強東，很少公開這樣批評跨國公司的服務。此次事件讓劉強東「火力全開」的「美聯航事件」，足以說明其惡劣的服務態度。

當「美聯航事件」持續發酵時，脫口秀演員黃西在頭條問答上也持類似的觀點，痛斥服務品質非常差的美聯航。

黃西為此還提到了自己不愉快的經歷：「我存了很多里程數，想用這些里程數給家人換了頭等艙，結果到機場之後被告知不行，然後他們說可以使用抵用券，但實際上抵用券使用起來非常困難，後來只能就不使用。」

此外，今日頭條高級副總裁柳甄也在 2017 年 4 月 12 日回顧自己乘坐美聯班機機的糟糕經歷：「唸書的時候，我有一次從芝加哥回灣區，用里程數兌換了商務艙，結果登機坐下後被請到了經濟艙，然後一個貌似成功人士的白人坐在了我本來坐的位置。其他乘客對此見怪不怪，比較麻木。」

事後，美聯航 CEO 奧斯卡‧穆諾茲在推特上發表聲明，「在美國，這是一個令人不快的事件，需要重新安置這些旅客，我表示道歉。美聯航已經在配合當局調查和檢討事件處理經過，也已經與這名乘客直接對話尋求解決事件方法。」

「如果有人見客戶不熱心，坐而論道，就要讓這類人群從專家職位和主管職位退到職員職位上去，將來人力資源會做相關考核。」

當美聯航粗暴對待客戶的新聞被世界媒體集中炮轟時，一直倡導「以客戶為中心」的任正非卻覺察到華為可能成為「美聯航」，在「在策略預備隊座談會上」的演講中分析道：「巴塞的火爆與坂田的冷清，象徵著華為正在淡化以客戶為中心的文化。」

任正非舉例說道：「現在有些客戶不遠萬里來到坂田，很多專家和主管都不願意去展廳為客戶提供講解諮詢，不願多抽一些時間接觸客戶。這是否象徵著華為正滑向美聯航的道路？如果有人不熱心見客戶，坐而論道，就要讓這類人群要從專家職位和主管職位退到職員職位上去，將來人力資源會做相關考核。富了就惰怠，難道是必歸之路嗎？」

在任正非看來，身為產品經理與客戶經理，其主要工作職責就是要與客戶接觸，沒有這種熱情及對成功渴望的人，不能擔任主官。因此，任正非認為，「每個代表處都要明確『如何以客戶為中心』，幹部、專家要考核與客戶交流的數量與品質。考核是全流程，從機會、獲得、交付、服務……缺失這個熱情的要改正，以後的考核要量化、要公開」。

任正非的憂慮不無道理。不管是柯達，還是曾經風光無限的 Nokia，其沒落都與沒有「以客戶為中心」有關。為此，任正非告誡：「公司既然不願意好好為客戶服務，為什麼要建立這麼龐大的機構。每年管理者的末位淘汰比為 10%，但淘汰不是辭退，他可以重新去爭取其他職位。透

客戶的價值主張決定了華為的價值主張

過淘汰主管，將壓力傳遞下去。在這個時代，每個人都要進步，時代不會保護任何人。不要認為華為公司是五彩光環，我們已處於風口浪尖，沒人知道未來將走向何方。因此，我們各項工作都要以『多產糧食、增加土地肥力』為目標。」

　　大量的事實證明，華為始終堅持把「以客戶為中心」植入自己的企業文化之中 —— 只要服務的陣地還在，即使發生核災難也不退縮。

　　正是因為華為「以客戶為中心」，2017 年，華為聚焦管道策略，加強經營品質管制，堅持為客戶創造價值，全年實現營業收入人民幣 6,036.21 億元，年增率成長 15.7%。營運商業務、企業業務、消費者業務均有所提升 [120]，見圖 16-2。

單位：百萬元人民幣

類型	2017 年	2016 年	年增率變動
運營商業務	297,838	290,561	2.5%
企業業務	54,948	40,666	35.1%
消費者業務	237,249	179,808	31.9%
其他	13,586	10,539	28.9%
合計	603,621	521,574	15.7%

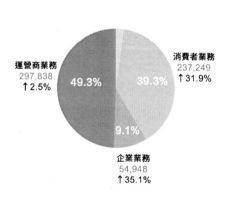

圖 16-2 華為 2017 年營運商業務、企業業務、消費者業務收入比例

　　根據 2017 年年報顯示，華為在海外市場的收入比例達到 49.50% [121]，見圖 16-3。

[120] 華為：《華為投資控股有限公司 2017 年年度報告》，華為官方網站，2018 年 3 月 30 日，https：//www.huawei.com/cn/annual-report，訪問日期：2021 年 6 月 10 日。
[121] 華為：《華為投資控股有限公司 2017 年年度報告》，華為官方網站，2018 年 3 月 30 日，https：//www.huawei.com/cn/annual-report，訪問日期：2021 年 6 月 10 日。

單位：百萬元人民幣

區域	2017 年	2016 年	年增率變動
中國	305,092	236,512	29.0%
歐洲、中東、非洲	163,854	156,509	4.7%
亞太	74,427	67,500	10.3%
美洲	39,285	44,082	−10.9%
其他	20,963	16,971	23.5%
總計	603,621	521,574	15.7%

圖 16-3 華為 2017 年區域市場營業收入比例

在中國市場，「受益於營運業者 4G 網路建設、智慧手機持續成長以及企業行業解決方案能力的增強」，華為實現營業收入人民幣 3,050.92 億元，年增率增加 29.0%。

在歐洲、中東、非洲區域市場，「受益於企業業務數位化轉型加速和智慧手機市場份額的提升」，華為實現營業收入人民幣 1,638.54 億元，年增率增加 4.7%。

在亞太區域市場，「受益於企業業務數位化轉型加速和智慧手機市場份額的提升，保持了良好的成長形勢」，華為實現營業收入人民幣 744.27 億元，年增率增加 10.3%。

在美洲區域市場，「受拉丁美洲營運業者業務市場投資週期波動影響」，華為實現營業收入人民幣 392.85 億元，年增率下滑 10.9%。[122]

---

[122] 華為：《華為投資控股有限公司 2017 年年度報告》，華為官方網站，2018 年 3 月 30 日，https：//www.huawei.com/cn/annual-report，訪問日期：2021 年 6 月 10 日。

第17章

策略家的目標永遠是以為客戶服務為中心

2014 年，任正非在內部演講中高調地提及「藍血十傑」，尤其在「藍血十傑」表彰會上，任正非給予了「藍血十傑」較高的評價，同時也在演講中一如既往地強調了華為「以客戶為中心」價值觀的企業文化。

任正非說道：「華為『以客戶為中心』的核心價值觀是我們永遠不可動搖的旗幟。『藍血十傑』是一批專業經理人，是將軍。我們也需要一批各方面的統帥人物，需要在管理、研發等領域造就出一批策略家。策略家的目標永遠是以為客戶服務為中心。我們也需要一批仰望星空的思想家，他們要能假設未來。只有有正確的假設，才有正確的思想；只有有正確的思想，才有正確的方向；只有有正確的方向，才有正確的理論；只有有正確的理論，才有正確的策略。」

在任正非看來，策略家的目標，永遠是「以為客戶服務為中心」的，脫離了這個理論，不管是「專業經理人」，還是「將軍」，都不能創造歷史。

「繼續『藍血十傑』的數位工程的目的，就是為用網際網路的精神改變內部的電子管理打下堅實基礎，並實現我們與客戶、與供應商的互聯互通。」

2014 年，網際網路思維紅遍中國大江南北。頃刻間，網際網路思維成為「標配」，然而，任正非卻很理性。2014 年 6 月 16 日，在「藍血

十傑」表彰會上，任正非講道：「有一種流行的觀點認為，在網際網路時代，過去的工業科學管理的思想和方法已經過時了，現在需要的是創新、是想像力、是顛覆、是超越。我們認為網際網路還沒有改變事物的本質，現在汽車還必須首先是車子，豆腐必須是豆腐。當然不等於將來不會改變。」

在這場網際網路思維運動中，任正非也客觀地評價了網際網路的貢獻 ── 網際網路現在已經改變了做事的方式，使資訊傳送層級減少、速度加快。

正因為如此，任正非講道：「我們今天堅持用五年時間推行 LTC（從線索到現金）落地，實現帳實相符、『五個一』工程，繼續『藍血十傑』的數位工程的目的，就是為用網際網路的精神改變內部的電子管理打下堅實基礎，並實現我們與客戶、與供應商的互聯互通。」

不可否認的是，「藍血十傑」改變了福特公司，也給世界企業的管理變革提供了一個可以借鑑的範本。對此，任正非回答了兩個問題：華為向「藍血十傑」學習什麼？怎麼向「藍血十傑」學習？

有鑑於「藍血十傑」對福特公司在管理體系建設和完善上做出突出貢獻，創造出重大價值，同時也為了鼓勵華為優秀管理人才，任正非對此提出表彰。任正非講道：「『藍血十傑』為福特公司建立了財務控制、預算編列、生產進度、組織圖表、成本和定價研究、經濟分析和競爭力調查等，這些構成現代企業管理體系的基本要素。當然，這些是工業革命時代的成就，雖然我們現在是處在一個資訊革命的時代，還不知如何預測未來，但洶湧澎湃的技術革命浪潮，還是離不開通訊基礎設備。」

這樣的策略邏輯在於，如果華為要持續向前發展，就需要提升內部管理的價值體系和流程體系。關於「藍血十傑」，還得從 1945 年開始談起。

客戶的價值主張決定了華為的價值主張

1945 年 5 月 8 日，以美國、蘇聯為首的同盟國戰勝了軸心國的德國後，尤其是盟軍攻占德國首都柏林後，德國宣布投降，歐洲戰場宣告結束。同年 8 月 15 日，日本政府向同盟國投降，軸心國集團宣告徹底滅亡。

戰爭的結束，意味著一部分軍人的使命由此終結。此刻，一些有遠見的軍官開始謀規劃自己士兵兄弟的前途和命運。其中，查爾斯・桑頓（Charles Thornton）上校就是這樣一位。

為了擊敗軸心國，華盛頓一個投身軍旅的年輕行政官員查爾斯・桑頓上校親赴哈佛大學商學院挑選了一批優秀學員到美國陸軍航空隊（美國空軍的前身）擔任統計分析軍官。

桑頓上校需要解決的問題是擬訂適當的計畫，確保在制定的時間表裡，使分布於全球、擁有兩百多萬人員和十幾萬架飛機的美國陸航部隊，能夠配置適當的裝備和物資。這批優秀的人才不負眾望，解決了此問題。

然而，戰爭結束後，這些優秀的人才不得不開始自己的另一段人生之路。於是查爾斯・桑頓上校和這批人集體加盟尚在困境中的福特公司。

1943 年，福特公司創始人亨利・福特（Henry Ford）的獨子埃德塞爾・福特（Edsel Ford）因為酗酒的惡習，不到 50 歲就因癌症去世。

埃德塞爾・福特算得上標準的接班人，一直按照亨利・福特安排的接班路徑往下走，但由於亨利・福特迷戀權力，讓埃德塞爾・福特很受傷。

隨著 T 型車的成功，身為福特帝國創始人的亨利・福特清醒地意識到，只有牢牢把控福特公司的控制權，才能擁有最大的發言權。

此後，亨利・福特建立自己的專制王國，直到把福特公司變成福特家的私人財產。1906 年，亨利・福特按照自己的計畫，陸續收購其他股東的股份，持股比例上升到 58.5%。即使自己的獨子埃德塞爾・福特上

任後，亨利‧福特的收購也沒有停下，而是繼續讓埃德塞爾‧福特收購剩餘股權。

1918 年，亨利‧福特終於實現了自己的策略目標 —— 福特家族完全控股了福特汽車公司。不僅如此，讓亨利‧福特更為欣慰的是，獨子埃德塞爾‧福特在自己的影響下，從小就對汽車表現出異常濃厚的興趣。

在公開場合，亨利‧福特說道：「我有一個好兒子，他天生就是我事業的最佳繼承人。」

為了培養埃德塞爾‧福特，亨利‧福特的觀點很直接，培養接班人最好的場所是在企業，而不是大學。

1913 年，中學畢業的埃德塞爾‧福特在父親亨利‧福特的身邊邊學邊做。1918 年，埃德塞爾‧福特擔任福特公司總裁，其後更是獲得了公司 42% 的股份。

雖然如此，身為總裁埃德塞爾‧福特卻沒有握有權力，福特公司的實際控制人依然是其父親亨利‧福特。

此刻，擺在埃德塞爾‧福特面前的問題是，想超越亨利‧福特這個商業傳奇，就必須面臨更大的挑戰。

埃德塞爾‧福特展示了自己的領導力，主持和設計了 Y 型車，暢銷海外市場，同時還推出了林肯和風、水星車等受歡迎的車型，不僅大大豐富了福特公司的產品線，還開拓了海外市場。

有了業績的埃德塞爾‧福特準備開啟重新設計 T 型車，但遭到亨利‧福特的強烈反對。懾於亨利‧福特的威嚴，埃德塞爾‧福特最終妥協了，停止了所有現代化的改進努力。亨利‧福特拒絕在福特公司的策略上做任何變化，也不接受專業經理人的建議，哪怕是獨子埃德塞爾‧福特的建議。

由此可以看到，在埃德塞爾‧福特的人生規劃，甚至是整個職業生涯中，埃德塞爾‧福特都只是亨利‧福特的命令執行者。

在修改 T 型車受挫後，身為福特公司總裁的埃德塞爾‧福特只有三個選擇：接受亨利‧福特的建議；自己一個人做；放手不做。

然而，懦弱的埃德塞爾‧福特選擇了第三個。由於無法擺脫亨利‧福特的陰影，只要埃德塞爾‧福特還在福特公司，他就注定是亨利‧福特的執行者。

不得志的埃德塞爾‧福特以酒澆愁，結果養成酗酒的惡習，死於癌症。

埃德塞爾‧福特的去世讓亨利‧福特飽嘗喪子之痛，更讓他痛苦的是，他曾經的接班人培養計畫竹籃打水一場空，加上其經營觀念僵化和過時，阻礙了福特公司的發展。

讓亨利‧福特欣喜的是，身為家族第三代埃德塞爾‧福特的兩個兒子亨利‧福特二世（Henry Ford II）和班森‧福特（Benson Ford）陸續進入福特公司。

在兩兄弟中，亨利‧福特二世比班森‧福特更有才能，亨利‧福特看到了亨利‧福特二世身上的潛能，但是亨利‧福特擔心自己在家族的至尊地位會受到威脅，一直打壓、否定亨利‧福特二世，忽視亨利‧福特二世在工作中的表現，甚至不讓他搬進埃德塞爾‧福特的辦公室。

亨利‧福特二世終於明白了父親埃德塞爾‧福特壯志難酬和英年早逝的原因，一種強烈的衝動驅使亨利‧福特二世放棄了懦弱，致力於完成父親在福特公司未完成的事業。

此時，珍珠港事件的爆發，美國參加第二次世界大戰，亨利‧福特二世與班森‧福特兩兄弟都應徵入伍，一度失控的家族衝突暫時擱置了

起來。但是，福特家族的內部紛爭已經拉開了帷幕。

　　1945 年，勝利歸來的亨利‧福特二世走向櫃檯。福特汽車公司的繼位之爭終於走向公開，1945 年 9 月 21 日，亨利‧福特迫不得已任命孫子為公司的總裁，但是亨利‧福特二世要求獲得「大刀闊斧進行改革」的權力，否則就不接受任命。

　　此刻的亨利‧福特已經病得很重，雖然極不情願，但他已經有心無力，別無選擇。隨後，在亨利‧福特二世的授意下，為亨利‧福特起草的辭職信在董事會議上公開。1947 年 4 月 7 日，亨利‧福特逝世於故鄉德寶的住宅中，享壽 83 歲，葬於底特律的福特墓地。

　　在當時歷經戰爭和經濟大蕭條的背景下，通用汽車（General Motors）和克萊斯勒（FCA US LLC）不斷推出的新型優質汽車，已經超過福特公司了，福特公司還要面對戰後新湧現的汽車製造商們的激烈競爭。

　　福特公司的情況不太樂觀，為了使福特公司重新崛起，亨利‧福特二世在走馬上任後進行了大規模的改革，大量應徵優秀人才，甚至從通用汽車公司挖來許多管理人才，推出更多車型，迅速恢復了競爭優勢，成為僅次於通用汽車的全美第二大汽車公司，開啟了福特公司的新時代。就這樣，「藍血十傑」就進入了人們的視野。

　　他們的加盟，改寫了福特公司的歷史，因此被稱為「藍血十傑」。他們是：查爾斯‧桑頓、勞勃‧麥納馬拉（Robert McNamara）、法蘭西斯‧利斯（Francis C. Reith）、喬治‧摩爾（George Moore）、愛德華‧藍迪（J. Edward Lundy）、班‧米爾斯（Ben Mills）、阿爾傑‧米勒（Arjay Miller）、詹姆斯‧萊特（James Wright）、查爾斯‧伯斯沃斯（Charles Bosworth）和威爾伯‧安德森（Wilbur Andreson）。

客戶的價值主張決定了華為的價值主張

在古老的西班牙人看來，只有貴族才流淌藍色的血液，後來西方人用「藍色」泛指那些高貴、智慧的菁英才俊。

效力於福特公司的「藍血十傑」，不僅就讀於哈佛大學商學院，更是第二次世界大戰期間美國空軍後勤的戰鬥英雄，卓有成效地將數位化管理模式用於戰爭，為盟軍節省了10億美元的經費，大大提高了美國空軍的轟炸效率。

加盟福特公司後，「藍血十傑」把數位化管理引入福特公司的研發和管理中，幫助發展陷入泥淖的福特公司走出困境，開全球現代化企業科學管理的先河，幫助福特公司達成驚人的業績成長。

對於「藍血十傑」，他們30歲即各有建樹，在自己的領域出類拔萃。他們之中產生了美國國防部長、世界銀行總裁、福特公司總裁、商學院院長和一批鉅商。他們信仰數字，崇拜效率，成為美國現代企業管理之父。

第二次世界大戰不知毀了多少人的生命和事業，卻有十個人因為這次戰爭而展開無比輝煌耀眼的一生。這十個人不只是開現代企業管理制度的先河，更導引了戰後至今數十年的美國產業走向，左右了美國國力。

「有鑑於對資料和事實的理性分析和科學管理，建立在計畫和流程基礎上的規範的管理控制系統，以及客戶導向和力求簡單的產品開發策略。」

「藍血十傑」對現代企業管理的主要貢獻，可以概括為：基於資料和事實的理性分析和科學管理，建立在計畫和流程基礎上的規範管理控制系統，以及客戶導向和力求簡單的產品開發策略。

對此，任正非講道：「我們要科學地掌握生產規律，以適應未來時代

的發展，是需要嚴格的資料、事實與理性分析的。沒有這些基礎，就談不上科學，更不可能作為技術革命的掌舵者。科學管理與創新並非對立的，兩者遵循的是同樣的思維規律。」

既然如此，那麼華為怎麼向「藍血十傑」學習？在向西方企業學習中，華為可謂是耗費巨資。任正非坦言：「當然，今天的主題是要創新，但創新的基礎，是科學合理的管理。創新的目的是為客戶創造價值。」

任正非介紹說：「近二十年來，我們花費十數億美元從西方引進了管理體系。今天我們來回顧走過的歷程，我們雖然在管理上已取得了巨大的進步，創造了較高的企業效率，但還沒真正意識到這兩百多年來西方工業革命的真諦。郭平、黃衛偉提出了『雲、雨、溝』的概念，就是所有的水都要匯到溝裡，才能發電。這條溝在 ITS&P（訊息技術策略與規劃）、IPD（整合產品開發）、IFS、ISC（整合化供應鏈）、LTC、CRM（客戶關係管理）……的相關文獻中已描述過了，我們還沒有深刻理解。沒有挖出這麼一條能匯合各種水流的溝，還沒有實現流程的混流。我們現在就是要推動按西方的管理方法，回溯我們的變革，並保證流程端到端的暢通。」

基於此，華為學習「藍血十傑」的內容，包括尊重資料和事實的科學精神、從點滴做起建立現代企業管理體系大廈的職業精神，敬重市場法則，在縝密調查、研究的基礎上進行理性主義的決策。

在任正非看來，在管理實踐中，最佳的管理體系是各部門、各職位在承擔主要職責（業務管理、財務管理、人員管理）時，獲得整合化的、高效的流程支持。

有些企業各類流程表面都各自實現端到端，但在現實中是流程部門和職位部門存在「九龍戲水」，壓根就不配合，效率相當低下。

客戶的價值主張決定了華為的價值主張

　　對此，任正非說道：「西方公司自科學管理運動以來，歷經百年錘鍊出的現代企業管理體系，凝聚了無數企業盛衰的經驗教訓，是人類智慧的結晶，是人類的寶貴財富。我們應當用謙虛的態度下大力氣把它系統地學過來。只有建立起現代企業管理體系，我們的一切努力才能導向結果，我們的大規模產品創新才能導向商業成功，我們的經驗和知識才能夠累積和傳承，我們才能真正實現站在巨人肩膀上的進步。」

　　任正非也清醒地意識到，雖然「藍血十傑」以其強大的理性主義精神奠定了戰後美國企業和國家的強大，但任何事情都不可走極端，在1970年代，由「藍血十傑」所倡導的現代企業管理也開始暴露出弊端。對數字的過度崇拜、對成本的過度控制、對企業集團規模的過度追求、對創造力的遏制、事實上的管理過度，使得福特等一批美國大企業遭遇困境。基於此，「以客戶為中心」的核心價值觀是華為永遠不可動搖的旗幟。

第六部分
華為的可持續發展，歸根結柢是滿足客戶需求

　　我們產品中有些十分艱難的研究、設計、試驗都做得非常漂亮，而一些基本的簡單業務長期得不到解決，這是缺乏市場意識的表現。面向客戶是基礎，面向未來是方向，沒有基礎哪來的方向？土填實了一層再撒一層，再填，這樣才會大幅提高產品的市場占有率。

—— 華為創始人任正非

第18章

要真正理解最終客戶的真正需求

對任何一個企業來講，能夠前瞻性地分析客戶潛在的需求，關注客戶未來的需求，就會在競爭中占據優勢。這樣的話，企業不僅可以滿足客戶當下的現實需求，還可以創造需求，將客戶的潛在需求轉化成現實需求。

2014年，任正非在內部演講「做謙虛的領導者」中說道：「我們既要關注客戶的現實要求，也要關注他們的長遠需求。真正理解最終客戶的真正需求是什麼，幫助客戶適應社會發展。」

在任正非看來，只有關注客戶的長遠需求，並滿足其需求，才能有效地解決華為的生存和發展問題。

「我不主張產品線和區域結合得太緊密，結合太緊密的結果，就是滿足了低端客戶的需求。因為區域反映上來的客戶需求不是未來的需求，而是眼前的小需求，會牽制華為公司的策略方向。」

在任何一個時代，一部分企業家總是在試圖利潤最大化，即使在當下也是如此。比如，2020年新冠疫情很嚴重的時候，一些企業家就把目光放在口罩、體溫計等產品上，不僅借貸建立工廠，甚至不惜一切代價，暫停主營業務，以後也全力尋找類似的商機，結果使得自己完全喪失競爭力。

客觀地講，身為企業家，盡可能地滿足使用者需求，這並沒有什麼

錯，但是一味尋求短期利潤最大化，勢必會犧牲企業在中長期的策略機會，畢竟企業的生存和發展，不是短暫的。

2015 年，任正非在「策略務虛會上的演講」中說道：「我不主張產品線和區域結合得太緊密，結合太緊密的結果，就是滿足了低端客戶的需求。因為區域反映上來的客戶需求不是未來的需求，而是眼前的小需求，會牽制華為公司的策略方向。」

在任正非看來，華為的發展必須建立在制定合理的中長期策略規劃之上，這樣的發展才能保證華為在未來活下來。就是因為如此，華為當年放棄了個人手持式電話系統的市場。

1997 年，時任杭州餘杭市（今為杭州市餘杭區）郵電局局長的徐福新赴日考察，以自己專業的眼光覺察了 PHS（Personal Handy phone System，個人手持式電話系統，中國俗稱小靈通）技術的市場潛力。

考察結束後，徐福新向主管彙報 PHS 技術的商用前景。經過慎重考慮後，主管贊成引進此技術。

PHS 技術採用的微蜂巢技術（Femtocell），透過微蜂巢式基地臺來實現無線覆蓋，把使用者端（即無線市話手機）透過無線方式接入本地電話網，解決了傳統固定電話總是固定在單一位置的問題，只要在無線網路覆蓋範圍內，使用者可以便捷地移動使用。

之後，迅速流行的 PHS 證明了徐福新的判斷。究其原因，PHS 輻射較小、綠色環保，更為關鍵的是，小靈通的資費與固話價格一樣。

面對 PHS 技術的引入，華為高層爭論不已。身為創始人的任正非堅決不同意涉足 PHS 技術的開發。任正非的理由很簡單，PHS 只是一個救急的、較為短暫的賺錢專案，很快就會被淘汰，華為寧可不賺錢，也不做即將淘汰的技術專案。

　　任正非的判斷是對的，經過幾年的迅速發展，PHS 產品慢慢落幕。由於 PHS 技術本身的局限，尤其是小靈通無法解決快速移動情況下穩定通話的問題。例如，當使用者乘坐汽車時，會連線多個通訊基地臺，極有可能導致通話的不連續，甚至可能隨時掉線。

　　任正非並非大權獨攬，但經過慎重考慮，華為在此階段最終放棄了PHS 技術的研發。當然，之所以放棄 PHS 技術的研發，一個更為重要的原因是任正非更看好當時主流的 GSM 通訊技術。1998 至 2002 年間，中國通訊市場處於高速擴張階段，僅廣東省，中國移動在擴容 GSM 的訂單價值就高達百億元。

　　在第二代通訊網路建設如火如荼進行時，CDMA 技術開始應用於民用通訊市場。在 GSM 技術研發上，華為已經投入了 16 億元。

　　然而，一路狂奔的中國聯通也在此刻發力，在資本市場如魚得水。1998 年春，中國聯通與高通公司就有關 CDMA 智慧財產權的問題展開談判，但是由於沒有達成共識，中國聯通不得不暫停首次 CDMA95 招標。

　　對於正在與高通艱難談判的中國聯通，何時再次招標，沒有一個明確的時間表。此刻，對於期望競標成功的華為，尤其是身為華為創始人的任正非來講，要做出選擇，是繼續保留 CDMA95 專案的研發，還是把研發重心轉向其他領域。華為猶如站在一個十字路口，艱難地選擇前行的道路，必須做出策略取捨。

　　在任正非看來，開局不順的中國聯通不太可能在短時間內執行CDMA 專案，即使進展順利，再次招標該專案時，中國聯通肯定會選擇更為先進的 CDMA2000，放棄相對落後的 CDMA95。

　　基於這樣的判斷，任正非把該專案的突破瓶頸重點放在了CDMA2000 的研發上，同時迅速地撤掉原來的 CDMA95 研發小組。在

當時，全球 CDMA 使用者不過區區 2,000 萬左右。於是，華為集中火力全力攻堅 GSM 技術。

1998 年，華為集中資源研發的 GSM 產品，由於技術不夠成熟，無法突破重點市場。更為嚴峻的是，華為擅長的戰術失效了。

在創業初期，華為透過蠶食鯨吞的競爭方式，擊敗了跨國企業。縱使技術和品質不占優勢，但是華為的立足點就是跨國公司無暇顧及的偏遠地區。例如，在東北的黑龍江省，愛立信僅僅有三四個人負責黑龍江本地網的維護。

為了擊敗愛立信，華為居然派出 200 多人常年駐守黑龍江每個縣電信局本地網專案，在做好維護工作的同時提升自己的壁壘。

遭遇華為的競爭，截至 2000 年，跨國企業開始阻擊華為的套路，吸取了教訓。只要華為研發出某款產品，跨國企業的競品立即降價銷售，讓華為的產品失去競爭力。例如，在當時的廣東市場，中國移動的 GSM 擴容訂單高達百億元，而近在咫尺的華為沒有拿到一分錢的訂單。

2019 年 2 月 13 日，華為輪值董事長徐直軍在採訪時向六家英國媒體就談及此話題：「比如說，深圳旁邊的城市 —— 廣州的廣州移動就沒有選擇我們的 4G 設備，這很正常。澳洲的行動設備市場還不如廣州大，紐西蘭的市場還不如我的老家益陽的大。華為連廣州移動都沒有提供產品，少幾個國家也無所謂。我們無法服務所有的國家、所有的客戶，我們精力也是有限的，不可能壟斷全球市場。深圳周邊的市場都沒有機會，對我們產業界來說都是很正常的事情。我們集中精力服務好願意選擇華為的客戶和國家，把這些市場做得更好。」

與任正非持的觀點相反，時任中興董事長的侯為貴卻認為，中國聯通較快地執行 CDMA 專案，雖然 GSM 是主流市場，CDMA95 標準卻不

遜於 GSM。即使從安全效能角度分析，中國聯通的行動網路必須是穩健
發展，即先經過 CDMA95 的檢驗後，再使用 CDMA2000。在侯為貴看
來，即使研發 CDMA2000，也需要相關的 CDMA95 標準作為基礎。基
於此，侯為貴把研發重心集中在 CDMA95 專案上，同時投入一小部分資
源研究 CDMA2000 標準。

2001 年 5 月，中國聯通一期 CDMA 專案再次招標，選用的標準是
CDMA95 的加強版。中興成功地拿下中國聯通 10 個省共 7.5% 的份額。

當華為得知聯通採用 CDMA95 加強版後，再回頭研發 CDMA95，
時間已經來不及了。在 2001—2002 年中國聯通的一、二期招標中，華為
接連敗北。

相比於華為，中興憑藉自身優勢，梅開二度。2002 年 11 月底，中興
再次得標中國聯通 CDMA 二期專案建設，共獲得 12 個省分總額為 15.7
億元的一類主設備採購合約。

兩次投標顆粒無收讓華為創始人任正非倍感壓力。然而，更令任正
非糾結的事情還在繼續。

從專業的角度來說，任正非等人組成的華為管理層判定 PHS 是落後
技術，這樣的判斷是科學的、合理的。但是，中國市場異常特殊，尤其
是當時處在變革中的中國。雖然 PHS 是落後技術，但是中國網通、中國
電信急切地想搶占移動市場，加上沒有什麼技術儲備，他們看到 PHS 技
術猶如餓漢看到饅頭。雖然 PHS 技術不夠先進，但在特殊時期，尤其是
中國電信和中國網通當年沒有移動牌照的背景下，這不得不說是一種沒
有選擇的選擇。

華為管理層否決了 PHS 技術，卻讓 UT 斯達康的創始人吳鷹如獲至
寶。1991 年，就職於貝爾實驗室的吳鷹與赴美留學的薛村禾，共同在美

國建立斯達康公司；同年，原 8848 董事長薛必群與美籍人士陸宏亮共同成立 UNITECH TELECOM（UT）公司。

1995 年，斯達康公司與 UNITECH TELECOM（UT）公司合併。其後，陸宏亮帶領吳鷹、薛村禾、薛必群奔赴日本，與軟銀創始人孫正義洽談融資問題，結果孫正義投資 3,000 萬美元，持有 30％的 UT 斯達康股份。

此後，吳鷹接觸中國電信高層，覺察到中國固話營運業者有意開展行動通訊。於是，UT 斯達康從松下公司引進 PHS 技術，將其帶到中國。2000 年，UT 斯達康在那斯達克上市。

當 UT 斯達康引進 PHS 技術，推出產品後，迅速贏得使用者的認可。當然，PHS 的走紅，一方面因為網路營運商的建網速度快、投資小；另一方面是因為使用者通話費經濟實惠，相比手機，花固話的錢就能享受手機的服務。

在 PHS 火紅的市場背後，一場關於小靈通技術是否落後的大辯論由此展開。在華為內部，同樣也在談論 PHS 技術的市場前景。華為的結論認為：一方面，PHS 技術比較落伍，PHS 技術不出 5 年就會被市場淘汰；另一方面，電信主管部門對 PHS 技術的政策不明朗。因此，華為理智地放棄了 PHS 技術研發。

當華為放棄拓展 PHS 業務後，侯為貴卻把 PHS 作為中興後續的市場主攻產品。在侯為貴看來，當時中國移動的移動業務發展迅速，直接衝擊中國電信的固話業務，中國電信的固話業務成長緩慢。在此刻，中國電信自然想布局行動網路，PHS 就是一個絕佳的選擇。

侯為貴的判斷得到印證，截至 2004 年底，PHS 使用者達到 6,000萬。此刻的華為，不得不看著中興和 UT 斯達康飄紅的報表。

華為的可持續發展，歸根結柢是滿足客戶需求

　　2003 年，中興營業收入達到 251 億元，而華為當年的營業收入為 317 億元。中興的營業收入一度達到了華為的 79.18%，雙方差距越來越小。更讓華為惱火的是，之前默默無聞的 UT 斯達康，透過 PHS 業務竟然一躍成為營業收入超過 100 億元（2003 年）的明星企業。

　　與中興和 UT 斯達康相反的是，華為作為中國通訊裝置製造商「一哥」在此階段收穫甚微，鉅額的 3G 投入不僅沒有得到期望的回報，還失去了瓜分 PHS 市場的最佳時機。

　　不僅如此，華為的國際競爭對手摩托羅拉、Nokia、愛立信得益於中國手機使用者的迅速成長也高歌猛進。中國市場儼然成為全球手機廠商最主要的市場。

　　此階段的華為，依然落寞地徘徊在手機兆元級的市場大門外。2002 年，一向如同獅子一樣發展迅速的華為，首次出現了負增長。

　　面對國際競爭對手在中國市場上賺得盆滿缽滿，在策略聚焦的指導思想下，任正非遇到了另外一個難題：面對蓬勃發展的手機市場，華為到底做不做手機業務。

　　在任正非看來，華為就是一個為營運業者提供通訊技術的設備服務業者。為了打消營運業者的疑慮，任正非曾承諾華為不會進入通訊消費產品的領域。這或許是華為遲遲不願意涉足手機研發領域的一個重要原因。

　　雖然如此，迅速發展的行動手機市場，讓華為人按捺不住研發手機產品的激情。2002 年，華為員工就在內部會議向任正非提議，華為 3G 設備最多只能銷售一次，但是華為可以滿足消費者幾年換一部手機的需求，中國的手機消費者數量巨大。

　　有鑑於此，華為必須盡快展開 3G 手機研發，否則將會失去一個潛力巨大的藍海市場。任正非的觀點是，反對華為做手機業務，甚至生氣地

拍著桌子說道:「華為公司不做手機這個事,已早有定論,誰又在胡說八道!誰再胡說,誰失業!」

此後,在很長一段時間內,立項做手機專案,就成為華為內部一個非常忌諱的話題。面對 2002 年經營數據不理想的局面,2003 年後,以任正非為班底的華為管理層,開始糾正之前的策略誤判,華為重啟 PHS 業務,涉足該市場。

此刻顯然不是華為進入 PHS 業務的最佳時機,既要面臨 PHS 廠家中興和 UT 斯達康在前方的堵截,還要面臨低價手機和 CDMA 在後方的進攻。業界並不看好華為涉足 PHS 的前景,有業界人士毫不隱諱地批評華為說道:「華為已錯過了發展 PHS 的最佳時機。」

在困境中,以任正非為班底的華為管理層痛定思痛,以華為高效的執行力為基礎,以客戶為中心和以奮鬥者為本為指導,在短短半年時間內,華為就克服了 PHS 技術。

其後,華為憑藉自己強大的供應鏈系統,以及成本管理,把當時售價高達 2000 元左右的 PHS 終端產品的出貨價拉低到了令人難以置信的 300 元。

在華為強攻 PHS 市場時,遭受影響最大的是 UT 斯達康,不僅沒能保持之前的高速成長,同時還陷入虧損。2004 年第四季度,UT 斯達康出現虧損,2005 年營業虧損更是高達 5.3 億美元。

為了集中優勢,UT 斯達康砍掉可能給華為帶來競爭壓力的 3G 業務。UT 斯達康從此一蹶不振,再也沒有奔跑在潮頭,直到被通鼎互聯收購。

2019 年 2 月 11 日,曾經喧囂一時的 PHS 之王 —— UT 斯達康被通鼎互聯收購,UT 斯達康用這種最為悲壯的方式謝幕,藉此印證以任正非為班底的華為管理層在涉足 PHS 業務時的糾結和自我救贖。

華為的可持續發展，歸根結柢是滿足客戶需求

　　雖然以任正非為班底的華為管理層糾正了策略誤判，但是華為耗費巨資研發的 GSM 和 WCDMA 業務並沒有起色。在中國本土市場，由於遭遇跨國企業的圍追堵截，華為竟然拿不到訂單。不得已，以任正非為班底的華為管理層認為，華為只有征戰海外市場，方有可能存活。

　　2000 年 12 月 27 日，華為在深圳五洲賓館召開向海外進軍誓師大會，任正非動情地說：「我們的游擊作風還未退盡，而國際化的管理風格尚未建立，員工的職業化水準還很低，我們還完全不具備在國際市場上馳騁的能力，我們的帆船一駛出大洋，就發現了問題。我們遠不如朗訊、摩托羅拉、阿爾卡特、Nokia、思科、愛立信……那樣有國際工作經驗。我們在國外更應向競爭對手學習，把他們當作我們的老師。我們總不能等待沒有問題才去進攻，而是要在海外市場的激烈競爭中熟悉市場、贏得市場，培養幹部團隊。我們現在還十分危險，完全不具備這種能力。若三至五年之內不能建立起國際化的團隊，那麼中國市場一旦飽和，我們將坐以待斃。今後，我們各部門選拔幹部時，都將以適應國際化為標準。逐步下調那些不適應國際化要求的人員。」

　　在此次誓師大會上，「青山處處埋忠骨，何須馬革裹屍還」等醒目的大標語，似乎在為悲壯的國際化遠征吹響集結號。

　　此刻的華為，為了生存，在不熟悉國際市場的情況下，踏入了茫茫的「五洲四洋」。華為人透過國際化攻堅之路，拯救了華為。在〈華為的冬天〉一文中，任正非誠懇地承認自己在幾件事上的重大失誤，並反思華為的現狀。任正非說道：「我們一定要推行以自我批判為中心的組織改造和優化活動。自我批判不是為批判而批判，也不是為全面否定而批判，而是為優化和建設而批判。自我批評總的目標是要提升公司整體核心競爭力。為什麼要強調自我批判？我們倡導自我批判，但不提倡相互

批評，因為批評不好把握尺度，如果批評的火藥味很濃，就容易造成隊伍之間的衝突。而自己批判自己呢，人們不會自己下猛藥，對自己都會手下留情。即使用雞毛撢子輕輕打一下，也比不打好，多打幾年，你就會百鍊成鋼了。自我批判不光是個人進行自我批判，組織也要對自己進行自我批判。透過自我批判，各級骨幹要努力塑造自己，逐步走向職業化、國際化。公司認為自我批判是個人進步的好方法，還不能掌握這個武器的員工，希望各級部門不要對他們再提拔了。兩年後，還不能掌握和使用這個武器的幹部要調整工作職位。在職在位的幹部要奮鬥不息、進取不止。」

此後的任正非帶頭自我批評，反思之前的錯誤，並開始糾正錯誤。2002 年末，任正非召集華為幹將，展開手機立項討論會。

之前，曾提議做手機而被任正非嚴厲批評過的張利華再次彙報。聽完彙報後，任正非不再拍桌子，而是心平氣和地說了兩句話：「紀平（時任華為 CFO），拿出 10 億元來做手機。為什麼中興 GSM 手機沒有做好，虧損了好幾年，你們要想清楚。做手機跟做系統設備不一樣，做法和打法都不同，華為公司要專門成立獨立的終端公司做手機，獨立運作！」

任正非的自我批評，並糾正錯誤。華為進軍手機業務，宣告手機行業一匹黑馬出現。經過十多年的攻城拔寨，華為成就了如今能研發高階晶片，具備核心技術，令中國驕傲的國產手機品牌。

2019 年 4 月 30 日，國際研究數據研究公司（IDC）釋出第一季度全球智慧機市場統計報告。其中華為表現最為搶眼，大幅超越蘋果，2019年第一季度，華為智慧手機出貨量大幅成長，坐穩全球第二的寶座。

報告表明，華為占據了全球智慧手機市場 19% 的份額，這是華為智慧手機有史以來的最高比例。

華為的可持續發展，歸根結柢是滿足客戶需求

報告顯示，2019 年第一季度全球智慧手機出貨量為 3.108 億，比 2018 年第一季度的 3.327 億下降了 6.6％，蘋果（APPLE）iPhone 出貨量下降 30％。三星出貨量年增率下降 8％，見圖 18-1。

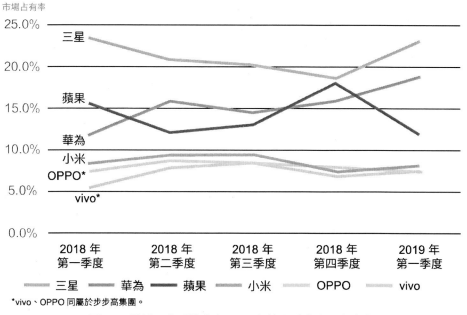

市場占有率

圖 18-1 世界五大手機廠商 2019 年第一季度市場占有率

*vivo、OPPO 同屬於步步高集團。

2019 年，華為在被美國政府四處圍堵的情況下，之所以能夠在 2019 年第一季度拿下如此高的市場份額，離不開多款新機的功勞。

在 2019 年第一季度，華為和榮耀相繼釋出榮耀暢玩 8A、華為 nova 4e 等多款新產品，加上之前釋出的旗艦產品。例如，華為 Mate 20 系列產品的發力，助力華為手機拿下 5,910 萬臺的銷量成績。相對於 2018 年第一季度銷量，華為手機實現 50.3％的成長。在華為之後，蘋果排名第三，2019 年第一季度的全球銷量為 3640 萬臺，市場份額下降到了 11.7％，見表 18-1。

表 18-1 2018 年第一季度—2019 年第一季度世界手機廠商排名

排名	公司	2019 年第一季度銷售量（百萬部）	2019 年第一季度市場占有率	2018 年第一季度銷售量（百萬部）	2018 年第一季度市場占有率	市場占有率增減值
1	三星	71.9	23.1%	78.2	23.5%	-8.1
2	華為	59.1	19.0%	39.3	11.8%	5.03
3	蘋果	36.4	11.7%	52.2	15.7%	-30.2
4	小米	25.0	8.0%	27.8	8.4%	-10.2
5	vivo	23.2	7.5%	18.7	5.6%	24.0
6	OPPO	23.1	7.4%	24.6	7.4%	-6.0
-	其他	72.1	23.2%	91.9	27.6%	-21.5
-	共計	310.8	100%	332	100%	-6.6

資料來源：IDC 季刊行動電話銷量追蹤，2019 年 4 月 30 日

資料顯示，2019 年第一季度，華為超過蘋果成為全球第二大智慧型手機廠商。

「我們以這種方式來滿足客戶需求，就不會讓客戶牽著鼻子走。否則剛滿足了客戶這個需求，新的需求又出現，太碎片化，我們就完全束手無策。」

在公開場合，任正非強調，「滿足客戶需求，我們才會有生存之路」。2018 年 11 月，索尼公司第 11 任總裁吉田憲一郎拜訪任正非。

吉田憲一郎是 2018 年 2 月才任職索尼總裁的。2018 年 2 月 2 日，索尼對外宣稱，現任 CFO、執行副總裁、公司執行代表、董事吉田憲一郎將出任總裁兼 CEO、執行副總裁、公司執行代表，於 2018 年 4 月 1 日起生效。

　　即將卸任的平井一夫說道：「自 2012 年 4 月任職總裁兼 CEO 以來，我一直表示，我的使命是保證索尼始終是一家為使用者帶來感動的公司，用情感打動他們，激發並滿足他們的好奇心。為此，我一直致力於公司轉型，提高其盈利能力，而且在當前中期企業計畫的第三年也是最後一年，我們預計將超額完成財務目標。我感到很自豪。我也非常高興聽到越來越多人開心地表示索尼又回來了。隨著公司逐漸進入關鍵時期，我們即將開始新的中期計畫，為索尼的未來，也為個人生活開始的新篇章，我認為這是一個理想時機，把領導的重任託付給新一任管理層。自 2013 年 12 月回歸索尼後，我的繼任者吉田憲一郎先生一直支持我。當我們一起承擔改革索尼的挑戰時，無論是作為 CFO，還是作為知己、業務夥伴，他都做出了卓越的貢獻。吉田先生把深度的策略思考和堅定不移的決心結合起來，以達到既定目標，並具備全球視野。我相信他擁有豐富的經驗和視野，以及管理索尼多元化業務需要的堅定的領導素質，是推動公司邁向未來的理想人選。身為董事長，我當然會全力支持吉田先生和新的管理團隊，盡我所能順利交接，保證未來的成功。」

　　對於平井一夫給出的極高評價，吉田憲一郎回應說：「非常感謝平井一夫先生和索尼董事會給予我的信任和信心，我將繼任索尼總裁兼 CEO 這個重要職位，同時我也感受到了擔任這個職位需要承擔的責任。我將與索尼的優秀人才合作，在平井先生建立的業務基礎上，致力執行改革措施，提高索尼作為全球性企業的競爭力，並使我們能夠實現長期的利潤成長。我的首要任務是實現於 2018 年 4 月開始的下一個中期企業計畫，並穩步執行 2018 財年的業務計畫。在這令人激動的時刻展望索尼未來，我和我的管理團隊將滿足不同利益相關者的期望，尋找前進的最佳路徑，全力以赴創造更好的索尼。」

　　9 個月後，帶著好奇，吉田憲一郎拜會任正非說道：「索尼公司從創業至今有 72 年歷史，我是第 11 任總裁，於 2018 年 4 月開始任職。我從索尼公司的創始人盛田先生身上主要學習到三點：第一，我們需要擁有危機感；第二，我們需要保持謙虛的態度；第三，要有長遠的眼光。任總您的經營哲學是否與此相似？」

　　任正非回答道：「基本相似。但是我認為，第一點應該是要有方向感，包括客戶需求的方向感、未來技術創新的方向感。當然，技術創新實際也是客戶需求，是未來的客戶需求。要不斷調整方向，保證方向大致正確。方向並不一定要求絕對正確，絕對正確的方向是不存在的，否則太機械、太教條了。第二，組織要充滿活力，這與您講的三點基本一致。因此，要勇於在內部組織與人員中疊代更新。比如，我們的作戰組織，要保證一定比例的基層人員參與決策。最高層司令部的『策略決策』，允許少量新員工參加；再下一層級叫『戰役決策』，如區域性決策、產品決策等，不僅是新員工，低職級員工也要占有一定比例。我們層層級級都實行『三三制』原則，要讓一些優秀的『二等兵』早日參與最高決策。以前大家排斥他們，有人問：『新兵到最高決策層做什麼？』讓他們幫主管『拿公事包』也可以呀！他們參加了會議，即使很多內容聽不懂，但是腦袋開了『天光』，提早了解未來作戰，而且他們還年輕。新生力量就像鮎魚一樣，把整個魚群全啟用了。因此，疊代更新很容易，我們不擔心沒幹部，而是擔心儲備幹部太多了，不好安排他的工作。備份幹部太多，在職幹部就不敢惰怠，否則很容易被別人取代。」

　　在任正非看來，客戶需求的方向感是作為掌舵者必須把握的。當然，決策者可能因為自己的局限出現決策錯誤，那麼華為透過華為輪值機制解決此問題。任正非解釋：

　　首先解釋一下我們的輪值制度。如果公司某一個人有絕對權威，隨意任命幹部，其他人又不得不承認，這樣公司的用人機制就會混亂。

　　我們公司有三個最高領袖，一個人說不算，必須徵求其他兩個人的看法和支持。他們三個人的思維方式達成一致以後，還要經過常務董事會討論，舉手表決，少數服從多數；常務董事會透過以後，提交董事會表決，也是少數服從多數。這就制約了最高權力，維護了公司幹部體系的團結，避免了個別主管不喜歡的幹部在公司受到排斥。

　　這個決策過程是慢的，四慢一快。

　　董事長代表持股員工代表大會對常務董事會進行運作規則管理，監事會對其行為進行管理，這樣我們就形成一個機制：第一，「王」在法下，最高領袖要遵守規則制度，「法」就是管理規則；第二，「王」在集體領導中，不能一個人說了算，他可以提出意見來，透過大家集體表決，這樣保證最高領導層不會衝動行事。

　　我們從上至下的行動之所以非常一致，因為有一個制度「立法權高於行政權」。社會有種傳統說法「縣官不如現管」，立法權就被架空了，我們強調立法權大於行政權。我們建立規則時，廣泛徵求了基層幹部意見。可以批評、可以反對，制度形成後就必須被執行，不執行就要被免職。

　　當然，華為完善決策的制度保證了決策快，同時還保證了決策之後的行動非常快。這樣的制度其實就是為了產品的疊代和需求。

　　任正非這樣解釋：

　　比如我們現在要攻一個「山頭」（指產品），主攻部隊集中精力攻克「山頭」，主攻部隊的精力是聚焦在現實主義的進攻，「山頭」攻占下來，主攻部隊已經消耗殆盡了。我們還有第二梯隊，不僅考慮「山頭」，還要

考慮「炮火」延伸問題，比如攻下「山頭」下一步怎麼辦、未來如何管理、武器還有什麼缺點需要改進……第二梯隊要在更寬的範圍內改進作戰方式。

第一梯隊「打完仗」以後，可能就分流了：有一部分人員走向市場、服務、管理……有一部分人員繼續編成新團隊前進，和第二梯隊融在一起，拓寬了戰役面。分流到其他地方的人不是不行，攻下「山頭」，他們是最明白產品的人，在市場裡先知先覺，在服務方面是最明白、最有能力的人，在管理方面吸取了經驗教訓，這些人的成長根據每個人的特性也充滿機會。

第二梯隊在衝上去時，已經不是裝備「步槍」「機關槍」，而是裝備「坦克」「大砲」……各種新式武器進攻，所以進攻能力更強。

第三梯隊，研究多場景化，攻打「大山頭」和「小山頭」的作戰方式不同。比如，市場需求有東京、北海道，還有北海道的農村，這叫多場景化。不能把東京的設備放到北海道的農村去，那太浪費了。同一個產品在對應不同客戶需求時，表現為不同形態，可以把成本和能耗降下來了。

第四梯隊，從網路極簡、產品架構極簡、網路安全、隱私保護入手，進一步優化產品，研究前面進攻的武器如何簡化，用最便宜的零部件造最好的設備。第四梯隊根據第一、二、三梯隊的作戰特點，簡化結構，大幅提高品質與降低成本，加強網路安全與隱私保護。

在表彰的時候，我們往往重視第一梯隊，攻下「山頭」光榮，馬上給他戴一朵大紅花。其實第四梯隊是最不容易做出成績的，他們要用最差的零部件做最好的產品，還面臨著零部件的研發等一系列問題。如果我們對第四梯隊一時做不出成績就不給予肯定，就沒有人願意去做這個

華為的可持續發展，歸根結柢是滿足客戶需求

事情。總結起來，我們研發就是幾句話：多路徑、作戰佇列多梯次、根據不同客戶需求多場景化。

對於客戶需求會分場景去開發，索尼中國區總裁高橋洋問道：「您剛才提到，對於客戶需求會分場景去開發，具體順序是如何的呢？比如，有了客戶需求，按照需求去開發技術；還是有了技術，按照客戶需求去選擇？」

任正非說道：「客戶需求是一個哲學問題，而不是與客戶溝通的問題，不是客戶提到的就是需求。我們要先瞄準綜合後的客戶需求理解，做出科學研究樣機，科學研究樣機可能是理想化的，它用的零件可能非常昂貴，它的設計可能非常尖端，但是它能夠實現功能目標。第二梯隊才去把科學研究樣機變成商業樣機，商業樣機要綜合考慮可實用性、可生產性、可交付性、可維護性，這個產品應該是比較實用的，可以基本滿足客戶需求，投入新產品的價格往往比較高。第三梯隊分場景化開發，這個時候我們要多聽客戶意見，並且要綜合性考慮各種場景的不同需求以後才形成意見，並不是客戶說什麼就是意見，這就是適合不同客戶的多場景化，可能就出現價廉物美的產品了。第四梯隊再開始研究用容差設計和更便宜的零部件，做出最好的產品來。比如，電視機的設計就是容差設計。」

任正非補充說：「我們以這種方式來滿足客戶需求，就不會讓客戶牽著鼻子走。否則剛滿足了客戶這個需求，新的需求又出現，太碎片化，我們就完全束手無策。」

第 19 章

滿足客戶需求，我們才會有生存之路

在華為，任正非強調，做任何事情，都要因時因地而改變，不能教條主義，關鍵是滿足客戶需求。究其原因，華為的老師——IBM 就曾經犯過錯誤。隨著多年的發展有成，IBM 患上了傲慢和官僚主義的大企業病，因此錯過 1990 年代初期發生的市場大變化，市場占有率暴跌。這樣的失誤也讓任正非警醒，任正非說道：「也許我們不能在很短的時間內找到真理，但只要抓住了客戶需求，我們就會慢慢找到。」

2002 年，任正非在內部演講「公司的發展重心要放在滿足客戶當前的需求上」中說道：「滿足客戶需求，我們才會有生存之路。市場部在全世界刨那麼多坑是好事，我們得趕緊去種樹。市場需求還是要滿足的，困難還是要克服的，研發不能說我們的小樹沒有長大，市場部也不可以說等我兵練好了再給你打仗。如果員工說我們現在年輕，還嫩，長大後再給你打仗，這是不行的。市場不相信眼淚，我們只有拚，才能衝過去。」

「什麼叫以業務為主導？這就是要勇於創造和引導需求，取得『最佳時機』的利潤。也要善於抓住機會，縮小差距，使公司和世界同步而得以生存。」

在產品的設計和研發中，使用者的需求往往是被創造的，比如人類第一輛汽車就被稱為「無馬車廂」。

其後，使用者就可以透過沒有電線的盒子收聽廣播，在接二連三的創新中，汽車創新不僅滿足了使用者的需求，同時也創造了使用者的需求。在這裡需要說明的是，在產品創新的早期階段，由於沒有充分滿足或啟用使用者需求，意味著產品創新與使用者之前所知道的有諸多不同。

產品只能滿足使用者抱怨或者缺失的需求，使得產品發揮自己應有的創新價值。比如，卡爾·賓士（Karl Benz）建造的首輛汽車就是透過創新滿足了人們更快出行的需求。

1844 年，賓士汽車創始人卡爾·賓士出生在德國，其父親是一位火車司機，但是在 1846 年因事故去世。

家庭的變故並未影響卡爾·賓士對自然科學的濃厚興趣。1860 年，卡爾·賓士進入卡爾斯魯爾綜合理工大學校學習。在學期間，卡爾·賓士系統地學習了機械構造、機械原理、發動機製造、機械製造經濟核算等方面的知識，這為卡爾·賓士日後在汽車工業製造和設計領域取得成就打下了堅實基礎。

之後，歷經當學徒、服兵役、娶妻生子等人生階段後，卡爾·賓士的人生開始絢麗多彩。1872 年，卡爾·賓士與奧古斯特·李特爾（August Ritter）建立「賓士鐵器鑄造公司和機械工廠」，專門生產建築材料。

建築業的不景氣，導致卡爾·賓士的工廠遭遇危機，甚至面臨倒閉。萬般無奈之下，卡爾·賓士決定製造發動機，以此獲取更高的利潤擺脫工廠經營艱難的困境。

之後，卡爾·賓士獲得生產奧托四衝程煤氣發動機的營業執照。經過一年多的設計與試製，1879 年 12 月 31 日，卡爾·賓士製造出第一臺單缸煤氣發動機（轉速為 200 轉／分，功率約為 0.7 千瓦）。

　　遺憾的是，該臺發動機並沒有使卡爾·賓士擺脫經營困境，卻使他面臨破產的境地。不得已，卡爾·賓士只能投身於發動機的研究。經過多年努力，卡爾·賓士終於研製成單缸汽油發動機。

　　與對手不同的是，卡爾·賓士將發動機安裝在自己設計的三輪車架上，發明了第一輛不用馬拉的三輪車（現儲存在慕尼黑的汽車博物館）。

　　1885 年，卡爾·賓士發明了世界上第一輛實用的內燃機汽車，但不能試車。因為德國政府的相關部門認為：一旦卡爾·賓士試車成功，勢必會造出更多的汽車，一方面會用掉數以萬計的汽油；另一方面還會毀掉公路。

　　與此同時，卡爾·賓士申請並獲得了專利。1886 年 1 月 29 日，卡爾·賓士順利地獲得德國政府相關部門頒發的專利證書（專利號：37435）。這象徵著人類交通運輸史從此掀開了新的篇章。

　　據了解，卡爾·賓士製造的首輛汽車整體重量不到 300 公斤，發動機的重量就占了近一半，達到 100 多公斤。

　　在當時，這樣的產品並不被使用者所接受。大多數人認為，卡爾·賓士製造的汽車顯然不能撼動馬車的統治地位，他們對這種自己會「行走」的交通工具相當牴觸。

　　1865 年，英國國會由此制定了通行歐洲的《紅旗交通法》（*Red Flag Act*）[123]。根據《紅旗交通法》第 3 條的規定：「每一輛在道路上行駛的機動車輛必須遵守兩個原則：其一是至少要由三個人來駕駛一輛車；其二是三個人中必須有一個人在車前 50 米以外步行做引導，並且要手持紅旗不斷搖動，為機動車開道。」

---

[123]《交通紅旗法》是 1865 年英國議會透過了一部《機動車法案》的簡稱。該法案扼殺了英國在當年成為汽車大國的機會，隨後，美國汽車工業迅速崛起。1895 年，也就是發表 30 年後，《交通紅旗法》被廢除。

　　第 4 條中又規定：「機動車在道路上行駛的速度不得超過 6.4 公里／時（4 英里／時），透過城鎮和村莊時，則不得超過 3.2 公里／時（2 英里／時）。」

　　這就是為什麼每當卡爾・賓士試車時，警察都會出面制止的原因。然而，事件的變化因為卡爾・賓士的妻子貝塔・賓士的參與發生了驚天逆轉。

　　1888 年 8 月，貝塔・賓士實在不願意再看到丈夫因為無法測試而焦頭爛額，便果斷地與兒子歐根（Eugen）和理查（Richard）駕駛卡爾・賓士製造的汽車前往位於普福爾茨海姆（Pforzheim）的娘家，並安全返回，勇敢地進行了世界第一輛汽車首次長距離的路試（190 公里的路程）。

　　隨後，貝塔・賓士馬上給卡爾・賓士發電報：「汽車禁得了考驗，請趕緊申請參加慕尼黑博覽會。」1888 年 9 月 12 日，卡爾・賓士發明的汽車在慕尼黑博覽會上引起了非常大的轟動。

　　當時的報紙如此描述：「星期六下午，人們懷著驚奇的目光看到一輛三輪馬車在街上行走，前邊沒有馬，也沒有轅桿，車上只有一個男人，馬車在自己行走，大街上的人們都驚奇萬分。」慕尼黑博覽會後，大批客戶開始向卡爾・賓士訂購汽車。[124]

　　就這樣，卡爾・賓士面臨的棘手問題竟然解決了。1894 年，卡爾・賓士推出了賓士「Velo」汽車，世界上第一款批次生產的汽車就此問世。此後，卡爾・賓士的事業開始蓬勃發展，賓士擁有了德國最大的汽車製造廠，開始生產名揚四海的賓士汽車。

　　賓士汽車的道理與新時代的產品需求異曲同工，因為當今最重要的技術創新（如雲端計算）往往是引領客戶需求的。在產品需求問題上，

---

[124] 季美華：《卡爾・賓士：現代汽車工業的先驅者》，《智慧中國》2016 年第 11 期。

任正非時刻保持一種探尋的心態。2001 年，任正非就以「管理工作要點」為綱要告誡華為人說：「什麼叫以業務為主導？這就是要勇於創造和引導需求，取得『最佳時機』的利潤。也要善於抓住機會，縮小差距，使公司和世界同步而得以生存。」

「面對未來大數據流量的潮流，技術的進步趕不上需求的增長是可能的，我們一定要走在需求增長的前頭。除了聚焦力量外，我們沒有別的出路。」

2015 年，在題為「變革的目的就是要多產糧食和增加土地肥力」的內部演講中，任正非說道：「面對未來大數據流量的潮流，技術的進步趕不上需求的增長是可能的，我們一定要走在需求增長的前頭。除了聚焦力量外，我們沒有別的出路。」

在華為，任正非多次強調了聚焦策略對於華為的作用。任正非為此曾說：「大家都知道水和空氣是世界上最溫柔的東西，因此人們常常讚美水柔、風輕。但大家又都知道，同樣是溫柔的東西，火箭可是空氣推動的，火箭燃燒後的高速氣體，透過一個叫德拉瓦噴嘴（de Laval nozzle）的小孔，擴散出來的氣流，產生巨大的推力，可以把人類推向宇宙。像美人一樣的水，一旦在高壓下從一個小孔中噴出來，就可以用於切割鋼板。可見力出一孔，其威力之大。如果 15 萬人的能量在一個單孔裡去努力，大家的利益都在這個單孔裡去獲取，如果華為能堅持『力出一孔，利出一孔』，下一個倒下的就不會是華為。」

在任正非看來，特別是在創業初期，只有集中兵力，才能保證華為活下來。在 2013 年的輪值 CEO 的新年獻詞中，任正非在獻詞中告誡華為人說：

華為的可持續發展，歸根結柢是滿足客戶需求

　　「我們的『聚焦策略』，就是要提高自己在某一方面的世界競爭力，也從而證明不需要什麼背景，我們也可以進入世界強手之列。同時，我們還堅持『利出一孔』的準繩。EMT宣言，就是表明我們從最高層到主管層的全部支出，只能源於華為的薪資、獎勵、分紅及其他，不允許有其他額外的支出。從組織上、制度上，堵住了從最高層到執行層的團體謀私利，經過關聯買賣的孔，掏空團體利益的行為。

　　「20多年來，我們基本是『利出一孔』的，構成了15萬員工的團結奮鬥。我們知道自身管理上還有許多缺陷，我們正在努力改良之，相信我們的人力資源政策，會在『利出一孔』中越做越『科學』，員工越做幹勁越大。我們沒有什麼不可戰勝的。

　　「假設我們能堅持『力出一孔，利出一孔』，下一個倒下的就不會是華為；假設我們不能堅持『力出一孔，利出一孔』，下一個倒下的也許就是華為。歷史上的大企業，一旦過了反曲點，開始下滑，很少有回頭重整成功的。我們不甘倒下，那麼我們就要克己復禮，團結一心，努力奮鬥。」[125]

　　對於外界不理解華為的聚焦策略，任正非曾經自我解嘲說：「無知使我們跌進了通訊設備這個天然的全球力量競爭最激烈的角力場，競爭對手是擁有數百億美元資產的世界著名公司。這個角力場的生存法則很簡單：你必須專注於策略產業。」

　　眾所周知，作為一家高科技民營企業，華為在建立時十分弱小，註冊資金只有區區2萬元。然而，經過任正非等華為全體員工的艱苦創業，其營業額逐步成長，華為2020年的營業收入達到人民幣8,914億元。

---

[125] 任正非：《力出一孔，利出一孔》，新浪部落格，2012年12月31日，http：//blog.sina.com. cn/s/blog_54300dae0101htxf.html，訪問日期：2021年6月10日。

　　華為之所以能夠取得火箭般的發展速度，是因為華為發展的核心其實就是毛澤東提出的「集中優勢力量打殲滅戰」轉變成的華為的「壓強策略」。這樣的聚焦策略在《華為公司基本法》中可以找到答案。《華為公司基本法》第 23 條指出：「我們堅持壓強策略，在成功的關鍵因素和選定的策略生長點上，以超過主要競爭對手的強度配置資源，要麼不做，要做就極大地集中人力、物力和財力，實現重點突破。」

　　創業公司要想與實力雄厚的巨型企業競爭，集中優勢力量打殲滅戰的策略優勢就突顯出來。在華為創業初期，面對強大的、資金實力雄厚的競爭對手，羸弱的華為肯定實力不足。

　　在這樣的背景下，進行全方位的追趕無疑是自尋死路。任正非決定，華為必須立足於當代電腦與積體電路的高新技術，在此基礎之上進行大膽創新。對此，任正非在內部幹部會上總結說：「我們把代理銷售取得的點滴利潤幾乎全部集中到研究小型交換機上，利用壓強原理形成區域性突破，逐漸取得技術的領先和利潤空間的擴大，技術的領先帶來了機會和利潤，我們再將累積的利潤投入到交換機的更新換代產品的研究開發中，如此周而復始，不斷地改進和創新。儘管今天華為的實力大大地增強了，但仍然要堅持壓強原理，只在自己最擅長的領域做到業界最佳。」

　　華為之所以把策略聚焦作為華為的策略，是因為任正非認為，「未來的 3 ～ 5 年是華為抓住『大數據』機遇，搶占策略制高點的關鍵時期。我們的策略要聚焦，組織變革要圍繞如何提升作戰部隊的作戰能力」。

　　在任正非看來，只有策略聚焦，才能提升作戰部隊的作戰能力。任正非告誡華為人說：「在我們這個時代，最近的 3 ～ 5 年，對華為至關重要的就是要搶占大數據的制高點。這 3 ～ 5 年如果實現了超寬頻化以後，是不可能再有適合我們的下一個時代的。那麼什麼是大數據的制高點呢？我

們在東部華僑城會議已有決議，按決議去理解就行了。不是說那個 400G 叫制高點，而是任何不可替代的、具有策略地位的地方就叫制高點。那制高點在什麼地方呢？就在 10% 的企業，10% 的地區。從世界範圍看大數據流量，在日本是 3% 的地區，匯聚了 70% 的數據流量；中國國土大，分散一點，那麼 10% 左右的地區，也會匯聚未來中國 90% 左右的流量。那我們怎麼能抓住這個機會？我認為策略上要聚焦，要集中力量。」

　　有鑑於此，任正非坦言，華為人需要學會策略上的捨棄，只有捨棄才會戰勝。任正非說道：「當我們發起攻擊的時候，我們發覺這個地方很難攻，久攻不下去，可以把隊伍調整到能攻得下的地方去。我們只需要占領世界市場的一部分，不要占領全世界的市場。膠著在那兒，可能錯失了一些未來可以擁有的策略機會，要以大地區來協調確定合理捨棄。未來 3～5 年，可能就是分配世界市場的最佳時機，這個時候我們強調一定要聚焦，要搶占大數據的策略制高點，占住這個制高點，別人將來想攻下來就難了，我們也就有明天。大家知道這個數據流量有多恐怖，現在影像要從 1k 走向 2k，從 2k 走向 4k，走向高畫質，人們拿著手機拍很多照片，不刪減，就發送到數據中心，你看這個流量的增加哪是你想像的幾何級數的增長，是超幾何級數的增長，這不是平方關係，是立方、四次方關係的成長的流量。這樣管道要增粗，數據中心要增大，這就是我們的策略機會點，我們一定要拚搶這種策略機會點，所以我們不能平均使用力量，組織改革要解決這個問題，要聚焦力量，要提升作戰部隊的作戰能力。企業業務在這個歷史的關鍵時刻，也要搶占策略制高點。你們也有策略要地，也做了不少好東西。」

　　事實證明，華為正是透過策略聚焦，使得其更加專注於通訊行業，從而形成一股強大的推動力量，讓華為如火箭般高速增長。

第 20 章

堅持整合產品開發的道路是正確的

關於客戶需求，任正非認為，要堅持客戶需求導向，走整合產品開發（Integrated Product Development，IPD）變革之路。2003 年 5 月 26 日，任正非在「PIRB（產品投資評審委員會）產品路標規劃評審會議」上說道：「很慶幸的是，IPD、ISC 在 IBM 顧問的幫助下，我們現在終於可以說沒有失敗。注意，我們為什麼還不能說成功呢？因為 IPD、ISC 是否成功還依賴於未來數千年而不是數十年實踐的努力和檢驗。是的，不是數十年，是數千年。因為即使一代代人不在了，這個世界還會留下管理，管理還會不斷地優化、發展下去。」

任正非強調說：「管理做得如何，需要很長時間的實踐檢驗。我們已經成熟的管理，不要用隨意創新去破壞它，而是在使用中不斷嚴肅、認真地去完善它，這種無生命的管理，只會隨時間的推移越來越有水準。一代代人死去，而無生命的管理在一代代優化中越來越成熟。在管理上，有時候需要別人帶著我們走路，就像一個小孩，需要靠保母、靠幼稚園的老師帶著走路一樣。但是，一個人終究要自己站起來走路，一直走下去，我們的管理也要靠自己。師傅領進門，修行靠個人。我們的 IPD、ISC 變革也是這樣的道理。」

任正非回憶說：「現在分析一下，IBM 顧問提供的 IPD、ISC 有沒有用，有沒有價值？我認為是有價值的。回想華為公司到現在為止所犯

華為的可持續發展，歸根結柢是滿足客戶需求

過的錯誤，我們怎樣意識到 IPD 是有價值的？我認為，IPD 最大的價值是使行銷方法發生了改變。我們以前做產品時，只管自己做，做完了向客戶推銷，說產品如何好。這種我們做什麼客戶就買什麼的模式在需求旺盛的時候是可行的，我們也習慣於這種模式。但是現在形勢發生了變化，如果我們埋頭做出『好東西』，然後再推銷給客戶，那東西就賣不出去。因此，我們要真正意識到客戶需求導向是企業生存發展的一個十分正確的方向。從本質上講，IPD 是研究方法、適應模式、策略決策的模式改變，我們堅持走這一條路是正確的。」

有鑑於此，要讓所有人理解整合產品開發、整合供應鏈管理的確很困難，尤其在新舊體制轉換的時候，需要做大量的溝通工作。「有些員工，尤其是不善於溝通的專家型人員因為接受不了這樣的工作而離開了，這是可惜的。」任正非惋惜地說。但是，華為終於走出了泥沼，有了良好的溝通方法，經過一兩年的努力，溝通難度減小了，有效度增強了，整合產品開發、整合供應鏈管理的作用越發明顯。

「波音公司在設計波音 777 時，不是說自己先去設計一架飛機，而是把各大航空公司的採購主管納入 PDT 中，由各採購主管討論下一代飛機是怎樣的、有什麼需求、有多少個座位。」

在產品的研發中，任正非始終都強調把需求融入客戶，理解需求的基礎。2003 年 5 月 26 日，任正非在「PIRB 產品路標規劃評審會議」上說道：「我們說，我們要客戶需求導向，但是客戶需求是什麼呢？不知道，因為我們沒有去調查，沒有融進去。」

任正非舉例說：「讓我們看一個例子。波音公司在波音 777 客機上是成功的。波音公司在設計波音 777 時，不是說自己先去設計一架飛機，而是把各大航空公司的採購主管納入 PDT（Product Development Team，

產品開發管理團隊）中，由各採購主管討論下一代飛機是怎樣的、有什麼需求、有多少個座位、有什麼設定，他們所有的思想就全部展現在設計中了。這就是產品路標，就是客戶需求導向。產品路標不是自己畫的，而是來自客戶。」

對此，任正非把當時去美國工作的行為戲稱為「冬天去北極」。為什麼？因為當時美國的資訊產業不景氣，美國資訊產業從業人員大量失業。因此，華為在開發上不能「冬天去北極」，華為一定要真正明白客戶需求導向，在客戶需求導向上堅定不移。

對此，任正非強調說：「在任何時候都不要忘記客戶需求導向。我們在 NGN 上走過一段彎路。在 3G 產品上，我也提出，只有能讓一個外行隨隨便便打通手機，那才說明我們的系統是好的。我們要真正意識到客戶需求導向這個問題，大家不要因為我批評了某個人而不高興，我們都是為了客戶需求而進行自我批判的，要意識客戶需求導向這個真理。」

有鑑於此，華為人必須重視客戶需求。任正非強調：「以後的 IRB（投資評審委員會）人員，要有對市場的靈敏嗅覺，就像香水設計師一樣，能夠靈敏區分各種香味，不能區分就不能當 IRB 人員。這種嗅覺就是對客戶需求的感覺。」

既然如此，這種嗅覺能力來自哪裡？任正非說道：「來自客戶，來自與客戶聊天、吃飯。我一直給大家舉鄭寶用的例子。鄭寶用為什麼會進步很快？就是因為他與客戶交流多。我們的接入網路、商業網、接入伺服器等概念都來自與客戶的交流，實際上就是客戶的發明。很多知識智慧在客戶手中，我們要多與客戶打交道，樂於聽取客戶意見。客戶罵你的時候就是客戶最厲害的地方，客戶的困難就是需求。」

對任何一個企業來說，只有堅持創新，才能基業長青和永續經營。

在內部演講中，任正非回顧華為曾經的困難時說道：「華為是在艱難的學習中成長起來的。十年前，華為十分落後，當時中央發出號召，要發展高科技，連我們自己都信心不足。十年來，在政策激勵下，華為經歷了艱難困苦的奮鬥，終於在 SDH 光傳輸、接入網路、智慧網、信令網、電信級網際網路接入伺服器、112 測試頭等領域開始處於世界領先地位，密集波長分波多工 DWDM、C□C0 8iNET 綜合網路平臺、路由器、行動通訊等系統產品擠入了世界先進的行列，明年（2001 年）華為的寬頻 IP 交換系統以及寬頻 CDMA 也將商用化。」

任正非回憶道：「在華為創業初期，除了智慧、熱情、幹勁，我們幾乎一無所有。從建立到現在華為只做了一件事，專注於通訊核心網路技術的研究與開發，始終不為其他機會所誘惑。勇於將雞蛋放在一個籃子裡，把活下去的希望全部集中到一點上，華為從創業一開始就把自己的使命鎖定在通訊核心網路技術的研究與開發上……集中力量只投入核心網路的研發，從而形成自己的核心技術，使華為一步一步前進，逐步累積到今天的世界先進水準。」

有創新就有風險，但決不能因為有風險，就不敢創新。「回想起來，若不冒險，跟在別人後面，長期處於二三流水準，我們將無法與跨國公司競爭，也無法獲得活下去的權利。若因循守舊，我們也不會取得這麼快的發展速度。」[126] 在任正非看來，創新本身就具有高風險，但是不能就此停止，所以必須勇於冒險、勇於創新。

「我們產品開發中最大的問題是簡單的功能做不好，而複雜的東西做得很好。為什麼呢？簡單的東西大家不喜歡，這就是因為技術導向，而不是客戶需求導向。」

---

[126] 任正非：《創新是華為發展的不竭動力》，《光明日報》2000 年 7 月 18 日。

在產品研發方面，華為必須堅持客戶需求導向。任正非說道：「我們產品開發中最大的問題是簡單的功能做不好，而複雜的東西做得很好。為什麼呢？簡單的東西大家不喜歡，這就是因為技術導向，而不是客戶需求導向。」

任正非認為，「在相當長一段時間內，不可能再有技術導向了。在牛頓所處的時代，一個科學家可以把一個時代所有的自然現象都解釋清楚，一個新技術出現會帶來商業價值。但現在的新技術突破，只能作為一個參考，不一定會帶來很好的商業價值。可是，對於一個具有良好組織體系的公司，如具有 IPD、ISC 流程的公司，當發現一個新技術影響到客戶需求的時候，就可以馬上把這個技術吸納進來。因此說，流程也是一種保證」。

有這樣一句話：崇高是崇高者自己的墓誌銘。任正非反思說道：「這多少說明了我們在產品研發上不能技術導向，一味追求技術領先，在公司的運作發展上，也要把握好自己的節奏。現在技術發展很快，大大超過了客戶需求，不能及時轉化為效果，時代已經賦予你們新的使命。你們是負責產品路標的，這個路標是把華為帶向天堂還是地獄，是決定於你們的，華為的前途也靠你們了。」

在「網際網路＋」時代，作為任何一家企業來說，都必須保持高強度的創新，特別是防範顛覆性技術對行業的衝擊。其原因往往有如下兩個：

第一，在技術創新引領的趨勢下，不管企業經營者願不願意相信，其競爭者肯定會越來越關注技術創新。其結果是，競爭者關注創新使得其競爭優勢增強。那些對創新不投入或者低投入的企業無疑將處於不利的局面。

第二，隨著顛覆性技術的出現，可能使得行業進入的門檻變低。一些跨行業的小企業可能憑藉自身的顛覆性技術，從某一細分市場著手，迅速成為某個領域的隱形冠軍，進而威脅到整個行業的生存。

基於此，在華為的內部演講中，任正非告誡華為人說：「資訊產業進步很快。昨天的優勢，今天可能全報廢，天天都在發生技術革命。在新問題面前，小公司不明白，大公司也不明白，大家是平等的。華為知道自己的實力不足，不是全方位地追趕，而是緊緊圍繞核心網路技術的進步，投入全部力量，又緊緊抓住核心網路中軟體與硬體關鍵中的關鍵，形成自己的核心技術。華為要在開放合作的基礎上，不斷強化自己在核心領域的領先能力。」

華為要想保持競爭力，就必須洞察未來技術創新的發展方向。在任正非看來，保證華為創新最有效的就是滿足客戶需求，以及建立一套與之相對應的管理體系。在華為的內部演講中，任正非說道：

在公司一萬五六千員工中，從事研發的有七八千人。而四五千名市場人員是研發的先導與檢驗人員。從客戶需求、產品設計到售後服務，公司建立了一整套整合產品開發的流程及組織體系，加快了對市場的響應速度，縮短了產品開發時間，產品的品質控制體系進一步加強。我們在硬體設計中，採用先進的設計及模擬工具，加強系統設計、晶片設計、硬體開發過程質量控制體系、測試體系的建設，並在技術共享、模組重用、裝置替代等方面加大力度。尤其是代表硬體進步水準的晶片方面，我們進行了巨大的投入。目前，公司已經設計出 40 多種數字晶片、幾種模擬晶片，年產 500 萬片，設計水準也從 0.5 微米提升到 0.18 微米。擁有自主智慧財產權的晶片，極大地提升了我們的硬體水準，降低了系統成本。

軟體開發管理的難度在於其難以測評和過程的複雜性。公司堅持向西方和印度學習軟體管理辦法，在與眾多世界級軟體公司開展的專案合作中實踐、優化。我們緊緊抓住量化評估、缺陷管理、品質控制、專案過程以及配置管理等 SEI-CMM 軟體能力成熟度的標準要求，持續多年地進行軟體過程的改善實踐。目前，華為的軟體開發能力有了質的進步，完全具備高品質、高效的大型軟體工程作業能力。迄今為止，已成功開發出多種大型複雜的產品系統如 C&C08 交換機、GSM、數據通訊和智慧網等，其軟體規模均接近千萬行原始碼，由數千人在 2 ～ 3 年的時間跨度內，分散在不同地域協同完成。

核心競爭力對一個企業來講是多方面的，對高科技企業來說，管理創新比技術創新更重要。華為在發展中還存在很多要解決的問題，我們與西方公司最大的差距在於管理。四年前華為公司提出與國際接軌的管理目標，同時請來自西方國家大公司的顧問在研發、生產、財務、人力資源等方面與我們開展長期合作，我們在企業的職業化制度化發展中取得進步，企業的核心競爭力得到提升，企業內部管理開始走向規範化運作。

華為保持每年提取 15% 以上的營業收入用於研究開發，繼續把最優秀的人才派往市場與服務前線，透過技術領先獲得利潤，又將利潤用於研發，帶動更多的突破，未來十年一定是華為大發展的十年。華為的員工平均年齡二十七八歲，十年後才三十七八歲，正當年華，他們一定會在未來十年內推動華為的發展與進步。[127]

任正非的憂慮是有道理的。在這裡，我們來剖析一下柯達衰落的案例，就可以印證任正非的觀點。

---

[127] 任正非：《創新是華為發展的不竭動力》，《光明日報》2000 年 7 月 18 日。

　　眾所周知，柯達率先發明數位相機，卻堅守曾經的優勢業務，結果被數位相機和手機所替代。柯達因此被時代所遺棄。

　　2012 年 1 月 19 日，柯達正式向法院遞交破產保護申請。可能讀者會問，柯達這個攝影界的一代霸主，曾被譽為美國榮光的企業，怎麼就窮途末路了呢？

　　答案就是害怕顛覆性技術砸了自己的金飯碗。1970 年代，作為全球最著名膠捲生產企業，已經著手研發先進的數位照相技術，卻不敢大膽使用。柯達最終走向沒落，直至破產，罪魁禍首竟然是自家當初發明的數位照相技術。

　　1975 年，柯達工程師史蒂芬・沙森（Steven Sasson）把發明世界上第一臺數位相機的喜訊彙報給直屬部門主管，卻沒有得到嘉獎，甚至被告知要嚴格保守商業機密，以免影響膠捲的銷量。

　　在現在看來，這是一個非常典型的顛覆性技術，卻被柯達的官僚體制給忽略了。正是因為否定了這個顛覆性技術，讓柯達錯過了一個絕佳的引領潮頭的機會。在後來的較量中，柯達因為走向衰敗 —— 不是別人發明的數位相機，而是害怕砸了自己的金飯碗，自己打敗了自己。如今，柯達為企業高管敲響了警鐘：在顛覆性技術侵入市場時，必須及時回應。為什麼這樣說呢？那就是顛覆性技術砸了自己的金飯碗，但是也可能砸了競爭者的金飯碗，機遇與挑戰同在，只要能夠自我變革和轉型，那麼依然可以引領時代。

　　客觀地說，柯達之所以能夠創造全球傳統膠捲市場的神話，是因為柯達的創新機制。據公開數據顯示，在鼎盛時期，柯達曾占據全球 60% 的膠捲市場，其特約經營店遍布全球各地。正是因為這樣的金飯碗，才讓柯達高管患得患失，最終決策失誤。

2000 年左右，隨著數位成像技術的發展與普及，顛覆性的數位照相產品開始以迅雷不及掩耳之勢遍布世界各地。面對如此衝擊，傳統膠片市場開始漸漸地萎縮。

當長期貢獻業績的傳統膠片市場下滑時，柯達高層依然沒有緊跟時代。學者評論道：「在數位時代，沒有核心技術，企業的經營就會隨時處於危險的狀態，過去的一切都會在瞬間貶值。數位科技的發展，無疑給以傳統影像為重心的柯達帶來了致命的衝擊。加上柯達管理層滿足於傳統膠片市場占有率和壟斷地位，沒有及時調整經營策略重心，決策猶豫不決，錯失了良機。」

2003 年，柯達的膠捲業務遭遇寒冬，營業收入大幅下降，傳統影像部門的銷售利潤從 2000 年的 143 億美元銳減至 41.8 億美元，跌幅竟然超過 70%。

在此刻，柯達不得不重視數位業務。2004 年，儘管柯達推出 6 款數位相機，但是沒有能夠挽救其下滑的頹勢，其利潤率僅為 1%。其 82 億美元的傳統業務的收入則萎縮了 17%。幾經折騰，柯達已經迷失在數位時代，2006 年，柯達把其全部數位相機製造業務出售給新加坡偉創力公司。

2007 年，柯達又將醫學影像部門以 25.5 億美元的價格出售給加拿大資產收購公司 OneXyi。同年，柯達為了自保，不得不實施第二次策略重組，裁員達 2.8 萬人，可謂壯士斷腕。但是由於 2008 年金融危機的不利影響，柯達的虧損竟然達到 1.33 億美元，金融危機讓僅憑出售資產勉強盈利的柯達失去了發展的機會。

2011 年 9 月，柯達公司的股價下跌至 0.54 美元，為有史以來最低水準。在這一年，柯達公司股價的跌幅超過 80%，全球員工的數量減少至 1.9 萬人。

華為的可持續發展，歸根結柢是滿足客戶需求

　　基於此，2012 年，柯達公司不得不向法院遞交破產保護申請。此時，輝煌不再的柯達不得不進行第三次策略重組。2013 年 11 月，柯達完成第三次重組，不過這個昔日業界霸主的地位已經一落千丈，其市值不足 10 億美元，且大部分股權被私募股權公司和投資公司收購。

　　至此，柯達依然聚焦在膠捲業務板塊，其客戶群定位在小眾電影市場；此外，柯達也向報紙印刷、包裝和一些相關企業出售設備。

　　2015 年，柯達的營業收入達到 18 億美元，比 2014 年的 21 億美元減少了 3 億美元，下降 15%。2015 年第四財季實現淨利潤 2,400 萬美元，而上年同期虧損 4,200 萬美元，實現轉虧為盈。

　　2017 年 3 月，柯達公司公布 2016 年第四季度及全年財務報告，2016 年共實現營業收入 15 億美元，淨利潤為 1,600 萬美元，主要產品線持續成長。2016 年年報主要資料見表 20-1。

表 20-1 柯達 2016 年全年年報

序號	內容
1	2016 年度總收入為 15 億美元，相比 2015 年的 17 億美元，下降了 1.66 億美元，即 10%
2	截至 2016 年 12 月 31 日，全年 GAAP（美國公認會計原則）淨利潤為 1,600 萬美元，比 2015 年增長 9,100 萬美元
3	2016 全年營運 EBITDA（稅息折舊及攤銷前利潤）為 1.44 億美元
4	主要產品線實現了高速成長： 柯達 SONORA 免沖洗印版年銷量增長 9%； 柯達 FLEXCEL NX 印版年銷量增長 16%
5	2016 年度營業費用（總 SG&A 和 R&D 費用）為 2.12 億美元，比 2015 年增加了 3,600 萬美元，即 15%。其中 1,500 萬美元是由於養老金收入的非現金部分增加

6	2016 財年末現金餘額為 4.33 億美元,可用於經營活動的現金相比 2015 年增加了 8,200 萬美元

當柯達開始盈利後,CRT 資本集團證券公司的分析師阿莫爾·蒂瓦納剖析柯達的問題時直言:「柯達面臨的問題是競爭,和技術無關。」

在他看來,儘管柯達已經盈利,但是要想重回巔峰時刻,還有一段很長的路要走。柯達的案例給中國企業經營者的啟示是,當時代變化時,不要害怕顛覆性技術砸了自己的金飯碗,否則,即使自己不砸自己的金飯碗,競爭者也會砸,與其讓競爭者砸,還不如自己主動地迎合時代。因此,對於任何時代、任何行業,中國企業都必須主動地變革、放棄原有優勢,打破陳規,方能在快速變化的市場競爭中獲勝。

「我們要永遠抱著理性的客戶需求導向不動搖,不排除在不同時間內採用不同的策略。」

在產品研發時,必須堅持理性的客戶需求導向。2003 年 5 月 26 日,任正非在「PIRB 產品路標規劃評審會議」中說道:「我們說,一棵小草,如果上面壓著一塊石頭,它會怎麼長?只能斜著長。但是如果石頭被搬走了,它肯定會直著長。如果因為石頭壓著兩年,我們就做兩年的需求計畫,兩年後,小草長直了,我們的需求計畫也要改變。因此,我們要永遠抱著理性的客戶需求導向不動搖,不排除在不同時間內採用不同的策略。」

經過這麼長時間的改革,華為已經接受了變革,但真正的變化在於華為的指導思想和世界觀。如果指導思想和世界觀不變,華為就難以開放、難以變革、難以成功。因此,需求錯,則一切都錯。任正非 2003 年提出的「需求是企業發展的路標」告訴我們:「如果沒有把需求管理好,就會錯失太多發展良機,誤解需求會讓公司陷入無效的奮鬥中。」

　　之所以有這樣的觀點，源於華為當年的處境。2019 年 3 月 1 日，塵封已久的華為往事 —— 華為以 75 億美元出售給摩托羅拉的舊聞，重新被英國《金融時報》揭露了出來。不僅如此，英國《金融時報》還透露了此次併購的內幕和諸多細節。

　　頃刻間，此次報導猶如一枚重磅炸彈，引發中外媒體的深度挖掘和再次報導。英國《金融時報》報導表示：

　　2003 年 12 月的一個早晨，兩名身穿色彩明亮的熱帶風襯衫的中國人和一名身著運動服的西方人在海南島一片沙灘上散步，聊得很投機，還有一名翻譯陪同。

　　其中兩人來自摩托羅拉：總裁兼營運長邁克・扎菲羅夫斯基（Mike Zafirovski）和負責中國業務的陳永正（Larry Cheng）。另外那個人是華為創始人，時年 59 歲，曾在中國人民解放軍服役的任正非。[128]

　　英國《金融時報》披露稱，華為創始人任正非與時任摩托羅拉總裁兼營運長的邁克・扎菲羅夫斯基和負責中國業務的陳永正密談的內容，就是摩托羅拉併購華為的價格，以及更多的併購細節。

　　經過一系列的談判，最終任正非同意以 75 億美元的價格出售華為，並且還簽署了併購意向書。然而，戲劇性的事情發生了，在雙方幾乎就要達成正式協定的關鍵時刻，時任摩托羅拉 CEO 克里斯・高爾文（Chris Galvin）宣布辭職。

　　其後，昇陽電腦（Sun Microsystems）公司前任總裁愛德華・詹德（Edward Zander）接任摩托羅拉的 CEO，同意就併購華為的相關事宜繼續談判。

　　讓研究者和克里斯・高爾文不理解的是，最終董事會拒絕了該項併購。其理由是，摩托羅拉以 75 億美元的價格併購華為這個沒有知名度的

---

[128] 桑曉霓：《摩托羅拉是如何錯失華為的？》，英國《金融時報》2019 年 3 月 1 日。

中國公司，併購價格過於昂貴，更為關鍵的是，需要支付鉅額現金讓摩托羅拉難以接受。

據了解，雙方之所以達成併購意向，是因為經過多年高速發展的摩托羅拉逐漸陷入困境，面對 Nokia 的圍追堵截，摩托羅拉該往哪個方向前進，爭議較大。

面對來自 Nokia 的巨大壓力，一些來自不同層面的聲音開始被重視。來自中國的華為此刻也面臨困境，兩個難兄難弟同病相憐。

2003 年初，華為內外交困。這就是任正非要出售華為的原因，具體如下：

第一，2000 年的網際網路泡沫破滅，撲滅了炙熱的全球科技熱潮，直接把通訊基建市場需求打入谷底。第二，由於華為知名度較低，即使其產品的價效比較高，歐洲大營運商還是不太認可華為。第三，中國 3G 牌照發放較晚，加上中國本土通訊市場的競爭異常激烈，華為 3G 領域的技術研發又沒有取得突破性的進展及領先優勢。華為此刻面臨現金流斷裂的危險。第四，思科以智慧財產權為由起訴華為，華為要贏得智慧財產權勝利，必須拿出真金白銀來應訴。第五，華為自身的變革，影響華為現金流的獲取。

舉步維艱的華為，為了渡過難關，在 2001 年不得不以 7.5 億美元出售華為電氣給美國的艾默生公司（Emerson）；其後，華為又以 8.8 億美元的價格，將合資公司 49%的股份出售給 3com 公司。

基於這樣的判斷，任正非出售華為，已經到了迫不得已的地步，否則不可能出售華為。

在內部，華為自身的「重頭」大事依然嚴峻。2002 年 8 月，華為向總監級以上幹部傳達〈降薪倡議書〉。

華為的可持續發展，歸根結柢是滿足客戶需求

在〈降薪倡議書〉下達後的半年裡，華為再次以「運動」的方式在公司高管中傳遞「降薪」的動因和價值觀：「自願降薪只是大家理解壓力傳遞的一種形式。最重要的是各級幹部要認清責任，點燃內心之火，鼓舞必勝信心。」

在外部，「思科事件」如火如荼地發酵。在之前，華為創始人任正非發表〈華為的冬天〉。其後的 2002 年末，華為遭遇了創業 15 年以來首次業績下滑，華為合約銷售額從上年的 255 億元下降至 221 億元，利潤更是從上一年的 52 億元大幅減至 12 億元。

此刻此景，面對不確定的未來，任正非就在這樣的境遇下，接受了來自摩托羅拉的併購建議。2003 年，摩托羅拉向華為丟擲橄欖枝，摩托羅拉以 75 億美元的價格併購華為。按照正常的邏輯，摩托羅拉併購華為已經是板上釘釘的事情，結果卻出現意外。

天有不測風雲，2004 年的摩托羅拉內部爭論再起，董事會認為，摩托羅拉以 75 億美元的價格併購華為不划算，加上併購華為需要支付鉅額現金。在這樣盤算下，愛德華·詹德最終否決了此次併購。

如果當初那筆交易達成，勢必將改變電信業的歷史。正如《金融時報》援引一位跨國公司高管在評論這筆未完成的交易時所說的：「無法知道，最終會是華為挽救了摩托羅拉，還是摩托羅拉毀掉華為。」

此次事件由此塵埃落定。之後，摩托羅拉一落千丈，最終賣給 Google，而摩托羅拉的品牌被轉售給來自中國的聯想。

華為卻按照自己的步伐高歌猛進，不僅在全球拓展市場，且成為中國為數不多的成功跨國企業。2020 年，華為的年度總營業收入達 8,914 億元。

因此，有人認為，假如當年摩托羅拉併購華為，如今的電信業的發展歷史就得再次改寫。

1990 年代，摩托羅拉在中國的市場占有率曾高達 60%以上。時過境遷，2007 年，摩托羅拉的市場份額已經跌至 12%。之後，摩托羅拉被出售，曾經的電信大廠就此落幕。

多年前，以尖端技術著稱的摩托羅拉曾傲視群雄，自從成立以來，一度前無古人地每隔 10 年便開創一個工業領域，其輝煌的戰績舉不勝舉：車載收音機、彩色電視機映象管、全電晶體彩色電視機、半導體微處理器、對講機、呼叫機、蜂巢電話，以及「六西格瑪」品質管制體系認證，先後開創了汽車電子、電晶體彩色電視機、集群通訊、半導體、行動通訊、手機等多個產業，並長時間在各個領域中獨占鰲頭。

但是任何一個高手都有落幕的時刻，摩托羅拉也不例外。雖然有著煊赫的歷史，但是其下落的速度也超乎業界想像。

2003 年，摩托羅拉手機的品牌競爭力排在世界第一位。2004 年，摩托羅拉手機被 Nokia 超過，排在第二位。2005 年，摩托羅拉手機則又被三星超過，排到了第三位。

其後，摩托羅拉手機更是一瀉千里。2008 年 5 月，市場調研廠商 IDC 和策略分析公司（Strategy Analytics）斷言，摩托羅拉將在 2008 年底之前失去北美市場占有率第一的位置。摩托羅拉的當季報也印證了這樣的判斷，財報數據顯示，摩托羅拉 2008 年第一季度全球手機銷量下降 39%，手機部門虧損 4.18 億美元，與上年同期相比虧損額增加了 80%。

回顧摩托羅拉的發展史不難發現，為了奪得世界行動通訊市場的主動權，並實現在世界任何地方都能使用無線手機通訊，摩托羅拉為此開始了自己的顛覆性嘗試。

1987 年，摩托羅拉提出，將建設新一代衛星行動通訊星座系統。1990 年代初，作為歐洲通訊製造商的 Nokia，為了爭奪控制權，積極地

研發 GSM，而摩托羅拉更加大膽，嘗試建構新一代衛星行動通訊星座系統，同時把大量的技術人員調往「銥星」的部門。

花開兩朵，各表一枝。在當時，摩托羅拉為了提升使用者的通訊體驗，摩托羅拉高層提出，透過發射 77 顆環繞地球的低軌衛星有效地構成一個覆蓋全球的衛星通訊網 —— 銥星系統。

該計畫的優勢是，不需要建設太多的專門地面基地臺，使用者都可以直接地在地球上任何地點進行有效通訊。中國科學院把此事評為當年全球十大科技新聞之首，足以說明其全球影響力。

1998 年，當耗時 11 年，投資 50 多億美元後，摩托羅拉建構的這個全球首個大型低軌衛星通訊系統，也是全球最大的無線通訊系統營運陷入僵局。

究其原因，由於銥星系統衛星之間直接透過星際連結傳送訊息，雖然使用者通話時不依賴地面網路，但是這也間接地導致了系統風險大、成本過高，甚至其維護成本比地面接收網路還要高很多。僅僅用於整個衛星系統的維護費，一年就需要投入幾億美元，加上銥星手機每部高達 3,000 美元的價格，以及昂貴的通話費用，使得銥星電話不再是大眾產品。在投放市場的前兩個季度，全球市場只有 1 萬銥星電話使用者，即使是 2000 年銥星公司宣布破產保護時也才發展到 2 萬多使用者。如此業績使得銥星公司前兩個季度的虧損達到了 10 億美元。其後，銥星手機雖然降低收費，但是仍未能扭轉頹勢。

分析摩托羅拉的失敗，可以看到，摩托羅拉作為一個技術主導型企業，工程師文化異常濃厚。此種文化通常以自我為中心，唯「技術論」，最終導致摩托羅拉儘管有市場部門專門負責收集消費者需求的訊息，但在技術導向型的企業文化裡，消費者的需求很難被研發部門真正傾聽，

研發部門更願意花費大量精力在那些複雜系統的開發上，從而導致研發與市場需求的脫節。

對此，曾任摩托羅拉資深副總裁梅勒‧吉爾莫（Merle Gilmore）說：「摩托羅拉內部有一種亟須改變的『孤島傳統』，外界環境變化如此迅捷，使用者的需求越來越苛刻，你需要成為整個反應系統的一個環節。」

基於這樣的判斷，即使摩托羅拉成功併購華為，摩托羅拉也不會再次登頂世界。理由有如下三點：第一，應對市場變化需要偉大的企業家，我認為，摩托羅拉沒有，後來的 Nokia 手機業務也沒有。第二，摩托羅拉的大企業病阻礙一線研發成果的商業化運作。第三，專業經理人過於短視，只重視短中期的漂亮報表。

第 21 章

客戶需求代表著市場的真理

在華為，任正非始終強調客戶需求。在華為的策略中，任正非更是把客戶需求導向植入華為的組織、流程、制度及企業文化建設、人力資源和幹部管理中。任正非說道：「我們強調，要堅持客戶需求導向。這個客戶需求導向，是指理性的、沒有分歧的、沒有壓力的導向，代表著市場的真理。」

一般來說，客戶購買產品，通常關注五個方面：第一，產品品質高、可靠、穩定。第二，技術領先，滿足需求。第三，及時有效和高品質的售後服務。第四，產品的可持續發展、技術的可持續發展和公司的可持續發展。第五，產品功能強大，能滿足需要且價格有競爭力。為了落實這五條，華為緊緊地圍繞客戶關注的五個方面，且把這五條內容滲透到華為的各個方面。

（1）基於客戶需求導向的組織建設。在華為，即使是組織建設也需要基於客戶需求導向。在「華為公司的核心價值觀」的專題報告上，任正非說道：

「為使董事會及經營管理團隊能帶領全公司實現『為客戶提供服務』的目標，在經營管理團隊專門設有策略與客戶常務委員會。該委員會主要承擔務虛工作，透過務虛撥正公司的工作方向。董事會及經營管理團隊在方向上達成共識，然後授權經營管理團隊透過行政部門去決策。該

委員會為經營管理團隊履行其在策略與客戶方面的職責提供決策支撐，並幫助經營管理團隊確保是以客戶需求來制定公司的整體策略。

　　在公司的行政組織結構中，建立了策略與市場體系，專注於客戶需求的理解、分析，並基於客戶需求確定產品投資計畫和開發計畫，確保以客戶需求來實施華為公司的策略。在各產品線、各地區部建立市場組織，貼近客戶，傾聽客戶需求，確保客戶需求能快速地回饋到公司並納入產品的開發路標中。同時，明確貼近客戶的組織是公司的『領導階級』，是推動公司流程優化與組織改進的原動力。華為的設備用到哪裡，就把服務機構建構到哪裡，貼近客戶提供優質服務。在中國三十多個省區市和三百多個市（地、州、盟）都建有我們的服務機構，我們可以了解到客戶的需求，我們可以做出快速的反應，同時也可以聽到客戶對設備運用和使用等各個方面的一些具體的意見。現在，我們在全球九十多個國家分別建有這種機構，整天與客戶在一起，能夠知道客戶需要什麼，以及在設備使用過程中有什麼問題，有什麼新的改進都可以及時回饋到公司。」[129]

　　（2）基於客戶需求導向的產品投資決策和產品開發決策。創新和研發新產品，產品投資決策和產品開發決策需要基於客戶需求導向。在「華為公司的核心價值觀」專題報告中，任正非說道：

　　「華為的投資決策是建立在客戶的基礎上的，從多管道收集的大量市場需求，然後透過去粗取精、去偽存真、由此及彼、由表及裡的分析來理解，並以此來確定是否投資及投資的節奏。已立項的產品在開發過程的各階段，要基於客戶需求來決定是否繼續開發，或停止，或加快，或放緩。」

---

[129] 任正非：《華為公司的核心價值觀》，《中國企業家》2005 年第 18 期。

（3）在產品開發過程中關注品質、成本、可服務性、可用性及可製造性。在「華為公司的核心價值觀」專題報告中，任正非說道：

「任何產品一立項就成立團隊，這個團隊由市場、開發、服務、製造、財務、採購、品質人員組成，管理和決策產品整個開發過程進行，確保產品一推到市場就滿足客戶需求，透過服務、製造、財務、採購等流程後端部門的提前加入，在產品設計階段，就充分考慮可安裝、可維護、可製造的需求，以及成本和投資報酬。這樣，產品一旦推出市場，全流程各環節都做好了準備，擺脫了開發部門開發產品、銷售部門銷售產品、製造部門生產產品、服務部門安裝和維護產品的分割狀況，同時也擺脫了產品推出來後，全流程各環節不知道或沒有準備好的狀況。」

（4）基於客戶需求導向的人力資源及幹部管理。在「華為公司的核心價值觀」專題報告中，任正非說道：「客戶滿意度是從總裁到各級幹部的重要考核指標之一。外部客戶滿意度是委託蓋洛普公司幫助調查的。客戶需求導向和為客戶服務蘊含在幹部、員工應徵、選拔、培訓教育和考核評價之中，要強化對客戶服務貢獻的關注，找出幹部、員工選拔培養的素質模型，放到應徵面試的模板中。我們給每一位剛進公司的員工培訓時都要講『誰殺死了合約』這個案例，因為所有的細節都有可能造成公司的崩潰。我們注重人才選拔，但是著名大學前幾名的學生不考慮，因為我們不招以自我為中心的學生，他們很難做到以客戶為中心。要讓客戶找到自己需求得到重視的感覺。現在很多人強調技能，其實比技能更重要的是意志力，比意志力更重要的是品德，比品德更重要的是胸懷，胸懷有多大，天就有多大。」[130]

---

[130] 任正非：《華為公司的核心價值觀》，《中國企業家》2005 年第 18 期。

（5）基於靜水潛流的、客戶需求導向的、高績效的企業文化。在「華為公司的核心價值觀」專題報告中，任正非說道：「企業文化表現為企業一系列的基本價值判斷或價值主張，企業文化不是宣傳口號，它必須根植於企業的組織、流程、制度、政策、員工的思維模式和行為模式之中。華為多年來一直強調：資源是會枯竭的，唯有文化才會生生不息……這裡的文化，不僅包含了知識、技術、管理、情操……也包含了一切促進生產力發展的無形因素。華為文化承載了華為的核心價值觀，使得華為的客戶需求導向的策略能夠層層分解並融入所有員工的每項工作之中。不斷強化『為客戶服務是華為生存的唯一理由』，提升員工的客戶服務意識，並深入人心。透過強化以責任結果為導向的價值評價體系和良好的激勵機制，使得我們所有的目標都以客戶需求為導向，透過一系列流程化的組織結構和規範化的操作規程來保證滿足客戶需求。由此形成了靜水潛流的、基於客戶導向的、高績效的企業文化。華為文化的特徵就是服務文化，全心全意為客戶服務的文化。」[131]

「客戶需要什麼我們就做什麼。賣得出去的東西，或搶先一點點市場的產品，才是客戶的真正技術需求。」

1996 年初，彭劍鋒、黃衛偉、包政、吳春波、楊杜、孫健敏六位中國人民大學教授受任正非的邀請，參與《華為公司基本法》的草擬工作。

起草《華為公司基本法》的目的就是解決當時華為既面臨發展方向選擇的迷惘，又面臨高速成長中組織乏力、管理體系與人才隊伍跟不上發展等諸多問題。

回顧這段企業歷史發現，《華為公司基本法》從 1995 年萌芽，到

---

[131] 任正非：《華為公司的核心價值觀》，《中國企業家》2005 年第 18 期。

1996 年正式定位為「管理大綱」，到 1998 年 3 月審議透過，歷時數年。

在這期間，華為也經歷了鉅變，從 1995 年的營業收入 14 億元、員工 800 多人，到 1996 年營業收入 26 億元，再到 1997 年營業收入 41 億元、員工 5,600 人，到 1998 年員工 8,000 人的公司了。正是《華為公司基本法》的起草，幫助任正非及華為高層管理團隊完成了對企業未來發展的系統思考，確立了華為成為世界級企業的關鍵驅動要素和管理規則體系，使華為上下對未來的發展達成共識，形成凝聚力，力出一孔，走出混沌，同時也開啟了華為全面管理體系建設的步伐。

當管理問題已經橫亙在華為面前，成為制約華為無法突破的瓶頸，尤其當華為從深圳灣一個中型企業向跨國企業轉變時，要想突破瓶頸，必須從外部引入策略資源，以此擊碎剛形成的小山頭、惰怠和組織黑洞。

在當時，中國企業都在追趕西方國家的企業，逐步邁入世界 500 強行列。不得已，任正非開始向西看。此刻，對任正非來說，一個棘手的問題，就是西方國家的世界 500 強企業太多了，選擇一個適合華為的世界級的「老師」就非常重要。

1997 年，任正非肩負重要使命，考察幾家西方世界 500 強企業。聖誕節前一週，當考察了休斯、朗訊和惠普 3 家世界級企業後，任正非按照之前的安排考察了 IBM。

按照西方的假日安排，聖誕節前夕，很多美國大型企業都已經放假。讓任正非吃驚的是，IBM 卻不太相同，包括時任 CEO 的路易斯‧葛斯納（Louis Gerstner）在內的高層經理並沒有放假，而是照常上班，還真誠而系統地向任正非介紹了 IBM 的管理實踐。

在接待任正非的一整天時間裡，IBM 高層極為詳盡地介紹了 IBM 的

產品預研、專案管理、生產流程、專案壽命終結的投資評審等。

為了讓任正非對整合產品開發有一個較為全面的理解，IBM 副總裁特地送給任正非一本關於研發管理的書籍，書中介紹了朗訊、惠普等美國著名企業都實施了整合產品開發的研發模式。

與 IBM 的高層管理者接觸一天後，尤其是這些高層管理者介紹 IBM 的管理實踐後，任正非覺察到 IBM 的優勢 —— 有效管理和快速反應可以解決華為遭遇的瓶頸。

究其原因，此刻的華為，由於自身存在的缺陷，很難解決規模擴張中的管理不善、效率低下和浪費嚴重等問題。

考察 IBM 後，任正非清醒地意識到，IBM 的優勢可以解決華為的問題，起碼可以讓華為少走彎路。同年，在題為「自強不息，榮辱與共，促進管理的進步」的內部演講中，任正非說道：「我們產品中有些十分艱難的研究、設計、試驗都做得十分漂亮，而一些基本的簡單業務長期得不到解決，這是缺乏市場意識的表現。面向客戶是基礎，面向未來是方向。沒有基礎哪有方向？土填實了一層再撒一層，再填，才能大幅提高產品的市場占有率。」

任正非之所以做出這樣的指示，源於當時的競爭環境。1980 年代末開始，中國電信業的快速發展為中國民族通訊企業的生存和發展提供良好的環境。

在諸多中國民族通訊業中，華為由小變強，成為中國通訊史的見證者。因此，由於中國民族通訊業的參與，許多領域的技術取得了快速發展，比如，在 1990 年代初，中國的程控交換機就取得了突破。

在當時，華為 C□C08 交換機的問世，就贏得了中國各地電信局的熱切關注。1993 年，C□C08 交換機在浙江義烏首次開局時，時任電信局領

華為的可持續發展，歸根結柢是滿足客戶需求

導、專家都多次親臨機房，從機櫃工藝、固定方式到支持遠端使用者等方面向華為年輕的開發團隊提供了寶貴的指導意見。C□C08 交換機在江蘇邳州開局、參與建設深圳商業網、首次進入市話網、首次承建長途匯接局……

華為創造的一個個「第一次」奇蹟，都贏得了客戶的大力支持和寬容理解。使命感較強的任正非，沒有辜負這份信任和支持。在研發和設計 C□C08 交換機時，華為充分地考慮了中國的國情特點，借鑑和吸收了大量專家意見和先進技術。

例如，華為研發和設計 C□C08 交換機時，就選擇了光纖作為模組連線，主要是當時許多電信領導和專家都意識到，在農村的通訊裝置中必須解決防雷、功耗、遠端模組等問題。

1999 年，隨著網際網路的高速發展，這無疑給公共交換電話網路（PSTN）帶來了巨大的壓力。在當時，大量的撥號接入長期占用中繼資源，造成了話務量的擁塞和通話失敗。針對此問題，華為和營運商開展聯合研究，在 C□C08 交換機上開發了網際網路接入單元，具體的辦法是，內建接入伺服器和話務旁路，C□C08 交換機以此有效解決了擁塞的問題。經過這樣的改良，C□C08 交換機接入單元也可單獨組網，成為電信級接入伺服器，由此可以提供大容量接入和穩定連線。

正是因為華為考慮國情，C□C08 交換機很快成為營運商的首選，迅速獲得了全國市場過半的占有率。正是解決了營運商的難題，華為人透過自主創新，不斷地完善 C□C08 交換機的功能，使其逐步成為中國通訊建設的重要機型。

1998 年，華為 C□C08 交換機全年銷售 1070 萬埠，一躍成為中國最受歡迎的程控交換機，與其他四種國產設備並稱為「五朵金花」。

　　當國產交換機取得整體突破後，具有自主產權的通訊設備開始從農村慢慢地進入城市，從底層向高層躍進。在當時，作為中國營運商，儘管自己對使用者需求非常了解，卻得不到廠家的支持，許多面向市場、滿足客戶的需求都無法一一實現。

　　1995 年，作為改革前沿的廣東電信，深刻地覺察到社會發展對電信新業務日益增長的需求，於是率先提出了為大客戶建設商業通訊網的概念。

　　1996 年初，廣東省局組織多方考察認證，最終選擇華為 C□C08 交換機在深圳建設商業試驗網。當然，商業試驗網對於廣東省局和華為而言，既是一個面向市場的選擇，更是一次嚴峻的挑戰。

　　商業客戶的需求是什麼？營運商如何滿足這些需求？設備商又如何實現這些需求？……存在一大堆需要解決的問題。

　　為了真正地解決這些問題，華為深入調查客戶需求，組織精兵強將艱難突破瓶頸。經過充分的視察，華為很快拿出了一個解決方案，並提交測試。不僅如此，廣東省郵電科學技術研究院也在緊鑼密鼓地設計並實施了多次測試。

　　1996 年 10 月，深圳商業網建成並首次亮相，成功地開通並演示了多項商業網業務。當深圳商業網取得成功後，華為決定再接再厲，深入分析商業使用者的通訊需求，加上營運商的熱情支持，華為又陸續開發出了 Centrex 特色業務、遠端話務臺、酒店通訊解決方案，以及寬窄頻融合的增值業務。

　　華為始終堅持需求在哪裡，華為的產品研發就在哪裡。比如，校園卡就是營運商與裝置商通力合作的案例。

　　1997 年，天津市電信局觀察到，中國大學通訊市場潛力巨大，於是

就向華為提出如何滿足預付卡業務的需求。

對華為來說，需求就是命令。為了解決這個問題，華為工程師在 C□C08 交換機的已有業務基礎上，針對校園特點，定製了業務流程和計費方式，由此推出了校園卡業務。

沒多久，校園卡熱賣天津各大校園，且走出校園，迅速進入機關、醫院、企業等市場，進而在中國各地得到使用者的認可。

校園卡的熱賣，讓營運商的創造力和市場潛能都得到了極大的釋放：「愛心卡」「小區卡」「202 卡」……在 C□C08 交換機的支持下，層出不窮的卡類業務為營運商帶來了可觀的社會效益和經濟效益，同時也為華為的研發提供動力。

華為在滿足訂製業務需求的同時，在 C□C08 交換機基礎上再次創造性地引入了智慧網的設計思路，為本地智慧網提供解決方案，極大地促進了中國智慧業務的發展。對此，任正非在內部演講中總結道：「技術在哪一個階段最有效、最有作用呢？我們就是要去看清客戶的需求，客戶需要什麼我們就做什麼。賣得出去的東西，或搶先一點點市場的產品，才是客戶的真正技術需求。超前太多的技術，當然也是人類的瑰寶，但必須犧牲自己來完成。」

「我們認為市場最重要，只要我們順應了客戶需求，就會成功。如果沒有資源和市場，自己說得再好也是沒有用的。」

任正非與其他創業者一樣，在創業初期階段，其創辦的企業生存和發展倍感艱難。對於當初的這段歷程，任正非回應說：「香港鴻年公司跟我們接觸以後，考察了我的個人歷史，找很多人調查我的歷史。」

了解任正非的過往後，香港鴻年公司讓華為代理交換機產品，這讓華為真正地在 ICT 道路上邁出了自己的第一步。

　　2008 年，在題為「逐步加深理解『以客戶為中心，以奮鬥者為本』的企業文化」的內部演講中，任正非說道：「我們要堅持以『為客戶服務好』作為我們一切工作的指導方針。20 年來，我們由於生存壓力，在工作中自覺不自覺地建立了以客戶為中心的價值觀，應客戶的需求開發一些產品，如接入伺服器、商業網、校園網……因為那時客戶需要一些獨特的業務來提升他們的競爭力。」

　　任正非回憶說：「在 1990 年代後期，公司擺脫困境後，自我價值開始膨脹，曾經以自我為中心。我們那時常常告訴客戶，你們應該做什麼、不應該做什麼……我們有什麼好東西，你們應該怎麼用。例如，在 NGN 的推介過程中，我們曾以自己的技術路標反覆去說服營運商，而聽不進營運商的需求，最後導致在中國營運商選型時，我們被淘汰出局，連一次試驗機會都沒有。歷經千難萬苦，我們苦苦請求以坂田的基地為試驗局，都沒有得到允許。我們知道我們錯了，我們從自我批判中整治，大力倡導『從泥坑中爬起來的人就是聖人』的自我批判文化。我們聚集了優勢資源，爭分奪秒地追趕。我們趕上來了，現在軟交換（softswitch）占世界市場 40%，為世界第一。」

　　為此，任正非在內部演講中告誡說：「客戶的利益所在，就是我們生存與發展最根本的利益所在。我們要以服務來定隊伍建設的宗旨，以客戶滿意度作為衡量一切工作的準繩。」

　　華為在堅持「以客戶為中心」的策略路線上，有幾次大的爭論，但是經過多年的實踐以後，華為已經明確了要以客戶需求為方向，以解決方案為華為的方式。2001 年，在題為「貼近客戶，奔赴一線，到公司最需要的地方去」的內部講話中，任正非說道：「我們充分滿足客戶低成本、高增值的服務要求，促進客戶的盈利，客戶盈利才會買我們的產品。」

任正非解釋說：「我們的客戶應該是最終客戶，而不僅僅是營運商。營運商的需求只是一個中間環節。我們真正要把握的是最終客戶的需求。最終客戶需求到底是什麼？怎麼引導需求、創造需求？不管是企業市場，還是個人市場……真實需求就是我們的希望。」

事實證明，要想從跨國公司的虎口裡奪食，其難度超出人們的想像。不過，也並不是沒有辦法，關鍵在於急客戶所急、想客戶所想，盡可能地滿足客戶的需求。正是因為讓客戶感覺到華為真正「以客戶為中心」，華為才拓展了自己的市場。

通常來說，通訊市場的客戶們往往需要的不是某一個具體的產品，而是需要一整套解決方案。這就無疑提高了設備廠商的銷售難度，因為只有清楚客戶的真正需求，才能給客戶提供一套完美的解決方案。

對此，任正非說道：「我們從一開始和客戶的溝通，就是去探討我們共同的痛點，探討未來會是什麼樣子。一上來就要讓客戶感知到這個就是他想找的，讓客戶看到他的未來，認同這個未來，然後和我們一起去找解決方案，看我們能給客戶提供什麼服務，幫助他走向未來。這樣的溝通和探討才能引人入勝，客戶才會關注我們解決這一問題的措施和方案。」

基於此，任正非清楚地知道，要想贏得競爭，關鍵在於為客戶提供一套行之有效的、專業的解決方案，真正地、有效地提升客戶的產品競爭力。

正是任正非對客戶需求的充分關注，使得華為在與跨國公司的競爭中搶得先機。當初，華為為了拿下鄭州市的一個專案，不惜斥巨資聘請IBM專門做了一份鄭州本地網的網路分析和規劃。

當華為公司把該方案提交給河南省高層，河南省高層看後對華為的方案大加讚賞，這是華為贏得河南省的專案一個極好的機會。

在歐洲市場上，華為也同樣堅持「以客戶為中心」。如華為拿下荷蘭特爾福特公司專案就是其中一個。為了贏得荷蘭特爾福特公司專案，華為真正地做到了「以客戶為中心」，擊敗此前該公司的供應商愛立信。

華為與荷蘭特爾福特公司簽約後，愛立信緊急約見荷蘭特爾福特公司高層，並詢問其原因。荷蘭特爾福特公司高層反問道：「貴公司以前為什麼沒想到重視特爾福特公司呢？」

由於荷蘭特爾福特公司是一個規模不大的營運商，其技術實力壓根就算不上雄厚。有鑑於此，荷蘭特爾福特公司一直在猶豫是否要搞 3G 專案。

究其原因，是荷蘭特爾福特公司擔心自身能否拿出有針對需求的 3G 應用。不僅如此，由於荷蘭對環保的要求非常嚴苛，一旦要上新專案，特別是安裝的基地臺和射頻設備必須經過相關業主的同意，且需要支付高昂的費用。

在這樣的背景下，面對激烈競爭的荷蘭特爾福特公司苦惱萬分。當華為得知這一情況後發現，荷蘭特爾福特公司不僅需要設備商供應優質的產品，更需要設備商提供一套完美的解決方案。

然而，對過於自信和傲慢的大廠愛立信而言，為荷蘭特爾福特公司這樣的小型營運商花費太多的精力，顯然是不划算的。正是愛立信的傲慢，給了華為一個難得的機會。

儘管荷蘭特爾福特公司的規模相對較小，但是在「以客戶為中心」的指導下，華為工程師盡力地調查了荷蘭特爾福特公司的需求狀況，為荷蘭特爾福特公司量身定製了一套 3G 解決方案。

原本連荷蘭特爾福特公司高層都認為無力解決的 3G 專案，居然在華為的幫助下完成了。這種由向客戶銷售產品，而向客戶提供解決方案的

華為的可持續發展，歸根結柢是滿足客戶需求

轉變，讓客戶感覺受華為真正地「以客戶為中心」，更感受到華為的技術
實力和服務精神。

華為針對客戶需求而提供的解決方案贏得了中國和眾多其他發展中
國家的通訊市場的認可。究其原因，由於營運商缺乏營運經驗，對未來
的技術發展判斷非常不清楚，需要通訊設備商提供更為具體的諮詢和建
設規劃。這為華為的切入提供了一次難得的機遇。這就是為什麼其他競
爭者還在斤斤計較於產品價格等低階行銷策略時，華為扎實完成「以客
戶為中心」的概念，以完美的解決方案贏得了客戶的信任，同時建立起
一道技術壁壘，將競爭對手遠遠地甩在了後面。

第 22 章

抓住客戶的痛點，才能打動客戶

要想繼續引領行業，就必須「以客戶為中心」進行創新，否則，創新就毫無價值。在企業經營中，作為創新者，其腳步之所以總快人一步，這是「以客戶為中心」進行創新的積極意義。

在與行業大廠的競爭過程中，正是「以客戶為中心」的創新讓華為活下來，並且變得越來越強大，成為世界級企業。在內部演講中，任正非一再告誡華為人：「我們要認真地總結經驗教訓，及時地修正，不斷地完善我們的管理，持續滿足客戶需求。當我們發展處於上坡階段時，要冷靜正確地看自己，多找找自己與世界領先水準的差距。」

正是堅持「基於客戶的持續創新」、持續為客戶創造價值，華為才能夠高速發展。縱觀華為的創新，不管是產品的核心技術，還是外觀設計，以客戶為導向的創新都是指導華為創新的航標。

「把所有的改進對準為客戶服務，哪個部門報告說他們哪裡做得怎麼好，我要問『糧食』有沒有增產，如果『糧食』沒有增產，怎麼能說做得好呢？」

不管是管理，還是創新，任正非始終堅持「以客戶為中心」。有媒體記者問任正非：「您也經常講華為管理問題上的不足，但在媒體心目中，管理是華為的法寶，支撐華為發展到現在的規模。您認為華為管理不如西方國家企業的地方，以及華為管理的特色是什麼？或者說，您認為華

為管理的優劣勢是什麼？」

任正非毫不隱諱地回答稱，管理的目的就是多產「糧食」。任正非回答說：「你沒注意到我今天演講的主題，是在批判不要片面地理解『藍血十傑』，我們要避免管理者的孤芳自賞、自我膨脹，管理之神要向經營之神邁進，經營之神的價值觀就是以客戶為中心，管理的目的就是多產糧食。」

任正非補充說：「經營之神的目標是為客戶產生價值，客戶才會從口袋裡拿出錢來。我們一定要把所有的改進對準為客戶服務，哪個部門報告說他們哪裡做得怎麼好，我要問『糧食』有沒有增產，如果『糧食』沒有增產，怎麼能說做得好呢？我們的內部管理從混亂走向有序，不管走向哪一點，都是要賺錢。我擔心我們的管理若是孤芳自賞，企業的發展就會停滯。我並沒有說我們已超越了西方國家企業，我們還是依託西方國家企業的管理經驗。」

在企業經營中，管理和創新的目的就是創造利潤，一旦偏離這個航道，那麼管理和創新無疑就是鏡中花、水中月。在內部演講中，任正非說道：「我們要調整格局，將優質資源向優質客戶傾斜，可以在少量國家、少量客戶群中開始走這一步，這樣我們就連結一兩家強的客戶，共築能力。在這個英雄輩出的時代，我們一定要勇於領導世界，但是取得優勢以後，我們不能處處與人為敵，要跟別人合作。」

正因為如此，華為才能夠異軍突起，在激烈競爭的手機市場拔得頭籌。2017 年 5 月，全球知名市場研究公司 GfK 集團釋出了 2017 年 4 月中國智慧手機零售監測報告。

根據該報告，2017 年 4 月中國智慧手機銷量達到 3,552 萬臺。其中，華為的銷量高達 808.3 萬臺，位列第一，市場占有率為 22.8%。OPPO、 vivo 緊隨其後，分列第二、第三，市場占有率分別為 16.5%、15.9%，曾經一度風靡中國市場的蘋果和三星位居第四和第八，無緣前三。

從市場占有率來看，華為、OPPO、vivo 三大品牌總共以 55.2%，占據了中國智慧手機超過一半的市場。

在這個榜單上，最為耀眼的自然屬於華為，22.8% 的市場占有率是唯一十位數為「2」的手機品牌企業，以較大優勢獲得中國手機市場冠軍。

反觀蘋果手機，儘管市場占有率也有 11.6% 的表現，與上期相比上升了 0.7%，由於蘋果自身的保守和缺乏對中國市場的重視，市場占有率僅位列第四。在過去占據中國市場前列的三星，由於受到「電池爆炸事件」的影響，其表現依舊沒有起色，市場占有率下滑明顯，已經跌出了中國手機市場前五名。

在全球市場成長趨緩的大環境下，2017 年 4 月的智慧手機整體銷量與上期相比，下降了 1.2%。雖然 OPPO 和 vivo 在市場占有率上分居第二、第三，但與上期相比，兩者的銷量同樣也是下滑，其中 OPPO 下降了 0.6%，vivo 則下降 0.1%。

不過，華為手機不僅排名第一，銷量更是比上期高了 1.8%，成為 2017 年 4 月增速最快的手機品牌。

華為手機之所以能夠持續成長，原因在於他們不斷地投入高階市場，高階市場的提拉作用非常明顯。根據迪信通釋出的 2017 年 4 月手機零售指數報告，在中國手機市場 3,500 ～ 4,000 人民幣的價格區間，華為手機銷量遠超其他品牌手機，占據了接近九成的市場占有率。

不僅如此，在價位 4,000 人民幣以上的手機銷量部分，華為首次超過蘋果 iPhone 手機，位居首位，足以說明，華為手機在高階市場的持續

耕耘，已經開始收穫。

　　除了市場占有率和成長速度，線上、線下銷量的比例也是此次調查報告的一大看點。根據 GfK 集團的報告，2017 年 4 月線上智慧手機整體銷量 819 萬部，比上期成長 8.2%；線下智慧機整體銷量 2,733 萬部，則下降了 3.7%。隨著中國手機市場的飽和，以及成長速度趨緩，手機企業之間的競爭越發激烈。有鑑於此，對手機企業來說，科技創新是每個企業品牌發展不竭的動力。

　　「我們認為，要研究新技術，但是不能技術唯上，而是要研究客戶需求，根據客戶需求來做產品，技術只是工具。」

　　縱觀中外科技企業的創新，很多企業，特別是世界大型跨國企業，由於不重視客戶需求，最終導致最先進的技術創新無法實現其商業價值，使得企業無法正常運轉，因資金斷鏈而走向沒落。對此，任正非說道：「我們認為，要研究新技術，但是不能技術唯上，而是要研究客戶需求，根據客戶需求來做產品，技術只是工具。」

　　客觀地講，作為技術驅動型公司，崇拜技術是無可避免的，但是因為過於崇拜技術，導致這些公司遠離市場，結果消失在使用者的視野中。縱觀華為，同樣也走過一段創新的彎路。任正非在內部演講中坦言：「崇拜技術不要到宗教的程度。我的結論是不能走產品技術發展的道路，而要走客戶需求發展的道路。」

　　任正非看來，只有把客戶需求優先於技術，才是上上之策。任正非在內部演講中告誡：「重點客戶、重點國家和主流產品的格局是實現持續成長的最重要要素，各產品線、各區域、各部門都要合理調配人力資源。一方面，把資源優先配置到重點客戶、重點國家和主流產品；另一方面，對於成長明顯乏力的產品和區域，要把資源聚焦到重點客戶、重

點國家和主流產品上來。藉由改變重點客戶、重點國家和主流產品的競
爭格局，來持續成長。」

2002 年 10 月，對不景氣的通訊設備市場來說，聯通 CDMA 二期招
標可謂該年度中國電信行業的第一大採購單，因為僅僅二期招標總協定
價格就達到 100 多億元。對處於低迷狀態的國內外電信設備業者來說，
不啻一根救命稻草。國內外裝置供應商對此期望很高，它們都躍躍欲
試、摩拳擦掌。

由於電信行業自身調整，以及聯通上市等重大事宜，讓招標工作一
再拖延，這對國內不少設備供應業者的年度盈利帶來不小的麻煩。

隨著聯通在 A 股上市，其 CDMA 二期招標突然加速，時任聯通新時
空總經理張雲高介紹：「招標已取得突破性進展。」

聯通暗地布局二期工程後，其競爭策略也在悄悄發生變化：一方面
業務擴張向縱深發展，另一方面則更看重集團使用者。

在此次招標過程中，已有包括北電網路、摩托羅拉、朗訊、愛立
信、貝爾三星、中興等廠商簽下合約。讓業界震驚的是，來自深圳的華
為卻意外落標。

眾所周知，華為身為國內電信設備供應商的領頭羊，在錯過聯通
CDMA 一期招標後，華為全力進行 CDMA 研發，但終因價格因素未能
得標。

當華為在中國聯通 CDMA 專案招標中落選後，華為痛定思痛，反省
此次失敗時發現，其關鍵在於產品開發的策略思路不正確。在以往，產
品開發都通常是由技術驅動，研發什麼就製造、銷售什麼。

如今，趨勢已經變化了，很多新技術的不斷問世，早已大大超越了
使用者的現實需求，甚至一些超前太多的技術，一旦使用者不能接受，

企業就會因此付出大量的沉沒成本，甚至可能導致企業破產。

有鑑於此，對華為來說，研發策略必須從技術驅動轉變為市場驅動，其宗旨是以新的技術方式滿足客戶需求。在華為看來，創新的動力源自客戶的需求，在創新實踐中必須堅持客戶導向。具體的表現為，從產品研發的最初階段就考慮到市場，甚至考慮到後期的客戶如何維護等問題。

華為因此建立了一套具有特色的「策略與市場行銷」體系，理解、分析客戶的需求，並基於客戶需求確定產品投資計畫和開發計畫，確保以客戶需求驅動華為公司策略的實施。

儘管有些專案已立項，在開發過程的各個階段中，華為都基於客戶需求決定是否繼續開發，或停止，或加快，或放緩。

為了做好技術創新，從 2000 年開始，華為改變了整合產品的開發過程。這樣的做法打破以前由研發部門獨立完成產品開發的模式，變成跨部門的團隊運作。每當產品立項，就建立一支由各部門人員組成的團隊，當中包括市場、開發、服務、製造、財務、採購、品質管理等專業人士，從管理、決策，一直做到產品進到市場。

這個做法讓後端部門，像是服務、製造、財務、採購等等的人員提前加入，讓產品在設計階段時就能充分考量到未來該如何安裝、如何維護以及如何製造，還有當中的成本及投資報酬，讓研發策略更有制度和機制的保障。這是華為因應市場以及為了滿足客戶需求所進行的創新。

第七部分
客戶滿意是衡量華為一切工作的準繩

　　公司將繼續嚴格落實管理進步，提高服務意識，建立以客戶價值觀為導向的宏觀工作計畫，各部門均以客戶滿意度為部門工作的度量衡，無論直接的、間接的客戶滿意度都激勵、鞭策著我們改進。後工序人員就是前工序人員的客戶，事事、時時都有客戶滿意度對你進行監督。

—— 華為創始人任正非

第23章

華為的一切行為都以客戶滿意度作為評價依據

華為始終堅持以客戶的價值主張為導向，以客戶滿意度為標準。1999 年，任正非在三季度行銷例會上的演講就剖析了這樣的邏輯。任正非說道：「我們把主要關係到公司的命脈、生死存亡的指標分解下去，大家都要承擔，否則我們就沒有希望，所以公司現在這個新的 KPI 體系就是要把危機和矛盾層層分解下去，凡是下面太平無事的部門、太平無事的幹部就可以撤掉，不用考慮。」

為了更好地為顧客提供優質的服務，讓客戶滿意。任正非坦言：「我們必須以客戶的價值觀為導向，以客戶滿意度為標準，公司的一切行為都是以客戶的滿意程度作為評價依據。客戶的價值觀是透過統計、歸納、分析得出的，並透過與客戶交流，最後得出確認結果，成為公司努力的方向。沿著這個方向，我們就不會有大的錯誤，不會栽大的跟頭。所以現在在產品發展方向和管理目標上，我們都是瞄準業界最佳，現在業界最佳是西門子、阿爾卡特、愛立信、Nokia、朗訊、貝爾實驗室等。我們制定的產品和管理規劃都要向他們靠攏，而且要跟隨他們並超越他們。比如在智慧網業務和一些新業務、新功能問題上，我們的交換機已領先於西門子了，但在產品的穩定性、可靠性上，我們和西門子還有差距。我們只有瞄準業界最佳才有生存的餘地。」

「華為必須做到品質好、服務好、價格低，優先滿足客戶需求，才能

達到和符合客戶要求，才能生存下去。」

調查發現，很多中國企業之所以不願意重視客戶服務，一個最重要的因素是客戶服務管理會產生諸多成本，降低了企業做好客戶服務的動機。

然而，任正非不同意這樣的觀點。任正非認為，在企業經營中，企業比拚的就是服務和成本，一旦兩者都具有優勢時，那麼企業的競爭力就會很強。任正非說道：「客戶的要求就是品質好、服務好、價格低，且要快速響應需求，這就是客戶樸素的價值觀，這也決定了華為的價值觀。但是品質好、服務好、快速響應客戶需求往往意味著高成本，高成本意味著高價格，高價格客戶又不能接受。所以華為必須做到品質好、服務好、價格低，優先滿足客戶需求，才能達到和符合客戶要求，才能生存下去。當然，價格低就意味著必須做到內部運作成本低。此外，客戶只有獲得品質好、服務好、價格低的產品和解決方案，需求還能被合作夥伴快速響應，才能提升競爭力和盈利能力。」

正是這樣的指導綱領使華為的服務贏得客戶的認可。在這裡，我們來分享一個華為服務的案例。2014 年 9 月，華為康家郡，用他的話來說「甫一出營，我就踏上了前往埃及的班機。剛到一線，我直接被分到給埃及 E 客戶做 PS（Packet Switch，封包交換）網路的維護」。

康家郡了解到，此 PS 網路已經執行多年，閘道器裡有幾萬條資料需要配置。此刻，擺在康家郡面前的是，一方面要盡快地給客戶提供解決方案，另一方面也必須適應一線的高強度工作。求知慾特別強的客戶，對康家郡更是寄予厚望。

面對困難，康家郡沒有時間多想，一旦遇到不懂的地方，就主動學習。在開始時，康家郡逐一排查每行資料，「根據配置反向重新整理拓

撲，同時配合客戶提供的現網追蹤訊息，一點點梳理現網的 PS 業務以及特性，我的腦海裡開始清晰地呈現網路的整體架構和細枝末節」。[132]

康家郡舉例說，在某次分析「深度封包檢測」（Deep Packet Inspection，DPI）配置、使用者追蹤和話單時，康家郡發現一些較為異常的計費問題，雖然之前沒有辨識出這些問題，但是康家郡覺得這些問題必須解決。

經過討論和分析，康家郡得出結論，這個問題居然是系統裡的使用者惡意構造的、不符合規範標準的欺詐包，其中有的報文被故意新增了一些特殊的字元，導致在深度報文檢測時無法正常識別該欺詐包。透過這個欺詐包，這些使用者就可以繞過正常的計費系統，支付費用就可以免費使用流量。

正當康家郡談論此問題時，客戶計費團隊也發現此問題不合常理的邏輯。客戶計費團隊由此認為，此項問題可能是華為深度封包檢測漏洞給該公司造成經濟損失。

康家郡認為，此項問題是欺詐使用者引起的，但是客戶對此「將信將疑」。在無法打消客戶疑慮時，康家郡根據現有的案例和研發一起分析，根據計費欺詐使用者的特點，搭配華為的 SmartCare 平臺，利用 SmartCare 系統每天對免費 RG（費率組）流量進行統計，並觀察是否有大量的免費流量，NOC（網路運維中心）對免費 RG 的排名靠前的使用者進行使用者面追蹤，辨識出包中的異常結構並回饋給研發，研發根據包特徵提供補丁或其他解決方案。[133]

---

[132] 康家郡：〈太陽照在尼羅河上 —— 一個雲核心網工程師的成長之路〉，《華為人》2020 年第 2 期。

[133] 康家郡：〈太陽照在尼羅河上 —— 一個雲核心網工程師的成長之路〉，《華為人》2020 年第 2 期。

　　透過此流程，康家郡團隊辨識出計費欺詐使用者，尤其是在 E 客戶試行後，在一兩天內就可以辨識網路中的計費欺詐，通常在五天內即可得到明確的解決路標。

　　在康家郡團隊不懈的努力下，他們把客戶因為計費欺詐導致的損失降到了最低，讓客戶更加認可華為的解決方案，同時華為也建構了計費防欺詐專業服務能力。當從系統層面對整個網路瞭如指掌後，那些平時可能會被忽視的問題將更易被華為發現。

　　正是因為華為能夠給客戶提供解決方案，所以贏得了埃及客戶的認可。網路功能虛擬化（Network Functions Virtualization，NFV）對網路的影響很大，甚至是顛覆性的。這樣的新技術自然會引起埃及客戶的關注。不久，埃及客戶與華為簽訂了相關合約，並希望華為快速交付。

　　由於代表處沒有網路虛擬化交付經驗，所以這項任務極具挑戰性。接到這樣的任務，康家郡沒有退縮，而是主動請纓。在康家郡看來，自己身為代表處最年輕的 PS 工程師，沒有理由拒絕一切未知任務。

　　當客戶安排華為、E 公司和 N 公司三家公司測試時，卻給華為一個上電難、環境差的機房進行測試。此外，上電時間居然比另兩家公司晚兩週，這導致康家郡團隊直接輸在起跑線。當康家郡團隊上電後，機房的空調和風扇也沒有到位，裝置溫度時常超標，必須反覆將裝置下電，冷卻後才能繼續調測。這樣的操作無疑多花了不少時間，要想贏得測試，康家郡團隊就需要與時間賽跑。

　　在當時，華為遭遇的困難多如牛毛，再加上華為在網路虛擬化方面的技術不是很成熟，同時也沒有像現在一樣完備的工具，在網設、部署、調測到驗收的流程中，只能依靠純手工完成。在測試中，由於康家郡是首次接觸網路虛擬化技術，面對 nova、cinder、neutron 等各種陌生

的概念，他不得不求助中國國內產品技術部的專家們，同時自己在網上搜尋和「惡補」相關的技術知識。

　　經過一個月的日夜奮戰，華為贏得先機，比另兩家公司早一個星期打通了首個電話，並且後續 VoLTE、VoWiFi 等測試順利透過，技術得分第一。此專案的成功突圍，為後續網路虛擬化專案的成功交付打下了堅實的技術基礎。

　　客戶的滿意，讓康家郡團隊擔負更大的壓力。康家郡介紹，在埃及 E 客戶的網路虛擬化交付專案中，客戶質疑康家郡團隊的產品 FS（功能伺服器）整合第三方 APP 的能力。面對來自客戶的質疑，康家郡的態度很堅決。康家郡說道：「客戶越是質疑我們，我們就越要做好。」

　　客戶提出自己的要求，在華為產品上整合某第三方 APP，實現外接深度報文檢測功能。既然客戶提出要求，康家郡團隊就不得不提出解決方案。像這樣的第三方深度報文檢測的整合，在當時研發沒有相關的解決方案，此刻又是農曆春節，無法在第一時間解決客戶的需求。客戶不滿地表示，一旦華為根本無法在巴塞隆納展會前完成整合，他們就打算用其他公司的產品替換華為的產品。

　　此刻距離巴塞隆納展會只有短短的 14 天，康家郡團隊必須在半個月的時間內，完成一個從無到有的方案設計、部署、驗證，壓力之大不言而喻。

　　身為一個在 NFV 領域經驗豐富的「專家」，其自信都是在戰場上檢驗出來的，首要的問題是如何引流。與傳統的外接 DPI 裝置不同，「雲化場景下，它以一個 VM（虛擬機器）的形式，和其他 VM 共同存在一個或幾個 host（主機）上，如何將流量引流到 VM 上，變得很是棘手」。康家郡說：「這就像是連體嬰兒，想把它們分開，需要極其完備的方案以及

極其複雜的手術。」

由於之前的累積，此次面臨高難度問題，康家郡已經遊刃有餘了。對康家郡來說，只是需要更加縝密的思路梳理以及合理協調。

康家郡發現，該問題與數字通訊和 IT 聯繫緊密，且突破瓶頸時間較短，康家郡不得不向 NTD（網路技術支援部）部長求助，請其調派相關的數字通訊專家。

當晚，康家郡團隊在會議室通宵達旦地討論各種方案的可行性，直到次日中午，終於找到了一種基本可行的方案，並與客戶溝通，讓本地 TD（技術支援人員）下午先在客戶處測試，晚上帶回測試問題，康家郡團隊繼續研究討論發現的相關問題。如此反覆地更改、優化，康家郡團隊終於一步步確定了引流、框內容災、跨框容災等一系列方案。最終在 14 天內完成了第三方 APP 在華為產品上的部署和整合，同時也形成了一套完整整合方案，後續被全球多個局點呼叫。[134]

幾年後，康家郡回憶起這段經歷說道：「雖然過程很痛苦，但最終換來了客戶的認可，打消了客戶對 FS 整合第三方 APP 能力的質疑，還帶出了本地 TD 可以獨自承擔 NFV 的交付，風雨中的那點痛就不算什麼了。」

的確，正是華為人的不懈努力，讓華為的國際市場拓展進行得更加順利，華為專家在前線的表現不僅讓客戶滿意，同時也提升了客戶的忠誠度。

在解決客戶的需求中，華為總是在想盡一切辦法讓客戶滿意，因為華為明白，只有滿足了客戶的需求，才能真正地贏得客戶的認可。

---

[134] 康家郡：〈太陽照在尼羅河上 —— 一個雲核心網工程師的成長之路〉，《華為人》2020 年第 2 期。

客戶滿意是衡量華為一切工作的準繩

「客戶 100％滿意，我們就沒有了競爭對手，當然這是永遠不可能的。企業唯一可以做到的，就是不斷提高客戶滿意度。」

客觀地講，雖然很多中國企業都深諳「以客戶為中心」這個道理，卻不付諸實踐。為此，任正非在〈創新是華為發展的不竭動力〉一文中寫道：「這十年，也是西方著名公司蜂擁進入中國的十年。他們的行銷方法、職業修養、商業道德，都啟發了我們。我們是在競爭中學會了競爭的規則，在競爭中學會了如何贏得競爭。既競爭，又合作，是 21 世紀的潮流，競爭迫使所有人不停地創新，而合作使創新更加快速、有效。我們不僅與國內競爭對手互相學習，而且與朗訊、摩托羅拉、IBM、德州儀器等十幾家公司在未來晶片設計中結成了合作夥伴關係，為建構未來為客戶服務的解決方案共同努力。這十年，電信營運商始終是華為的良師諍友。他們在中國通訊網路的大發展中，在與西方公司的談判、招標、評標中，練就了適應國際慣例的職業化水準。沒有他們的嚴厲和苛求，我們就不會感到生存危機，就不會迫使我們一天也不停地去創新，我們就不會有今天的領先。當然也由於我們的存在，迫使西方公司改善服務、大幅降價，十年來至少為國家節約了數百億元採購成本，也算我們的一個『間接』貢獻。」

雖然取得了業績，但是任正非在思考新的問題，任正非反思道：「在這種強烈競爭的外部環境下，華為如何提升自己的核心競爭力，使自己也可以持續生存下來呢？華為矢志不渝地追求不斷提升企業核心競爭力，從未把利潤最大化作為目標。核心競爭力不斷提升的必然結果就是生存、發展能力不斷提升。我們意識到，作為一個商業群體必須至少擁有兩個要素才能活下去：一是客戶，二是貨源。因此，首先，我們必須堅持以客戶價值為導向，持續不斷地提高客戶滿意度。客戶 100％滿意，

我們就沒有了競爭對手，當然這是永遠不可能的。企業唯一可以做到的，就是不斷提高客戶滿意度。提升客戶滿意度是十分複雜的，要針對不同的客戶群需求，提供實現其業務需要的解決方案，並根據解決方案開發出相應的優質產品，提供良好的售後服務。只有客戶的價值觀，透過我們提供的低成本、高增值的解決方案實現了，客戶才會源源不斷購買我們的產品。歸結起來，就是企業必須不斷改進管理與服務。其次，企業必須解決貨源的低成本、高增值。解決貨源的關鍵，必須有強大的研發能力，能及時、有效地提供新產品。由於 IT 產業的技術生命週期越來越短，只要技術進步慢，公司的市場占有率可能很快會萎縮。這迫使所有的設備製造商必須做到世界領先。華為追趕世界著名公司最缺少的資源是時間，要在十年內走完他們幾十年走過的路程。華為已有七種產品世界領先，四五種產品為業界最佳之一，這是一代又一代創業者的生命換來的。」

1999 年，世界權威電信諮詢機構 Dittberner 公司在其年度報告中指出，「華為的 C□C08 交換機在全球網路上的執行量業界排名第九位」。華為因最新推出 iNET 綜合網路平臺，被 Dittbermer 公司稱為「世界少數幾家能提供下一代交換系統的廠家」。任正非坦言：「『資源是會枯竭的，唯有文化才會生生不息。』這句話，是源於 1996 年，我和原外經貿部西亞非洲司司長石畏山、王漢江在杜拜轉機，飛機降落時，他們說杜拜會是中東的香港，我不相信，怎麼可能在沙漠裡建一個香港呢。當時杜拜還是很破落的，不像今天這麼好，但杜拜重視文化建設，國王把孩子們一批批送到歐美學習後再回來，提高整個社會文化素養。同時制定各種先進的制度及規劃，吸引世界的投資。當時，我感到非常震撼，杜拜一滴石油都沒有，所以要創造一個環境，這句話的來源是這樣。華為

公司也是一無所有，只能靠自己，和杜拜的精神是一樣的。」

在這裡，以華為拓展奈及利亞市場為例。2005 年 4 月，華為公司與奈及利亞通訊部在人民大會堂簽訂了《CDMA450 普遍服務專案合作備忘錄》及華為公司在奈及利亞投資協定，協定金額 2 億美元。CDMA450 由於使用低頻段，其無線電波不受地理條件的限制，可以繞過山坡、樹林、河流、湖泊，實現無線覆蓋半徑 60 公里以上。因此，該方案將快速地解決奈及利亞 220 個地方政府無通訊覆蓋的問題，使奈及利亞全國的通訊覆蓋率提高一倍以上，同時促進奈及利亞遠端教育、遠端醫療等服務的發展。[135]

華為之所以能夠開啟奈及利亞市場，是因為華為工程師的艱苦努力及堅實的產品品質。在這裡，我們就來看看華為工程師是如何拓展奈及利亞市場的。

2007 年 10 月，剛入職華為的柳陽春是一名新員工，完成入職培訓後，沒有休息，就接到前往奈及利亞的「作戰命令」。由於專案緊急，柳陽春不得不在 2007 年 12 月 31 日奔赴非洲「戰場」。

經過十幾個小時的飛行後，柳陽春安全抵達奈及利亞。之前的見聞讓柳陽春認為非洲貧窮落後，但到了奈及利亞之後，讓柳陽春意外的是，主管和同事表示：「這裡通訊建設正在蓬勃發展，新牌新網就有兩三家，現網擴容的還有好幾家。」

柳陽春設法盡快地融入當地和專案。經過主動爭取，柳陽春被分配到 V 專案組做督導。當時，奈及利亞當地的電信網路正在快速建設階段，分包商的建設能力有限，安裝和建設都需要華為工程師在現場督導。

---

[135] 中國駐奈及利亞拉各斯經商參處子站：〈民營企業開拓奈及利亞市場的現狀、存在問題及建議〉，《國際技術貿易》2007 年第 3 期。

在了解現場督導工作的要求，柳陽春就被派到區域督導新建站點整合。

初到現場督導時，柳陽春曾寫道：「我心裡很害怕：我這才學了幾天，萬一搞不定怎麼辦。」柳陽春舉例說：「記得有次下區域協助站點整合，業務配置完了，站卻遲遲沒有通，檢視 Web（網路）終端發現有警告，我懷疑是配置錯了。但是經過仔細檢查，沒有發現問題；刪掉重新配置，還是沒解決。正躊躇不展時，主管打來電話問為什麼刪掉剛剛配置好的業務呢？我回答說站沒有通。主管說：『要對自己有信心，站點起不來也有可能是其他地方的問題呀，我們傳輸僅僅是提供一個管道，站點 BTS（基地臺收發臺）和機房 BSC（基地臺控制器）都可能存在問題啊。』」

主管的指點讓柳陽春明白，遇到棘手的問題時要有信心，同時還有華為團隊在支援。柳陽春坦言：「就這樣，我一個人懵懵懂懂地在奈及利亞北部多個州邊做邊學，整天跑站點做整合、清警告，樂此不疲。看到新建站點上線越來越多，晚上給專案組同事彙報進展時，那清晰的通話品質讓我們得意不已，這就是我們自己建的網路！」

柳陽春說得似乎很輕鬆，但是奈及利亞條件卻非常艱苦，甚至可以聽到「近在咫尺」的槍聲。據柳陽春回憶道：「2010 年 12 月 24 日以來，奈及利亞多個城市接連發生炸彈爆炸或恐怖襲擊事件。其間，我正和一個同事沿著骨幹連結巡檢站點，處理警告。傍晚，當我們落腳到尼國東北部邊境小城的一家小旅館時，突然聽到外面響起密集的鞭炮聲。還沒有遇到過治安事件的我跟同事開玩笑說：『咦，真有意思！難道這裡人也在歡慶聖誕嗎？』於是我們跑到院子裡探個究竟，結果發現旅館的櫃檯、保全都表情嚴肅地把收音機貼在耳邊聽廣播。原來這不是鞭炮聲，

而是叛亂分子與政府的交火聲。剛剛還在開玩笑的我們，看到本地人都這麼驚恐的表情，心裡突然有些緊張了。」

由於此事件發生得很突然，奈及利亞政府隨即有針對性地應對——釋出宵禁令，不許車輛進出城。幾乎就在同一個時間，600公里之外的卡諾（Kano）也發生了非常嚴重的恐怖襲擊事件，導致為華為奈及利亞公司開車的司機心急如焚，因為該司機的家就在卡諾。

在發生恐怖襲擊事件的時候，該司機正在一個位於城郊的加油站給車加油。此刻已經釋出宵禁令，不可能回到旅館，更不可能回位於卡諾的家。在電話中，司機向柳陽春哭訴，擔心家裡的妻子和孩子。

司機的哭聲，「近在咫尺」的槍聲，讓柳陽春輾轉難眠。次日，柳陽春與同事們在軍警的協助下，才成功返回仍然在執行宵禁命令的卡諾。柳陽春回憶說：「街道上看不到一輛行駛的汽車，聽不到任何小孩子的歡笑聲，整個城市死一般安靜，讓人感到恐懼。」

柳陽春直言，他在奈及利亞工作了多年，也就漸漸地習慣了這樣的工作環境。這可以看出，華為在海外市場拓展的艱難程度。這樣的訂單即使給愛立信和Nokia，這些電信大廠也未必會做，因為按照他們的價值體系，他們絕對不會冒這樣的險。

當然，華為能夠贏得奈及利亞營運商的認可，並不是因為華為員工的到來，而是華為提供的產品和服務。

柳陽春逐漸熟悉業務後，開始獨當一面。此刻，柳陽春主動申請做另一個專案的TL（團隊負責人）。該專案是一個位於首都的「友商」設備搬遷專案。

既然華為承接了該專案，就必須打消客戶的疑慮，如解決方案仍待完善、驗收標準過於簡單、交付計畫不夠詳細、交付資源保障不足等。

為了完成該專案，柳陽春壓力極大，一邊學習，一邊交付。據柳陽春介紹，「幾乎每天都是凌晨 4 時完成網路遷移，睡兩三個小時，上午 8 時起來正常上班，準備下一批的業務網路遷移」。

就這樣，柳陽春連續堅持了近一個月的網路遷移。當第一批站點網路遷移完成後，華為交付的專案，其網路效能明顯提升不少，客戶對網路遷移結果非常滿意。

2014 年，柳陽春首次獨立負責的一站式方案專案交付。在專案中，柳陽春為此編寫專案預算，考慮到該專案價值一億多美元，不僅要考慮收入，還要考慮成本。

經過精心的準備，專案從簽訂合約到現場到貨，交付準備期就長達一個多月。在這期間，柳陽春按照不同的產品、不同的交付場景來劃分該專案，讓每個 TL 根據專案目標來提出解決方案、根據交付計畫來提出資源需求、根據交付品質來提出風險等等，然後大家集體討論，持續優化他們的策略和計畫。

天道酬勤，經過一個月的充分準備，該專案的交付非常順利，合約簽訂半年內就完成了預算收入的 90%以上，整體專案幾乎是按預設計畫執行，客戶對該專案交付也是給予高度評價。當年底，專案團隊獲得了公司的總裁嘉獎令。

客觀地講，華為能夠贏得客戶的認可，源於一大批像柳陽春這樣的華為工程師的艱苦努力。2016 年，柳陽春參與 M 系統部的微波搬遷專案。

據柳陽春介紹，該專案交付規模超過 10,000 兆，這個月交付量比華為當地代表處過去專案的規模都還高。更重要的是，該專案是一個影響現網微波設備格局的強競爭專案。此外，還有一點棘手的是，在搬遷

「友商」設備後，搬遷後的網路，依舊是「友商」來負責維護。

要完成此專案，就需要協調客戶、華為、「友商」之間的關係，也需要保證該設備順利搬遷，還要讓客戶滿意。

為此，柳陽春認真地分析了專案，了解客戶真實的網路搬遷動機是什麼；客戶內部聲音是否一致；如何讓客戶滿意華為的交付；華為所提供的解決方案，交付方案是否已經最優，是否對齊客戶的訴求；交付品質是否可靠，是否有暴露風險；動了「友商」的「乳酪」，他們當前有什麼動作；華為是否做好提前應對……

雖然諸多問題讓柳陽春困擾不已，但華為還是承擔了該專案，經過一番討論，專案組最終達成完成該專案的一致意見。

據柳陽春介紹，M 營運商作為本地區的第一大營運商，不僅建網早，其使用者數量也較多。規劃部門人員就職 M 營運商十多年，理論知識豐富，對現網瞭如指掌，更為關鍵的是，客戶對「友商」的產品異常青睞。

面對此僵局，讓客戶能夠盡快地接受華為產品，就是專案組當時面臨的一個困難。當專案組給該客戶提交網路規劃時，客戶總是一而再，再而三地指出其不足。

客戶指出方案的不足，讓專案組清醒地意識到，一旦解決方案沒有做好，無疑會影響專案的實施。因此，必須確保專案組的規劃方案相對最優。

為了解決這個問題，專案組堅持每天拜訪客戶，與客戶溝通匯報其專案進展情況，以此來更好地分析客戶的真正需求，並及時地完成交付計劃。經過不懈的努力，柳陽春贏得了客戶的認可。華為能夠開啟奈及利亞市場，只是「以客戶為中心」的一個案例。

第 24 章

華為讓世界絕大多數普通人都能享受到低價優質的通訊服務

　　歐洲一家通訊製造商的高階管理人員在一個非正式場合這樣講道：「過去 20 多年全球通訊行業的最大事件是華為的意外崛起，華為以價格和技術的破壞性創新徹底顛覆了通訊產業的傳統格局，讓世界大多數普通人都能享受到低價優質的訊息服務。」

　　以他的想法，正是華為的破壞性創新，才使得華為在海外市場營業收入比例達到近六成。然而翻閱華為的資料就會發現，「創新」一詞在華為的「管理詞典」中並不多見，20 多年來，任正非的上百次演講、文章和華為的檔案中，其實很少提及「創新」。不過，在華為的內部演講中，任正非有如下關於「小改進」與「大獎勵」的論述。

　　「在今年的『小改進，大獎勵』中，一是提高了我們產品的品質；二是提高了我們的工作效率；三是降低了我們的成本。」

　　任正非在考察日本企業時，特別是在《北國之春》一文中，高度肯定了日本的「小改進」文化。眾所周知，日本商業世界裡，成千上萬的中小企業，甚至百年企業憑藉一項足夠人性化的技術就可以保持比松下、索尼這些大公司還要健康的利潤率。比如，有家日本公司做針筒，他們把針頭做到讓患者感覺不到疼痛；有家公司做抽水馬桶，能將沖水

的聲音降到幾乎聽不見。[136] 這些中小企業是如何把產品做到極致的呢？答案就是改良。

這裡的改良就是慢慢地改進工藝，從而更好地製造更加貼近客戶需求的產品。在這樣的文化和歷史背景下，日本企業堅持永不停歇地持續改善，取得了較為理想的效果。

如今的虎屋依然儲存著日本江戶時代以來的近千份古文書。在這近千份古文書中，最早的一份古文書竟然是寬永五年，即西元 1628 年，購買廣橋般町時的一張地契。

據其他文書顯示，在日本戰國末期以後，虎屋再次承辦宮中御用差事。當時的掌門人是黑川圓仲，是虎屋名副其實的中興之祖。在日本寬永十二年，即西元 1635 年，黑川圓仲逝世之後，黑川吉又衛門繼承了家業，成為第二代虎屋掌門人。虎屋往後的繼承人分別是，光成（第三代）、光青（第四代）、光富（第五代）。而今的虎屋掌門人是黑川光博，是虎屋的第十七代掌門人。

在虎屋的發展中，虎屋持續譜寫了輝煌的歷史。日本元祿年間，正是日本江戶時代最繁華、最鼎盛的發展時期。虎屋第五代掌門人黑川光富擴大了業務經營範圍，虎屋不僅承辦宮中的差事，還接受其他訂貨，客戶包括水戶的德川家、德島的蜂須賀家、彥根的井伊家等各地諸侯，以及京都的豪商們。

不僅如此，黑川光富還要求虎屋把當時的訂貨數量、價格等內容都詳細地記錄在《每月銷售記》裡。例如，以日本元祿三年（1690 年）正月和二月為例，在正月，虎屋是這樣記載的：「大內九五一目五分、町七三八目二分，合計一貫六八九目七分。」而在二月，虎屋是這樣記載

---

[136] 陳偉：〈日本企業為何堅守「改良」〉，《支點》2012 年第 8 期。

的：「大內一貫二三八目、町九六六目八分，合計二貫二零四目八分。」

在這裡，需要說明的是，《每月銷售記》記載的「大內」就是指宮中。從這份《每月銷售記》不難可以看出，宮中的訂貨數量約占虎屋銷售總額的 60%。

在日本江戶時期，貨幣單位稱為「貫目」，1 兩銀子等於 60 目。在虎屋 1690 年 2 月的營業收入是 37 兩（如果用兩來計算，1 兩銀子相當於今日的 10 萬日元）。

同等大小的羊羹，日本元祿時代的單價是六目，現在的單價是 4,800 日元。不過日本元祿時代的木工工錢一天是四目三分，日本京都的高級旅館一晚的住宿費是三目五分，但一根羊羹卻要六目，這樣的消費水準絕對不是普通老百姓能夠承擔的。

從這些銷售紀錄不難看出，當時的虎屋也與如今相似，虎屋製作的日式糕點通常是饋贈禮品，並不都是天皇家自己獨享，其多半用於宮中的宴會典禮，或者是作為禮物下賜給臣下。

儘管虎屋為宮中辦差，但是對虎屋而言，製作御用糕點的身分沒有任何特權。例如，虎屋第五代掌門人黑川光富曾被朝廷封為「近江大椽」，但這個官職僅僅是名義上的，並不擁有近江國的封地。對於虎屋的經營者來說，黑川光富還是十分珍惜「近江大椽」這個封號，以至後來使用「近江虎屋」的稱號。

虎屋獲得這樣的榮譽當然離不開黑川家族客戶至上的原則，以至於虎屋歷代的掌門人都以製作御用糕點為榮，把維護這個榮譽作為黑川家族發揚家業的最高經營方針。例如，虎屋第十七代掌門人黑川光博社長在接待船橋晴雄視察時說：「製作讓顧客滿意的日式糕點，這不用說當然是自己的使命了。但自己還有一個更為重要的使命，那就是要讓虎屋的

日式糕點達到登峰造極的地步。也許因為是有著悠久歷史傳統的虎屋，所以才會有這樣崇高的使命感吧。但我知道完成使命不是一件容易的事情。」

對於傳統，黑川光博社長也有自己的看法，他說：「傳統存在於連續不斷的革新之中，既要保留傳統中好的東西，又要勇於創新。這很重要，不能只憑嘴說，而是要在具體的經營中去發現和變革。這才是真正的繼承傳統。」

在人類社會中，黑川家族能夠將虎屋這個家業技藝傳承數百年，特別是在瞬息萬變的商業社會裡，其中的艱辛也只有虎屋歷代經營者們才能真正地體會到。不過，在黑川光博社長看來，要想發展，就必須顧客至上，既要保留傳統，又要勇於打破傳統。正是這樣的改良，才能讓虎屋的日式糕點邁向登峰造極的境界。

從日本考察回來的任正非借鑑了日本企業的改良，由此拉開了華為「微創新」的大幕。在〈在實踐中培養和選拔幹部〉一文中，任正非高度評價了這種「小改進」需要「大獎勵」的做法。任正非說道：「如果我們在今年的『小改進，大獎勵』中，一是提高了我們產品的品質；二是提高了我們的工作效率；三是降低了我們的成本，那麼我們的市場競爭力就會大大提高。如果我們把航空公司的機票拿來給大家發薪資、發獎金，大家將會有多大收益？但是，由於你們產品品質不好，本來可以給大家漲薪資的錢，都花在維修產品旅途中的機票、旅店的費用中去了。你們在這個品管圈活動中漏下的那 0.31 個故障點，不知道需要買多少飛機票來補救。我們飛來飛去地去修設備，修的是什麼？就是當時因為你操作馬虎漏了一個焊點。正是這一個焊點使我們花出去將近一千倍、一萬倍的代價。所以我們在工作中的每一項改進都直接關係到公司的生死存亡。」

　　任正非的觀點是非常科學的。在產品的完善過程中，只有一點點地改進，才會使得產品品質更有保證。

　　在任正非看來，「小改進」是提升華為核心競爭力的一個有效舉措。在「第二期品管圈活動彙報暨頒獎大會」上，任正非說道：「大家應該意識到，『小改進，大獎勵』對我們華為公司來說，將是一個長遠的政策，而不是一個短期的政策。為什麼呢？我們最近研討了什麼是企業的核心競爭力，什麼是企業的創新和創業。創業，並非最早到公司的幾個人才算創業，後來者就不算創業，創業是一個永恆的過程。創新也是一個永恆的過程，核心競爭力也是一個不斷提升的過程。大家可以想一想，發錯貨少一點，公司的核心競爭力不就提升一點了嗎？訂單處理速度提高 30%，我們的整個業務執行速度不就提高 30% 了嗎？這些都有利於核心競爭力的提升。」

　　任正非解釋道：「那麼，怎麼辦呢？就是要堅持『小改進，大獎勵』，為什麼？它會提高你的本領，提高你的能力，提高你的管理技巧，你一輩子都會受益。小改進，大獎勵，但重要的是『小改進』，大家不要太關注『大獎勵』。我們現在要推行任職資格考評體系，因此你的每一次『小改進』，都是向任職資格逼近了一大步，對你一生是『大獎勵』，讓你受用一輩子，它將給你永恆的前進動力。我們堅持『小改進』，就能使我們身邊的工作不斷地優化、規範化、合理化。但是，在堅持『小改進』的基礎上，如果我們不提出以核心競爭力的提升為總目標，那麼我們的『小改進』就會誤入歧途。比如說，我們現在要到北京去，我們可以從成都過去，也可以從上海過去，但是最短的行程應該是從武漢過去。如果我們不強調提升公司核心競爭力是永恆發展方向，我們的『小改進』改來改去，只顧自己改，就可能對周邊沒有產生積極的作用，改了半天，公司的整體核心競爭力並沒有提升。那就是說，我們的『小改進』實際

上是陷入了一場無明確目標的遊戲，而不是一個真正增創客戶價值的活動。因此，在『小改進』過程中要不斷瞄準提高企業核心競爭力這個大方向。當然，現在你們的每個品管圈活動都是為了提高公司核心競爭力，圍繞著這一總目標。『小改進，大獎勵』將是我們華為公司在很長時間裡要堅持的一個政策。」

任正非強調，華為不僅需要堅持「小改進，大獎勵」，而且需要長期堅持不懈地改良，同時應在「小改進」的基礎上，不斷歸納，綜合分析。

「不理會客戶的基本需求，產品自然做得不穩定。盲目地自以為是創新，認為做點新東西就是創新，我不同意這個看法。」

在很多企業內部培訓中，一些學員總是在探討一個非常古老而有趣的話題——為什麼「鮮花」又插在了「牛糞」上。在這些學員眼中，總是看到很多漂亮的、高挑的女同事嫁給了「薪水不多」「身高又不高」「家庭又不富裕」的「三不牛糞男」。

於是，這些員工總是很困惑，甚至是不理解，這個世界到底是怎麼了？其實，答案很簡單。在「鮮花」看來，「因為牛糞能給鮮花養分，使鮮花能夠更美、更豔」。在很多企業中，由於資源——資金、人才、技術累積等限制，這就要求在創新時，要盡可能地切合企業的實際發展。如華為曾在創新的道路上，盲目地學習與跟隨西方公司，有過很多的教訓。所以任正非曾在多次演講中提到，華為長期堅持的策略，是基於「鮮花插在牛糞上」策略，不是離開傳統去盲目創新，而是基於原有的存在去開發、去創新。鮮花長好後，又成為新的牛糞。華為要永遠基於已有的基礎去創新。[137]

---

[137] 中國企業家編輯部：〈任正非總結華為成功哲學：跳芭蕾的女孩都有一雙粗腿〉，《中國企業家》2014 年第 10 期。

　　可能讀者不明白華為基於已有的基礎去創新，在「第二期品管圈活動彙報暨頒獎大會」上，任正非對基於已有的基礎去創新做了詳細的介紹：

　　大家也很明確，華為的通訊產品技術事實上好過西門子，但是為什麼西門子沒有我們這麼多的銷售人員，卻有跟我們相差不大的營業收入呢？因為他們的產品穩定、問題少，而華為公司產品不夠穩定，而且中央研究部不大願意參加品管圈活動。什麼叫做客戶滿意度？客戶的基本需求是什麼？客戶的想法是什麼？把客戶的想法未經科學歸納就變成了產品，而對客戶的基本需求不予理會，產品自然做得不穩定。盲目地自以為是創新，認為做點新東西就是創新，我不同意這個看法。

　　我剛才看的「向日葵」圈就是創新，因為這樣把一個東西的不正確率大幅降低了。在付出了巨大的努力後，能夠找到裡面的規律，就是創新。特別是我們研發系統，一個專案經理上臺以後，生怕別人分享他的成果，因此就說這個產品的所有東西都是他所在的專案組研究的。那我就跟中央研究部的幹部說一句話，像這樣的人不能享受創業與創新獎，不能因為創業、創新就給他提升晉級，而且他不能做專案經理，他實在幼稚可笑。

　　華為公司擁有的資源，你至少要利用到 70％以上才算創新。每一個新專案下來，就應當是拼積木，只有最後那一點點才是不一樣的，大多數基礎都是一樣的。由於一些人不共享資源地創新，導致我們在很多產品上進行了大量的重複勞動，根本就不能按期投入生產，而且投入生產以後還不穩定。

　　上一次我看了中央研究部有一個組織獎，這一次看來還有一個 BOM（物料清單）組得獎，所以我想，我們很快要開展什麼叫做核心競爭力、

客戶滿意是衡量華為一切工作的準繩

什麼叫做創業、什麼叫做創新的大討論。我希望每個人都要發言,特別是你們做了「小改進」的。你光看他搞了一個新東西那不是創新。

我剛才講了研發系統,有些專案研發的時候連一個簡單東西都自己開發,成本很高,這不是創新,這是消耗、浪費了公司的寶貴資源。一個大公司,最展現降低成本的措施就是資源共享。人家已經開發的一個東西我照搬過來裝進去就行了,因為沒有技術保密問題,也沒有專利問題,裝進去就行了,然後再適當地做一些優化,這樣才是真正的創新。那種滿腦子想著大創新的人實在是幼稚可笑的,是沒有希望的。

我們非常多的高級幹部都在說空話,說話都不落到實處,「上有好者,下必甚焉」。因此產生了更大一批說大話、空話的幹部。現在我們就開始考核這些說大話、空話的幹部,實踐這把尺子,一定能讓他們扎扎實實幹下去,我相信我們的淘汰機制一定能建立起來。

在這個演講中,任正非始終在強調創新要堅持傳統,基於原有的基礎去開發、去創新,而不是去盲目創新。在任正非看來,企業的競爭實質不僅僅是專利技術的競爭,同時還是具體情況具體分析的創新。

任正非是這樣解釋的:「我的一貫主張『鮮花是要插在牛糞上』。我從來不主張憑空創造出一個東西、好高騖遠地去規劃一個未來看不見的情景,我認為要站在現有的基礎上前進……世界總有人去創造物理性的轉變,創造以後,我們再去確定路線。我們堅持在牛糞上種出鮮花來,那就是一步一步的延伸。我們以通訊電源為基礎,逐步地擴展開。我們不指望天上掉下林妹妹。」

正因如此,華為的創新才取得纍纍碩果。2015 年 3 月,夜幕下的荷蘭最大的足球場 —— 阿姆斯特丹球場在 5 萬多球迷擁入後頓時淹沒在陣陣吶喊和助威聲中,與之交相輝映的「HUAWEI」(華為)的巨幅廣告隨

處可見。作為該球場的贊助商，華為為荷蘭建構了最大的 Wi-Fi 網路，可為 5 萬多球迷提供免費的無線網路接入服務。

華為的成功，意味著中國製造成功地向中國創造轉變，中國速度向中國品質轉變，中國產品向中國品牌轉變。當然，這個成功是以華為在 170 多個國家和地區扎根成長為基礎的。在全球排名前 50 位的電信營運商中，有 45 家與華為保持長期策略夥伴關係，全球三分之一的人口在用華為提供的網路和設備打電話、上網、與世界連線，享受低價優質的訊息服務。

華為是透過何種方法取得如此業績的呢？答案就是推動有價值的創新。對任何一個企業來說，誰占領了技術和市場的制高點，誰就能夠決勝未來。在當下的通訊標準的制定上，中國企業不輸西方企業，處於領先的地位，成為「通訊技術的領跑者」。

任正非在內部演講中曾說：「華為是在最熱門的行業中與最強大的歐美霸主競賽的。過去 10 年，華為的創新發展徹底顛覆了全球通訊業的格局，在超越摩托羅拉、阿爾卡特、朗訊等強勁對手的道路上，華為不僅沒有倒下，反而成為領跑者，登上了行業的聖母峰。」

「技術服務部在和客戶的合作中，要注重與各個層面相關人員的普遍友好交往，要注重普遍客戶關係，要百尺竿頭更進一步，提高客戶滿意度。」

華為人需要重視普遍客戶關係的建立，同時還需要擁有「以客戶為中心」的長遠眼光。2002 年，在題為「認識駕馭客觀規律，發揮核心團隊的作用，不斷提高人均效益，共同努力度過困難」的內部演講中，任正非說道：「我們一再告誡大家，要重視普遍客戶關係，這也是我們的一個競爭優勢。重視普遍客戶關係是對所有部門的要求。堅持普遍客戶原

客戶滿意是衡量華為一切工作的準繩

則就是見誰都好，不要認為對方僅是局方的一個運維工程師就不做客戶關係維護、不介紹產品。在選擇產品時，他也可以投一票。」

早在 2000 年，在題為「擴充隊伍，準備大仗」的內部演講中，任正非就解釋說：「技術服務部在和客戶的合作中，要注重與各個層面相關人員的普遍友好交往，要注重普遍客戶關係，要百尺竿頭更進一步，提高客戶滿意度。」

與其他華為人一樣，趙國輝在海外市場拓展也是極其艱難的，每奔赴一個新市場，遇到的首要問題就是都從零開始與客戶建立關係。在建立關係的過程中，趙國輝遭遇了諸多難以想像的阻力和困難，卻因為他的堅持最終贏得客戶的認可。

在埃及市場拓展的六年中，趙國輝先後目睹了埃及政權兩次更迭。深處亂局中，趙國輝團隊卻依舊「真心實意地為客戶服務，使得曾一度降至冰點的客戶關係逐步回溫」。

據趙國輝介紹，他「去到 A 國時，那裡剛剛結束內戰，但政局不穩，武裝衝突時有發生，兩年多時間裡，經歷過許多『炮火』，甚至深入武裝部落中與客戶一起開槍、開炮。也許正是這種真誠打動了客戶，得到對方極大信任的回饋」。

後來，趙國輝去到環境稍好的摩洛哥，但一直沒有忘記：人心換人心，只有你誠心誠意地對待客戶，客戶才會誠心誠意地回饋你。

2008 年，趙國輝前往埃及代表處報到，主管領導提醒趙國輝說，埃及市場潛力巨大，但是難度很高。

到了埃及，趙國輝才真正發現主管話中的意涵。在埃及電信市場中，對手占據優勢，當時華為的市場占有率較小。加上歷史的諸多原因，埃及電信高層對華為的信任度也不高。

　　面對這樣的局面，趙國輝首要的任務就是與埃及電信重建信任關係，其後才是從埃及電信那裡爭取到更多專案。起初，趙國輝給埃及電信客戶發了無數簡訊、郵件、正式信函，但是都石沉大海。對方甚至拒絕華為員工進入他們的辦公樓。

　　為了接觸到客戶 CEO，趙國輝不得不改變策略，從不抽菸的他居然隨身攜帶一包香菸，在地下停車場透過與客戶 CEO 的司機聊天得知，客戶 CEO 準備下樓。

　　趙國輝得知此訊息，快步跑到電梯口，客戶 CEO 剛出電梯，趙國輝就湊上前去，介紹華為的產品。客戶 CEO 根本沒有認真聽趙國輝講，一邊應付趙國輝，一邊往車的方向走，電梯到車上也就十幾步的距離，每次趙國輝都介紹不了多少內容。

　　雖然開局艱難，但是趙國輝團隊憑藉真誠，逐漸改變了客戶對華為的態度。雖然此刻距離打通客戶高層的關係還很遠，但是趙國輝團隊與多名客戶中層主管建立了良好的信任關係。

　　不久後，一名熟悉的客戶中層主管升任技術長，趙國輝趁勢繼續拓展，雙方聯合成立保障組，每逢有重大節日或重大事件，華為盡全力保障網路暢通和安全。這為後來華為與埃及電信合作做了重要的鋪墊。

　　當華為與埃及電信溝通進行時，2011 年底的某天下午，埃及電信位於市區的一處機房發生火災。這個機房是一個重要節點的傳輸機房，影響開羅城東南部上百萬人的通訊服務。

　　當客戶和趙國輝一起趕到該機房時發現，三層樓約 1,000 平方公尺的機房內一片狼藉，剛撲滅大火，包括華為在內的三家供應商傳輸設備被燒毀。

　　此刻，客戶始終聯繫不上另外兩家「友商」，由於埃及剛經歷政權

更迭,政治局勢不明朗,「友商」的管理層早已撤出。當「友商」不能及時提供服務時,華為當場表態,不管是「友商」的設備,還是華為的設備,華為都會站在使用者和客戶的角度,以最快的速度恢復網路。

於是,華為把所有能夠從倉庫調出的設備全部拿出來。在現場,趙國輝負責協調各種資源,請代表處將所有在埃及的工程師全部派出,其他系統部的技術骨幹二話沒說立即緊急支援。一時間,整個埃及代表處的維護團隊幾乎全員出動,30 多名工程師忙裡忙外。此外,趙國輝團隊調來傳輸設備,拉上光纖,彙集到臨時架設的設備上,凌晨一點多,算是組裝好一套臨時電路,確保網路通暢。

在趙國輝團隊搶修的過程中,客戶 CEO 來到火災的機房現場檢視受損情況,當他看見地上擺滿了印有華為 Logo 的木箱,以及被燻得全身黑乎乎的華為工程師們。這位平時需要趙國輝假裝抽菸才能「偶遇」的客戶高層,握著趙國輝的手表示,在這個時候才能看出來,只有華為真正在幫他們。

此次事件讓客戶開始重視與華為的合作。在客戶看來,當時埃及局勢動盪,華為依舊能及時提供服務,並沒有因為危險而撤離,在關鍵時刻,「華為能頂上去,客戶有難,華為拚死相救。這之後,原本排斥華為進入的幾個大專案也敞開了大門」。

從那以後,華為與埃及客戶的關係逐漸升溫,從之前的冷漠變為常態合作,再從常態合作變為密切合作。2013 年初,在趙國輝團隊的不懈努力下,他們拿下接入網專案的大單,接入網格局從「友商」占優到華為獨家,實現了揚眉吐氣的逆轉。

在埃及市場的拓展,只是趙國輝拓展國際市場成就的一個例子。2014 年 7 月,趙國輝接到公司調令,奔赴 A 國,擔任 A 國代表。

　　由於 A 國剛平息戰亂，區域性的小規模武裝衝突仍在繼續。即便如此，A 國的市場拓展依舊要做，不然公司也不會發出調令。抵達 A 國的趙國輝發現，由於受到戰爭的破壞，A 國的通訊設施裝置急待恢復。

　　正是基於這樣的形勢，趙國輝抓住機會，與某客戶高層取得了聯繫。趙國輝日後回憶了他與這位客戶的見面：「這位客戶是部落武裝首領出身，行蹤謹慎，第一次與他會面時，他在電話裡指定一個地點，代表處司機將我送到，過一會兒來一輛車，車上跳下兩名持武器的男人，示意只許我一人上車。兩人將我夾在座位中間，車子七轉八轉到了一個廢棄園區，全是半塌不塌的樓房。客戶已在一個房間等我，房間沒有窗戶，牆邊坐著三四個人，每人手裡一杯茶，旁邊靠著一桿槍。我也不敢給同事打電話，怕對方誤會我在洩露會面地點。頭一次經歷這樣的場景，我不禁膽戰心驚啊，後來每次見面都是類似情節，我的神經也變得『大條』了。」[138]

　　短暫的接觸讓客戶高層人員了解了華為的服務。此外，該高層人員還教趙國輝開槍。某個週末，客戶突然打電話給趙國輝，讓趙國輝去指定地點。此次，客戶親自開了一輛防彈車接趙國輝。

　　經過兩個小時車程的長途跋涉，車子拐進了客戶老家的一個部落。因為在這裡，可以練習打槍——大海裡豎著幾十根綁了麻繩的粗壯木樁，一排人對準大木樁「嘣嘣嘣」地練槍法。

　　抵達練習場後，客戶拿起一把槍開始射擊，百發百中地射中靶標。然後，他遞給趙國輝一把 AK-47 突擊步槍。趙國輝回憶說道：「我接也不是，不接也不是，猶豫了一下，硬著頭皮把槍拿過來，看來今天不開兩槍是不行了，不然對方會覺得你不尊重他。」

---

[138] 趙國輝：〈硝煙中的信任 —— 客戶說，「男人必須得會打槍」〉，《華為人》2018 年第 5 期。

趙國輝開了兩槍後，之前的恐懼感漸漸地消退。趙國輝又拿起一把槍，架在沙灘上開始射擊。經過一通盲目射擊，趙國輝才適應射擊。之後，客戶拉著趙國輝來到一排皮卡車前面。趙國輝才看到，車後架設著武器，砲彈很大、很粗，像下臂那麼長。

「打這個。」客戶指了指皮卡車。

趙國輝都蒙了，問：「往哪兒打？」

「海裡。」說完，客戶直接跑上車，搖動搖臂，將武器架起來，每開一次砲，皮卡車周圍的灰塵就猛地揚起一陣。趙國輝模仿他的動作，開了四五砲，耳朵都震麻了。打完後，客戶把粗壯的砲彈殼送給了趙國輝。

射擊練習結束後，客戶領著趙國輝等人去帳篷吃飯。除了趙國輝，每人都靠著一支長槍。客戶們習慣了槍聲，鎮定自若地大口嚼著肉，只有趙國輝，吃兩口就望一下海灘方向，生怕哪裡冒出來流彈。

趙國輝吃完飯後，打算離開，客戶告訴趙國輝，剛剛接到訊息，沿途有武裝衝突，今天回不去了。聽到這個訊息，趙國輝雖然內心忐忑，卻不像之前那麼緊張了，此外還可以在客戶的部落裡打電話報平安。於是，趙國輝給當時負責解決方案的副代表打電話報平安，並叮囑他每隔段時間就要跟自己聯繫一次。那天晚上，趙國輝幾乎整夜無眠。

也正是這段「魔幻」的經歷，迅速拉近了趙國輝和客戶的距離，趙國輝敢和他一起開槍、開砲，在一個帳篷裡吃肉，足以表明趙國輝的真誠。後續趙國輝團隊又和客戶接觸了幾次，雙方的信任逐步加深，客戶將該國西部地區的大部分新建站點都給了華為。有鑑於此，任正非強調，只有將「以客戶為中心」落到實處，才能保證華為的生存和發展。

第八部分
客戶的成功成就華為的成功

我們堅持以客戶為中心，快速響應客戶需求，持續為客戶創造長期價值進而成就客戶。為客戶提供有效服務，是我們工作的方向和價值評價的標尺，成就客戶就是成就我們自己。

—— 華為創始人任正非

第25章

持續為客戶創造長期價值

在 21 世紀，服務至上的理念已經深入人心。在企業日常經營過程中，影響企業業績的不僅僅是價格、品質等因素，服務的優劣已然成為重要的影響因素。在服務管理中，做好服務工作不僅能緩解企業與客戶之間的矛盾，還能加深企業與客戶之間的了解，進而提高服務水準。

從這個角度講，企業經營者只有把服務做好了，才可能提升客戶的忠誠度。因此，能否贏得重點客戶，不僅取決於產品品質、產品標準、產品價格等因素，服務也同樣重要，甚至可以說，誰重視服務，誰就能贏得未來。在內部演講中，任正非說道：「我們堅持以客戶為中心，快速響應客戶需求，持續為客戶創造長期價值來成就客戶。為客戶提供有效服務，是我們工作的方向和價值評價的標尺，成就客戶就是成就我們自己。」

「把自己的夢想與客戶的夢想相結合，視客戶的夢想為自己的使命。這是以客戶為中心理念在企業發展目標上的展現。」

研究華為發展史就不難發現，華為的使命非常清楚，1990 年代初，華為就較早地提出了自己的使命和追求：實現客戶的夢想。

歷史證明，這已成為華為人共同的使命。自從自主研發成功後，華為就開始在中國通訊行業參與競爭，雖然自主研發的腳步跌跌撞撞，但是此刻的華為已經初露頭角。1997 年 10 月，在北京舉辦的「第二屆國

際無線通訊設備展覽會」上迎來了一個中國製造商 —— 華為。當然,華為之所以首次參展,是因為自己已經成功研發 GSM 解決方案,同時打通了中國首個自主研發的 GSM 通訊網路的電話。

在這個古都的秋天,天高雲淡伴隨著和煦的陽光,人山人海的華為展臺上有一個精緻的「小盒子」,上頭寫著「中國人自己的 GSM」。

華為勇於押注自主研發的電信基礎設備,已可看出他們的雄心。然而,此刻華為的品牌和知名度較低,這次的自主研發淹沒在歷史的塵埃中,意味著華為成功研發的 GSM 解決方案的銷售前景存在諸多不確定性。其中一個重要的原因是,跨國企業壟斷了當時的中國電信基礎設備市場。相比於跨國企業,華為的實力十分弱小,GSM 專案的全部研發人員還不足 500 人。另外一方面,缺乏商業經驗的華為,起步之艱難難以想像,甚至一度連一個試驗局都找不到。

艱難的歷程磨練著華為,不得已,華為開始了證明自我和尋求合作的第一步。幾經交涉,中國移動成為接納華為的營運客戶之一。1998年底,華為 GSM 商用技術成功通過了中國移動內蒙古公司的鑑定。

在成功開啟中國移動的大門後,華為把 GSM 產品覆蓋到高、中、低端,在進入市場的華為迅速疊代的「一路進擊」中,背後總有中國移動提供的扶持與聯合創新合作,也讓「同舟共濟」四個字寫進了中國通訊征途的不滅往事。[139]

2004 年,任正非在內部檔案〈華為公司的核心價值觀〉一文詳細地介紹道:「以客戶需求為導向,保護客戶的投資,降低客戶的 Capex(資本支出)和 Opex(營運成本),提高了客戶競爭力和盈利能力。至今,

---

[139] 人民郵電報:〈砥礪奮進 20 載 中國移動攜手華為再啟新徵程〉,《人民郵電報》2020 年 4 月 23 日,第 4 版。

全球有超過 1.5 億電話使用者使用華為的設備。我們看到，正是由於華為的存在，人們的溝通和生活變得更加便捷。今天，華為擁有無線網路、固定網路、業務軟體、傳輸、數據、終端等完善產品，提供給客戶端到端的解決方案及服務。全球有 700 多個營運商選擇華為作為合作夥伴，華為和客戶將共同面對未來的需求和挑戰。華為人把自己的夢想與客戶的夢想相結合，視客戶的夢想為自己的使命。這是以客戶為中心理念在企業發展目標上的展現。」

之後，華為與中國移動的合作創造了一系列的傳奇，改寫了中國通訊的歷史：

2007 年，華為與中國移動合作，實現了從中國聖母峰向北京發回第二代行動通訊技術（2G）首條多媒體簡訊。

2008 年，華為與中國移動合作。在「5·12」汶川特大地震後，華為全力搶修行動網路，在第一時間讓災區人民發出報平安簡訊。

2010 年 5 月 10 日，華為與中國移動合作，全程保障上海世博會的 4G 網路通訊。

2019 年，華為與中國移動合作，順利地全程以 5G 的方式，多角度直播國慶 70 週年的閱兵。

2020 年，華為與中國移動合作，在「疫情」期間進入武漢方艙醫院快速部署 5G 網路，保障遠端醫療網路系統和數位化辦公網路建設。

2020 年，中國移動與華為合作，將 5G 訊號覆蓋到聖母峰峰頂。

…………

在如今的萬物互聯的 5G 時代，「5G+」有著廣闊的創新空間，如煤礦、港口、醫療、教育、高畫質直播……大力賦能商業數字智慧，讓萬物互聯落腳在每個觸手可及的社會角落，給人們提供觀察世界的嶄新

方式。未來無法預測，但永遠值得重構想像。在這樣的機遇下，「勇於先行」的中國移動與「積極進取」的華為，還勢必共同寫下一個又一個「風雨同舟」的新故事。[140]

「華為公司之所以能夠在國際競爭中取得勝利，最重要的一點是『透過非常貼近客戶需求的、真誠的服務取得了客戶的信任』。」

華為因為自己的企業文化被哈佛大學商學院的教授作為教學案例。案例中寫道：「堅定的領導人會讓員工有使命感，而任正非正是這樣的領導人。他最關心的就是客戶。許多公司都號稱以客戶為重心，但有多少真的做到呢？華為正是由於這一點從競爭中脫穎而出。在我們的訪談中，任正非不斷重複提到，在華為發展早期，公司每個員工都必須眼看客戶、背對主管。」

據任正非介紹，「客戶為先」的例子在華為初創階段也是舉不勝舉，甚至已成為華為的傳奇故事。「在中國落後的鄉村地區，常常會有老鼠啃壞通訊電纜、阻礙通訊的情況。當時提供通訊服務的各大跨國通訊公司都不覺得這是自己的問題，而認為這應該是客戶自己解決的問題。但華為認為這種老鼠造成的問題應由公司負責解決，在解決問題的過程中，他們累積了豐富的經驗，研發出更堅固耐用的裝置及材料（例如防啃電纜）。後來中東地區也遇到類似問題，其他跨國公司束手無策，而華為因此順利搶下幾筆重要訂單。在那之後，華為還接過需要面對過各種嚴酷的天氣考驗的工程，例如要在聖母峰海拔 6,500 米的地方建設全世界最高的無線通訊基地，以及要在北極圈裡打造第一個 GSM 網路。同樣，這些工程也讓華為獲得重要的知識。」

---

[140] 人民郵電報：〈砥礪奮進 20 載 中國移動攜手華為再啟新徵程〉，《人民郵電報》2020 年 4 月 23 日，第 4 版。

在華為創業初期，由於產品品質差，不斷地出問題，所以華為人就必須貼近客戶，做好售後服務。媒體引用華為老員工的話稱之為「守局」，此處的局就是指郵電局，是如今電信營運商的前身。

眾所周知，設備隨時可能會出問題，這就意味著華為那些年輕的研究人員、專家，經常在一臺裝置安裝後，十幾個人守在偏遠縣、鄉的郵電局（所）一兩個月。

由於設備在白天運作，只能晚上到機房檢測和維護裝置。這就為華為倡導「微創新」打下堅實的基礎。有一個例子就很有意思，當年華為把交換機銷售給湖南某地，一到冬天，許多設備就發生短路故障。因此，華為技術人員不得不把其中一臺出故障的設備搬回深圳，研究到底出了什麼問題。

最後，技術人員發現，設備外殼上有不知道是貓還是老鼠的尿漬。於是，技術人員在該設備上撒尿，通電後發現沒問題，只得繼續苦思冥想。

第二天，有技術人員突然說想起來昨天撒尿之前喝了水，於是技術人員幾個小時不喝水，再次嘗試。果不其然，這次撒完尿，設備一通電就短路了。最終確定，尿液所含的成分導致裝置短路。

當找到原因後，華為的工程師們就針對該問題，進行了產品改造，不久就解決了該問題。

2005 年，任正非在題為「加強職業化和本地化的建設」的內部演講中說：「哈佛大學寫的華為案例中，總結華為公司之所以能夠在國際競爭中取得勝利，最重要的一點是『透過非常貼近客戶需求的、真誠的服務取得了客戶的信任』，這就是整個華為公司的職業化精神。」

第 26 章

從客戶視角定義解決方案的價值主張，幫助客戶實現商業成功

任正非始終強調，為客戶創造價值，就必須傾聽客戶的需求，從客戶視角提供解決方案。當華夏基石發表了一篇名為〈華為的宿敵思科，誕生愛情土壤中的技術之花〉的文章後，華為心聲社群管理欄目轉發了，身為創始人的任正非親自撰寫了如此評註：「我不如錢伯斯。我不僅傾聽客戶聲音不夠，而且連聽高級幹部的聲音也不夠，更不要說員工的聲音了！雖然我不斷號召以客戶為中心，但常常有主觀臆斷。儘管我和錢伯斯是好朋友，但我真正理解他的多少優點呢？」

任正非認為，洞察客戶的需求才是華為的當務之急。因此，在內部演講中，任正非說道：「在客戶面前，我們要永遠保持謙虛，洞察未來，認真傾聽客戶的需求，從客戶視角定義解決方案的價值主張，幫助客戶解決他們關心的問題，為客戶創造價值，幫助客戶實現商業成功。」

「為更好地服務客戶，我們把指揮所建到聽得到炮聲的地方，把計畫預算核算權力、銷售決策權力授予一線，讓聽得見炮聲的人來決策。」

事實證明，但凡一個企業想江山永固、永續經營、基業長青，就必須以客戶為中心。遺憾的是，在當前時代，一些企業家總是在製造和炒作概念，一大堆諸如「產品週期說」、商業模式、策略管理、績效考核、團隊建設、管理創新與技術創新等概念橫空而出。當我們分析這些商業

概念時發現，一旦背離「以客戶為中心」，這些商業概念都無疑是空中樓閣。

正是基於對商業本質的理解，任正非才把「以客戶為中心」作為制定一切策略的基礎。面對如何對待客戶的問題，任正非居然用了「宗教般的虔誠」的詞語，無數次地用「唯一」「只能」這樣的話反覆定義華為「以客戶為中心」的價值主張。

在這個主張中，華為把「人、組織鏈條、業務流程、研發、產品、文化，都注入了生命——面向客戶生，否則便死。在這裡真實代替幻想，執行超越創造，績效高於過程，沒有什麼東西、沒有什麼人能夠擺脫一個烙印：客戶需求導向」。

回望華為 30 多年的發展歷程，任正非從未動搖過華為一貫的價值觀，即使遭遇美國的「封殺」，被列入「實體清單」也是如此。針對外界諸多不確定性，任正非說道：「為更好地服務客戶，我們把指揮所建到聽得到炮聲的地方，把計畫預算核算權力、銷售決策權力授予一線，讓聽得見炮聲的人來決策。打不打仗，後方決定；怎麼打仗，前方說了算。由前方指揮後方，而不是後方指揮前方。機關是支持、服務和監管的中心，而不是中央管控中心。」

對此，任正非非常明確，到底由誰來呼喚炮火，那就是讓能夠聽得見炮聲的人來決策。這樣做的優勢在於，聽得見炮火的人知道客戶的需求，從而盡可能地滿足客戶要求，成就客戶的理想，也就成就了華為自己。

為了讓聽得見炮火的人知道客戶的需求，譚木匠更是大膽地將總部搬到江蘇句容。面對媒體和研究者的好奇，譚木匠創始人譚傳華在接受媒體採訪時解釋道：「譚木匠搬遷總部，直接原因是看重南京及其所在的

從客戶視角定義解決方案的價值主張，幫助客戶實現商業成功

整個長三角地區的物流、訊息流以及人力資源方面的優勢。」

在搬遷總部之前，譚傳華已經在南京周邊的句容市設立了譚木匠的電商部門。長三角的區位優勢促使譚傳華決定將總部東遷。

當譚木匠的電商部門嘗到甜頭後，尤其是上海自貿區的設立，加速了譚傳華融入整個長三角地區的決心。

眾所周知，身為企業的經營者，搬遷企業總部多數是為了企業更好地發展。究其原因，經營者往往根據企業自身的策略發展需要，以及綜合的策略角度考量。在權衡利弊之後，經營者會做出有利於企業發展的策略。一般來說，搬遷總部對企業來說，通常有如下三個作用：

（1）藉助更優質的平臺提升企業的競爭力。一個企業搬遷總部大多是為了更好地獲得發展的機會，尤其是為獲取大範圍內的資源。

當企業發展到一定階段後，經營者會根據企業的實際情況，決定總部區域的選址。在中外企業中，搬遷總部可謂是司空見慣，不是什麼新鮮事情。例如，為了提升自己的品牌影響力，歐普照明曾經就將總部從廣東中山搬遷到上海。

再如，中國聯想集團在收購 IBM 個人電腦事業部後，就將企業總部遷往美國紐約（現在設立中國北京、美國北卡羅來納州羅利市、新加坡三個總部），這是為了更好地獲取更多的策略資源。當然，聯想透過總部搬遷，更加具備了全球化競爭思維和管理思維，聯想不僅獲取了全球的金融、人力、科技資源，同時也透過併購實現了國際化的策略意圖。

（2）離市場更近。企業總部離市場的距離通常有如下三個層面：

第一，物理意義上的距離。從這個角度上講，企業總部必須更貼近市場。企業總部所在的市場必須是一個潛力巨大、容量巨大的利基市場。

第二，組織層面的距離。由於當下處於「網際網路＋」時代，任何企業的組織架構必須適度扁平化，盡可能將大企業做「小」，盡量使得企業的每一個「細胞」都貼近一線市場。

第三，觀念和文化層面的距離。企業在生存和發展的過程中，由於規模變大，使得企業的觀念和文化開始官僚化。這就要求企業必須保持謙卑的「業務員」和「創業者」的心態。

回顧譚木匠的總部搬遷，很好地解釋了上述三個層面：在物理層面，從偏安西南的重慶，搬遷到了經濟更為發達的南京，譚木匠融入了中國經濟最具活力的長三角經濟帶。這不僅有效地推動譚木匠融入長三角經濟帶，而且可以有效地參與市場競爭。在組織層面，譚傳華透過譚木匠的組織變革，有效地實現了扁平化。在觀念和文化層面，譚傳華透過總部搬遷，來激發員工和加盟商二次創業的熱情。

（3）推動組織變革，解決小企業的大企業病。儘管譚木匠的品牌知名度較高，從規模的角度來分析，譚木匠不過是中國眾多中小企業中的一個。由於譚木匠一直保持穩定發展，大企業病被嚴重忽視。比如，譚木匠的管理層級較多，金字塔結構的組織壓制了員工的創造力。同時，訊息在組織中的傳遞路徑也受到一些阻礙，甚至存在「老闆成為最後一個知道壞消息的人」的情況。

有鑑於此，搬遷總部就成為譚傳華啟動組織變革的一個重要的契機。譚傳華把譚木匠的總部搬遷到江蘇句容後，減少了原有的管理層級。

在譚木匠的組織架構上，譚傳華採用的管理層級是董事長—總監（設三名總監，分別負責線上、線下和配套裝務）的組織架構。

從客戶視角定義解決方案的價值主張，幫助客戶實現商業成功

在溝通方式上，針對原有溝通方式中存在的訊息失真等問題，譚傳華在原有員工和直線領導溝通的基礎之上，鼓勵員工間橫向溝通，提升譚木匠對市場的反應速度。為此，譚傳華在接受媒體採訪時直言：「其實搬總部，最重要的目的還是推動變革。」

當譚木匠搬遷到江蘇句容後，為了盡可能讓聽得見炮火的人呼喚炮火，一線的變化較為明顯。在傳統的管理體系中，與管理扁平化相對應的就是管理「層級結構」。所謂「層級結構」，是指金字塔結構，見圖26-1。

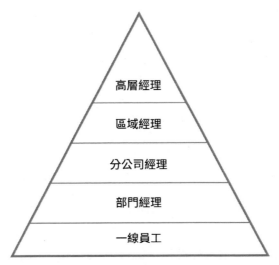

圖 26-1 金字塔形的組織成員配置

從圖 26-1 可以看出，位於塔尖的高層經理，向位於金字塔中上位置的區域經理發布指令，然後透過一級一級的管理層，最終傳達到一線員工來執行；相反，當一線員工蒐集到相關企業訊息同樣透過一層一層向上傳遞，最後到達最高決策者。

　　為了提高工作效率，譚木匠的執行董事譚力子大幅地壓縮了譚木匠的組織層級，以前的「員工—部門負責人—分管副總—總裁—董事長」五個層級簡化為「員工—總監—董事長」三個層級。[141]

　　此次組織結構變革後，譚木匠不再設大量的中層幹部，而是以市場為導向，只有線上、線下、行政三個總監。如此變革，意味著譚木匠各部門間的壁壘已被打破，譚木匠的員工都不再只是對職能負責，而是對使用者和結果負責。

　　譚木匠以前繁雜的流程處理起來非常緩慢，辦事效率極其低下，甚至可能出現兩個月都辦不下來的情況。如今，所有流程最慢的也僅需要兩天就可以處理完畢。

　　如今的譚木匠，部門與部門間聯繫更為密切，不再是一個個訊息孤島，甚至抬頭就能交流。比如，現在，譚傳華每週一的上午 8 時都會出現在公司例會的會議室裡。8：00 ～ 11：30 的三個半小時裡，譚傳華會坐在譚力子旁邊，一起聽工作彙報。一旦發現有需要改進的地方，譚傳華會直接指出，但是更多時候，譚傳華只是在一旁默默地聽譚力子處理問題。

　　為了更好地了解市場，譚力子也會經常走出自己的辦公室，與各個部門的員工交流。幾十分鐘就可以了解七八個部門的研發和生產動態。一旦員工有什麼情況，或是有什麼問題需要回報，可以直接找總監，總監找不到，也可以馬上找譚力子。譚傳華說，一旦發生什麼事或者有什麼需要解決的事，他基本上都可以馬上知道。

　　「透過研發提供全世界最優質的產品，透過製造生產出最高品質的產品，還必須有優質的交付，從合約獲取到交付、售後服務。」

　　2014 年，在「任總在解決方案重灌旅第一期學員座談會上的演講」

[141] 王宇航：〈譚木匠：一個上市公司的管理重建〉，《商界評論》2017 年第 8 期。

中，任正非告誡華為人說：「將來的競爭會越來越複雜，特別是服務也會越來越複雜。我們透過研發提供全世界最優質的產品，透過製造生產出最高品質的產品，還必須有優質的交付，從合約獲取到交付、售後服務。我們賺了客戶的錢，就要提高服務品質，如果服務做不好，最終就會被客戶邊緣化。」

在這個思想指導下，華為工程師遍及世界，為世界各地的客戶提供優質的服務。在這裡，介紹一個真實的案例。2018 年 12 月初的某個晚上，菲律賓營運商 P 的 CTO 在自己的辦公室裡透過 Speedtest 軟體測試辦公區所在基地臺的效能指標。

當測試結果出現 400ms 網路延遲數據時，這位 CTO 感到有些緊張，因為在非高峰期，基地臺的時延指標為 50ms。此外，400ms 的網路延遲會影響使用者撥打電話、瀏覽影片，以及遊戲的體驗。

菲律賓營運商 P 是一個綜合營運商，在無線業務這塊的能力和技術相對較弱。在無線業務這塊，其競爭對手 G 就要強大很多。營運商 P 有意提升無線業務，目的是超越自己的對手 G。有鑑於此，行動網路的體驗也就擺在較為重要的位置。

策略目標提出後，營運商 P 的 CTO 就牽頭組建了一個端到端效能優化的組織。營運商 P 的 CTO 和運維部各級成員要求在手機上安裝第三方測速軟體，隨時了解和體驗 P 網路的實時效能，每週測試數十個到上百個基地臺。

營運商 P 的 CTO 發現問題後，把問題回饋給華為服務團隊，並要求協助解決該問題。對華為服務團隊來說，要解決問題，就必須釐清行動業務中涉及的手機、基地臺、承載網和核心網等眾多網元問題。據了解，營運商 P 的現網雖然是整合效能管理系統，但是無法自動分析和精

準地辨識網路容量的瓶頸點。

　　當無線基地臺效能指標出現波動或異常問題時，華為服務團隊通常檢查基地臺引數配置、覆蓋範圍、訊號強度等。如果這些指標都沒有問題，便會懷疑傳輸連結有問題，比如擁塞、封包遺失、抖動等。但傳輸問題的定位非常複雜，以一個使用者瀏覽影片為例，從基地臺到網站之間可能有多條通路，每一條通路可能經過數十個傳輸節點。由近及遠在現網逐段抓包分析，工作量非常大。[142]

　　正是因為如此，在耗費了 21 天的時間後，華為服務團隊和客戶運維團隊依舊沒能徹底地解決此問題，因為現網執行的看網工具能夠有效監控的指標實在太少。

　　不得已，華為服務團隊和客戶運維團隊提出一種新的解決辦法 —— 行動業務流量壓抑自動分析。該方案是透過對端到端網路拓撲的自動還原，獲取到基地臺和承載網路拓撲的完整連結關係，再利用承載網路各連結的實時效能資料進行關聯分析，由此自動分析出「問題基地臺」的傳輸連結。

　　實現這樣的解決方案，就必須透過大量資料資源採集、資料分析邏輯、根因判斷和決策等方面進行相關的系統工程設計。為了盡快解決此問題，華為產品管理分部團隊和路由器、微波、網管等研發專家一起，從 10 月到 11 月放棄了所有週末，爭分奪秒地畫流程圖、確定方案，以便讓開發團隊能儘早交付供公共測試的 Beta 版本，並上網驗證。當地的李長泰團隊負責場景分析和總體方案設計。所幸，經過前後方的高效合作，趕在聖誕節客戶封網前的一週，網路效能數位化分析系統 Beta 版本上線了。[143]

　　幾天後，首批現網數據中已經可以分析出客戶所在區域的基地臺與

---

[142] 李長泰：〈被客戶追是怎麼一種體驗〉，《華為人》2020 年第 4 期。

[143] 李長泰：〈被客戶追是怎麼一種體驗〉，《華為人》2020 年第 4 期。

承載網拓撲關係、承載網發生擁塞的連結等。就這樣，分析和解決基地臺延遲劣化的問題也就順理成章。當獲得基地臺編碼後，華為服務團隊透過系統分析出拓撲和擁塞連結數據，把所有可能影響「問題基地臺」的連結找出來。在當時，技術解決方案還沒有全自動化處理的能力，只能透過人工方式找出所有連結，一條條進行有效性的匹配分析和排除，最後找到了與該基地臺延遲劣化相關的四條位於骨幹層的「問題連結」，這四條連結一到晚上 7 時就流量暴漲。

當地的李長泰團隊現網的維護工具看到連結的平均使用率達到 70%。當時服務團隊認為 70% 使用率是一個潛在風險因素，但連結使用率沒有到 90% ～ 100%，並不會嚴重影響業務效能。而在網路效能數位化分析系統 Beta 系統裡，可以很明顯地看出這幾條連結在平均使用率大於 70% 時，擁塞、封包遺失量在急速地增加，成倍地放大業務的端到端延遲，這與客戶在第三方測試工具上觀察到的，50ms 上升到 400ms 延遲的現象是吻合的。

當得知監測和分析的結果後，服務團隊在當晚 8 時基於李長泰團隊指出的四條連結，在設備上進一步檢視埠詳細的效能資料統計，也發現了流量暴增、埠丟包數急速增加的現象。透過流量分擔等試驗操作、數據測試等，客戶辦公室這邊的基地臺不擁塞了，時延從 400ms 下降到 60ms。由於影響該基地臺效能劣化的連結並不在該商業區附近，而是在匯聚全網流量的骨幹附近，全網流量的高峰期仍然是晚上 8 時。這個分析結果可以百分之百地解釋基地臺在非業務高峰期出現效能劣化的現象。經過反覆對比，持續觀察兩週後，CTO 也認為已經準確找出問題，並得到解決。[144]

[144] 李長泰：〈被客戶追是怎麼一種體驗〉，《華為人》2020 年第 4 期。

為了更好地做好交付和售後服務，讓客戶更加滿意，2009 年 1 月，任正非在「銷服體系奮鬥頒獎大會上的演講」中談道：「北非地區部努力做好客戶介面，以客戶經理、解決方案專家、交付專家組成的工作小組，形成面向客戶的『鐵三角』作戰單元，有效地提升了客戶的信任，較深地理解了客戶需求，關注良好有效交付和及時回款。」

所謂「鐵三角」是由客戶經理、解決方案經理、服務經理三個角色組成，見圖 26-2。

圖 26-2 華為「鐵三角」

在華為「鐵三角」中，客戶經理承擔「商務關係」，包括「報價」「維護客戶」「疏通各方關係」等職責；解決方案經理承擔在「功能」「效能」「相容性」「匹配度」等方面幫助客戶解決問題的職責；服務經理承擔「交付」和「後期維護」職責，具體的工作就是把承諾給客戶的服務如期交付，提升客戶的滿意度。

任正非解釋道：「『鐵三角』的精髓是為了目標打破功能壁壘，形成以專案為中心的團隊運作模式。公司業務開展的各領域、各環節，都會存在『鐵三角』，三角只是形象說法，不是簡單理解為三角，四角、五角

甚至更多角也是可能的。這給下一階段組織整治提供了很好的思路和借鑑，公司主要的資源要用在找目標、找機會，並將機會轉化為結果上。我們後方配備的先進裝置、優質資源，應該在前線一發現目標和機會時就能及時發揮作用，提供有效的支持，而不是擁有資源的人來指揮戰爭、擁兵自重。」

任正非以美國軍隊的特種部隊為例：以前前線的連長指揮不了砲兵，要報告師部請求支援，師部下命令，砲兵才開炮。現在系統的支持力量超強，前端功能全面，授權明確，特種部隊通訊呼叫支援，飛機就開始攻擊，砲兵就開打。前線三人一組，包括一名訊息情報專家、一名火力炸彈專家、一名戰鬥專家。他們互相了解一點對方的領域，都經過緊急救援、包紮等訓練。當發現目標後，訊息專家利用先進的衛星工具等確定敵人的位置、目標、方向、裝備等訊息，火力炸彈專家配置炸彈、火力，計算出必要的作戰方式，按其授權許可度，呼喚炮火，打擊敵人。美軍作戰小組的授權是以作戰規模來定位的，例如：5,000 萬美元，在授權範圍內，後方根據前方命令就及時提供炮火支援。任正非說道：「我們公司將以毛利潤、現金流，授權給基層作戰單元，在授權範圍內，甚至不需要代表處批准就可以執行。軍隊的目標是消滅敵人，我們的目標是獲取利潤。『鐵三角』對準的是客戶，目的是利潤。『鐵三角』的目標是實現利潤，否則所有這些管理活動是沒有核心、沒有靈魂的。當然，不同的地方、不同的時間，授權是需要定期維護的，但授權管理的程式與規則，是不輕易變化的。」

後記

2019 年 5 月 16 日，美國把華為列入「實體清單」，猶如一聲炮響，把那些以為用錢可以購買全世界產品的企業家從睡夢中打醒。華盛頓上空飛揚的星條旗，使世界上所有企業家心驚肉跳。

這種讓企業家們恐慌的情緒迅速傳遍了全世界的各個角落，各大媒體的頭條都在報導來自中國的華為陷入「美國陷阱」中，輿論界的論調感染了自新世紀以來一直為中國製造前途奔走的眾多中國知識菁英。

隨後，美國再次把中國企業和機構列入「實體清單」。截至 2020 年 12 月 22 日，中國共有 300 多個實體被列入「實體清單」，其中包括企業、大學、科學研究機構、政府機關／機構及自然人……

2020 年 5 月 15 日，美國再次更新對華為的限制措施，所有採用美國公司技術的公司，必須經由美國同意才能和華為合作，美國此舉是為了打擊華為的晶片供應。

美國為什麼一而再，再而三地要置華為於死地呢？又是什麼樣的「祕訣」讓華為從創業之初的一個只有 6 個人，註冊資金 2 萬元的小公司，發展到擁有 19.7 萬名員工，營業收入達 8,914 億元的超級大廠呢？華為 30 多年成功的關鍵是什麼，還能持續嗎？年營業收入 8,914 多億元，華為的賺錢密碼是什麼？下一步華為會走向哪裡？華為會崩潰或消亡嗎？

為了解開諸多問題，筆者採訪華為數十名高階管理人員，查閱數千萬字的華為相關資料，刪繁就簡，不斷提煉。本書分為 26 章，筆者以任正非 400 多次演講為主，梳理了華為 30 多年來的「以客戶為中心，以奮

後記

鬥者為本，長期堅持艱苦奮鬥」的核心價值觀，以及華為在國際市場開拓中所採用的行銷策略。期望給中國 4,500 萬家企業的企業所有者、高階管理人員、員工提供一個可以借鑑和反思的樣本，同時也為教授、培訓師，以及有志於了解華為策略的人們提供一個媒介和途徑。

在撰寫本書過程中，筆者參閱了相關資料，包括電視、圖書、網路、影片、報紙、雜誌等數據，所參考的文獻，凡屬專門引述的，我們盡可能地註明了出處，其他情況則在書後的參考文獻中列出，我們在此向有關文獻的作者表示衷心的謝意！如有疏漏之處還望原諒。

本書在出版過程中得到了許多教授、專家，上百位華為人、業內人士和出版社編輯人員的大力支持和熱心幫助，在此表示衷心的謝意。

周錫冰

參考文獻

[01] 常雨明・華為員工智利地震日記

[02] 程婧・阿裡都上市了，這些牛企為何誓死不上市？

[03] 陳偉・日本企業為何堅守「改良」

[04] 弗雷德裡克・皮耶魯齊，馬修・阿倫・美國陷阱

[05] 華為・華為公司基本法（定稿）

[06] 華為・華為投資控股有限公司 2008 年年度報告

[07] 華為・華為投資控股有限公司 2009 年年度報告

[08] 華為・華為投資控股有限公司 2013 年年度報告

[09] 華為・華為投資控股有限公司 2018 年年度報告

[10] 華為・華為投資控股有限公司 2019 年年度報告

[11] 華為・沒有任何不當，相信法律體系最終給出公正結論

[12] 黃衛偉・價值為綱：華為公司財經管理綱要

[13] 黃衛偉・以客戶為中心

[14] 黃衛偉・為客戶服務是華為存在的唯一理由

[15] 黃衛偉・為客戶服務是華為公司存在的理由 —— 在與新員工交流會上的講話

[16] 侯驍韜・「郵票上的空戰記憶」系列 —— 海灣戰爭「沙漠風暴」「空中戰局」（下）

[17] 賈珺・高技術條件下的人類、戰爭與環境 —— 以 1991 年海灣戰爭為例

[18] 季美華・卡爾・本茨：現代汽車工業的先驅者

參考文獻

[19] 李超，崔海燕·華為國際化調查報告

[20] 李良川·這一次，我們撞線了

[21] 李長泰·被客戶追是怎麼一種體驗

[22] 康家郡·太陽照在尼羅河上 —— 一個雲核心網工程師的成長之路

[23] 納西姆·尼古拉斯·塔勒布·黑天鵝：如何應對不可預知的未來管理

[24] 倪光南·倪光南：保護科技人員智慧財產權是提升企業創新能力的關鍵

[25] 彭興庭·床墊文化 —— 被異化的企業文化

[26] 稻盛和夫·稻盛和夫：經商的根本，在於「取悅顧客」

[27] 佐藤光政，陳文芝·從日本長壽企業看日本式經營（下）

[28] 船橋晴雄·日本長壽企業的經營祕籍

[29] 任正非·華為公司的核心價值觀

[30] 任正非·華為的冬天（上）

[31] 任正非·任正非達沃斯演講實錄：我沒啥神祕的，我其實是無能

[32] 任正非·實事求是的科學研究方向與二十年的艱苦努力 —— 在國家某大型專案論證會上的發言

[33] 任正非·逐步加深理解「以客戶為中心，以奮鬥者為本」的企業文化 —— 任正非在市場部年中大會上的講話紀要

[34] 任正非·華為的紅旗到底能打多久 —— 向中國電信調研團的彙報以及在聯通總部與處以上幹部座談會上的發言

[35] 任正非·CEO 致辭

[36] 任正非·任正非在人力資源管理綱要第一次研討會上的發言提綱

[37] 宋士鋒·《國際歌》中文譯配版權應屬瞿秋白

[38] 桑曉霓·摩托羅拉是如何錯失華為的？

[39] 田濤，吳春波·下一個倒下的會不會是華為

[40] 吳洪剛·「床墊文化」的昭示

[41] 吳潤榮·花王石鹼公司

[42] 王紫薇·花王的商品開發

[43] 王斌·逐夢南太 我心依舊

[44] 王亦丁·阿爾斯通的新徵程

[45] 王宇航·譚木匠：一個上市公司的管理重建

[46] 吳婷·美國的上市公司數為什麼那麼少？

[47] 薛美娟·華為名列 1998 年電子百強第 18 名

[48] 黃衛偉·「走在西方公司走過的路上」的華為為什麼沒有倒下？

[49] 楊杜·文化的邏輯

[50] 徐勇·華為 SingleRAN Pro 讓營運商不懼三大 5G 現實挑戰

[51] 葉志衛，吳向陽·胡新宇事件再起波瀾 華為稱網友誤解床墊文化

[52] 殷塔華·最特別的聖誕禮物

[53] 澤偉，曉紅·海灣戰爭：聯合國安理會授權的一次濫用——對一位
美國學者觀點之評介

[54] 張銳·日本電器的中國「病灶」

[55] 張鈺藝·尼康 D600 拍出照片黑斑點點

[56] 趙國輝·硝煙中的信任 —— 客戶說，「男人必須得會打槍」

[57] 駐奈及利亞拉各斯經商參處子站·民營企業開拓奈及利亞市場的現
狀、存在問題及建議

華為密碼——以客戶為中心！如何征服全球市場？

核心價值 × 生存策略 × 顧客導向……沒有祕密的企業，人人都可以學習的「華為模式」！

作　　　者：周錫冰
發　行　人：黃振庭
出　版　者：財經錢線文化事業有限公司
發　行　者：財經錢線文化事業有限公司
E－m a i l：sonbookservice@gmail.com
粉　絲　頁：https://www.facebook.com/sonbookss/
網　　　址：https://sonbook.net/
地　　　址：台北市中正區重慶南路一段61號8樓
8F., No.61, Sec. 1, Chongqing S. Rd., Zhongzheng Dist., Taipei City 100, Taiwan
電　　　話：(02)2370-3310
傳　　　真：(02)2388-1990
印　　　刷：京峯數位服務有限公司
律 師 顧 問：廣華律師事務所 張珮琦律師

定　　　價：450 元
發 行 日 期：2024 年 06 月第一版
◎本書以 POD 印製

國家圖書館出版品預行編目資料

華為密碼——以客戶為中心！如何征服全球市場？核心價值 × 生存策略 × 顧客導向……沒有祕密的企業，人人都可以學習的「華為模式」！ / 周錫冰 著 . -- 第一版 . -- 臺北市：財經錢線文化事業有限公司 , 2024.06
面；　公分
POD 版
ISBN 978-957-680-900-2(平裝)
1.CST: 華為技術有限公司 2.CST: 無線電通訊業 3.CST: 企業管理 4.CST: 中國
484.6　　113007367

電子書購買

爽讀 APP

臉書